空间智能原理与应用

罗　欣　侯卫民　许文波／编著

人民邮电出版社

北　京

图书在版编目（CIP）数据

空间智能原理与应用 / 罗欣，侯卫民，许文波编著
. -- 北京：人民邮电出版社，2023.3
ISBN 978-7-115-59996-4

Ⅰ. ①空… Ⅱ. ①罗… ②侯… ③许… Ⅲ. ①空间信
息技术 Ⅳ. ①P208

中国版本图书馆CIP数据核字(2022)第170196号

内 容 提 要

　　本书从空间信息处理角度出发，将人工智能领域的理论研究与专业实践相结合，全面介绍人工智能方法及其在空间信息处理中的应用，不仅涵盖人工智能领域的基础概念与基本方法，而且探讨知识图谱、计算智能、新兴机器学习、深度学习等前沿技术，同时介绍人工智能在地理文本大数据、遥感影像、激光点云等空间信息处理中的应用实例，具有较强的代表性和启发性。

　　本书可以作为高等院校空间信息与数字技术、遥感科学与技术等专业高年级本科生和研究生学习人工智能技术的教材，也可供计算机、电子信息、自动控制、地球测绘等领域从事空间信息智能处理工作的科技人员学习和参考。

◆ 编　　著　罗　欣　侯卫民　许文波
　　责任编辑　张亚晓
　　责任印制　马振武
◆ 人民邮电出版社出版发行　　北京市丰台区成寿寺路 11 号
　　邮编　100164　　电子邮件　315@ptpress.com.cn
　　网址　https://www.ptpress.com.cn
　　北京七彩京通数码快印有限公司印刷
◆ 开本：700×1000　1/16
　　印张：21.25　　　　　　　2023 年 3 月第 1 版
　　字数：417 千字　　　　　　2025 年 1 月北京第 3 次印刷

定价：178.80 元

读者服务热线：(010)53913866　印装质量热线：(010)81055316
反盗版热线：(010)81055315
广告经营许可证：京东市监广登字 20170147 号

前　言

　　当今，人类社会正在从电气时代走向智能时代，从信息社会走向智能社会。地球空间信息科学是以全球定位系统（GPS）、地理信息系统（GIS）、遥感（RS）等空间信息技术为主要内容，并以计算机技术和通信技术为主要技术支撑，用于采集、分析、存储、管理、显示、传播和应用与地球和空间分布有关数据的一门综合和集成的信息科学和技术。地球空间信息技术已在资源开发、环境保护、社会安全监控等领域得到广泛应用。人类社会进入人工智能时代，迫切需要现有的地理空间信息处理技术，为农业、环境、交通、城建、国土、资源等各行业提供科学依据，也为科研和教育提供实时、动态的可靠信息，并且需要用新的人工智能手段来分析处理这些空间大数据。没有人工智能就无法发现空间大数据中所隐含的知识和规律。

　　随着地球空间科学、人工智能、高性能计算技术的迅速发展，空间智能已成为处理和分析地理空间大数据的主要手段，并将在地球科学、空间认知、智慧城市、智慧社会等科学研究、工程建设和社会发展中发挥越来越重要的作用。空间智能作为空间信息和人工智能深度融合的交叉领域，其发展受到多学科的驱动，目前已在算力增强、软硬件研制、系统开发、数据与模型共享、服务与应用方面不断取得进展，显示出巨大的活力和潜能。

　　随着空间信息技术与应用的迅速发展，人工智能理论在不断完善，空间信息科学与人工智能科学正在不断交叉与融合，不断充实与更新。空间信息智能科学中的许多新内容、新方法急需系统地总结。编写此书的目的是从空间信息处理角度出发，以人工智能科学为基础，根据空间信息的多样性及空间问题的复杂性，采用理论与实例相结合的方法，对空间信息智能涉及的理论与方法进行全面、系统的论述。

　　本书的组织结构如下：第 1 章介绍人工智能的基本概念和主要应用发展现状；第 2 章结合知识的主要表示方法，介绍空间知识表示的主要关键技术；第 3 章介绍知识推理的各种方法及空间知识推理过程；第 4 章介绍常见的智能优化方法及空间信息优化举例；第 5 章探讨计算智能的概念并介绍进化计算的相关方法，在此基础上给出进化计算在空间信息处理领域中的应用实例；第 6 章进一步介绍自然计算的理论与方法，并说明如何应用相关方法解决空间信息处理问题；第 7 章全面介绍机器学习的相关方法，既包含传统理论，也包含近年来涌现出的新的机器学习思想，并给出空间信息机器学习的典型案例；第 8 章详细介绍神经网络的基础知识，以及备受关注的深度神经网络的主要理论及其在空间信息领域中的应用；第 9 章以灾害大数据为背景，介绍空间智能大数据的核心技术和基本框架。

　　本书的写作得到了四川省高等教育人才培养质量和教学改革项目及电子科技大学规划教材基金的资助，得到了电子科技大学长三角研究院（湖州）、河北科技大学等单位同仁的指引，同时得到了"信息获取与智能处理"及"智慧环保"科研团队硕士生韦祖棋、林泽航、王秀明、李晓芹、冯倩、赖广龄、宋依芸、王枭、吴禹萱的大力协助，得到了人民邮电出版社的支持与帮助，得到了家人无微不至的关爱与亲切的鼓励。在此，作者表示由衷的感谢和诚挚的敬意！

　　在本书的写作过程中，虽然作者处处尽心尽力，希望能够做得尽善尽美。但是，人工智能理论和空间信息技术本身博大精深且作者学术水平有限，书中难免存在不足之处。在此，作者竭诚欢迎并恳切希望广大读者不吝批评和指正，共同为空间信息智能理论的发展做出积极的努力，为我国和整个人类社会的智能化做出有益的贡献。

作　者
2022 年 7 月于南太湖畔

目　录

目录

第1章

绪论

　　人工智能（Artificial Intelligence, AI）技术是研究、开发用于模拟、延伸和扩展人的智能的理论、方法、技术及应用系统的一门新的技术科学。人工智能是计算机科学的一个分支，它旨在了解智能的实质，并生产出一种新的能以与人类智能相似的方式做出反应的智能机器，该领域的研究包括机器人、语言识别、图像识别、自然语言处理和专家系统等。人工智能从诞生以来，理论和技术日益成熟，应用领域也不断扩大，可以设想，未来人工智能带来的科技产品，将会是人类智慧很好的助手。人工智能可以对人的意识、思维的信息过程进行模拟。人工智能不是人的智能，但能像人那样思考，也可能超过人的智能。

　　人工智能是在计算机科学、控制论、信息论、神经心理学、哲学、语言学等多学科研究的基础上发展起来的综合性很强的交叉学科，是一门新思想、新观念、新理论、新技术不断出现的新兴学科，也是正在迅速发展的前沿学科。自 1956 年正式提出人工智能这个术语并把它作为一门新兴学科的名称以来，人工智能获得了迅速发展，并取得了惊人的成就，引起了人们的高度重视，受到了很高的评价。它与空间技术、原子能技术一起被誉为 20 世纪三大科学技术成就。有人称它为继三次工业革命后的又一次革命，认为前三次工业革命主要是扩展了人手的功能，把人类从繁重的体力劳动中解放出来，而人工智能则是扩展了人脑的功能，实现脑力劳动的自动化。

　　本章将首先介绍智能的基本概念以及人工智能的发展简史，然后简要介绍当前人工智能的主要研究内容及主要研究领域，以开阔读者的视野，使读者对人工智能极其广阔的研究与在空间信息领域中的应用有总体的了解。

🔍 1.1　智能的基本概念

1.1.1　智能的概念

　　人工智能的目标是用机器实现人类的部分智能。下面首先讨论人类的智能行为。

1

智能及智能的本质是古今中外许多哲学家、脑科学家一直在努力探索和研究的问题，但至今仍然没有完全了解。智能的发生与物质的本质、宇宙的起源、生命的本质一起被列为自然界四大奥秘。

近年来，随着脑科学、神经心理学等研究的发展，人们对人脑的结构和功能有了初步认识，但对整个神经系统的内部结构和作用机制，特别是脑的功能原理还没有认识清楚，有待进一步的探索。因此，很难给出智能的确切定义。

目前，根据对人脑已有的认识，结合智能的外在表现，从不同的角度、不同的侧面，用不同的方法对智能进行研究，人们提出了几种不同的观点。其中影响较大的观点有思维理论、知识阈值理论及进化理论等。

（1）思维理论

思维理论认为智能的核心是思维，人的一切智能都来自大脑的思维活动，人类的一切知识都是人类思维的产物，因而通过对思维规律与方法的研究可望揭示智能的本质。

（2）知识阈值理论

知识阈值理论认为智能行为取决于知识的数量及其一般化的程度，一个系统之所以有智能是因为它具有可运用的知识。因此，知识阈值理论把智能定义为：智能就是在巨大的搜索空间中迅速找到一个满意解的能力。这一理论在人工智能的发展史中有着重要的影响，知识工程、专家系统等都是在这一理论的影响下发展起来的。

（3）进化理论

进代理论认为人的本质能力是在动态环境中的行走能力、对外界事物的感知能力、维持生命和繁衍生息的能力。正是这些能力对智能的发展提供了基础，因此智能是某种复杂系统所浮现的性质，是由许多部件交互作用产生的，智能仅仅由系统总的行为以及行为与环境的联系所决定，它可以在没有明显的可操作的内部表达的情况下产生，也可以在没有明显的推理系统出现的情况下产生。该理论的核心是用控制取代表示，从而取消概念、模型及显式表示的知识，否定抽象对于智能及智能模拟的必要性，强调分层结构对于智能进化的可能性与必要性。这是由美国麻省理工学院（Massachusetts Institute of Technology, MIT）的布鲁克（R. A. Brook）教授提出来的。1991 年他提出了"没有表达的智能"，1992 年又提出了"没有推理的智能"，这些是他根据对人造机器动物的研究与实践提出的与众不同的观点。目前这些观点尚未形成完整的理论体系，有待进一步的研究，但由于它与人们的传统看法完全不同，因而引起了人工智能界的注意。

综合上述各种观点，可以认为：智能是知识与智力的总和。其中，知识是一切智能行为的基础，而智力是获取知识并应用知识求解问题的能力。

1.1.2 智能的特征

1．具有感知能力

感知能力是指通过视觉、听觉、触觉、嗅觉等感觉器官感知外部世界的能力。

感知是人类获取外部信息的基本途径，人类的大部分知识是通过感知获取有关信息，然后经过大脑加工获得的。如果没有感知，人们就不可能获得知识，也不可能引发各种智能活动。因此，感知是产生智能活动的前提。

根据有关研究，视觉与听觉在人类感知中占有主导地位，80%以上的外界信息是通过视觉得到的，10%是通过听觉得到的。因此，在人工智能的机器感知研究方面，主要研究机器视觉及机器听觉。

2．具有记忆与思维能力

记忆与思维是人脑最重要的功能，是人有智能的根本原因。记忆用于存储由感知器官感知到的外部信息以及由思维所产生的知识；思维用于对记忆的信息进行处理，即利用已有的知识对信息进行分析、计算、比较、判断、推理、联想及决策等。思维是一个动态过程，是获取知识以及运用知识求解问题的根本途径。

思维可分为逻辑思维、形象思维以及顿悟思维等。

（1）逻辑思维

逻辑思维又称为抽象思维。它是一种根据逻辑规则对信息进行处理的理性思维方式。人们首先通过感觉器官获得外部事物的感性认识，将它们存储在大脑中，然后通过匹配选出相应的逻辑规则，并且作用于已经表示成一定形式的已知信息，进行相应的逻辑推理。这种推理比较复杂，一般不是用一条规则做一次推理就能够解决问题，而是要对第一次推出的结果再运用新的规则进行新一轮的推理。推理是否成功取决于两个因素：一是用于推理的规则是否完备，二是已知的信息是否完善、可靠。如果推理规则是完备的，由感性认识获得的初始信息是完善、可靠的，则通过逻辑思维可以得到合理、可靠的结论。

逻辑思维具有如下特点：

① 依靠逻辑进行思维；

② 思维过程是串行的，表现为一个线性过程；

③ 容易形式化，其思维过程可以用符号串表达出来；

④ 思维过程具有严密性、可靠性，能对事物未来的发展给出逻辑上合理的预测，可使人们对事物的认识不断深化。

（2）形象思维

形象思维又称为直感思维。它是一种以客观现象为思维对象、以感性形象认识为思维材料、以意象为主要思维工具、以指导创造物化形象的实践为主要目的的思维活动。思维过程有两次飞跃：第一次飞跃是从感性形象认识到理性形象认

3

识的飞跃，即把对事物的感觉组合起来，形成反映事物多方面属性的整体性认识（即知觉），再在知觉的基础上形成具有一定概括性的感觉反映形式（即表象），然后经形象分析、形象比较、形象概括及组合形成对事物的理性形象认识；第二次飞跃是从理性形象认识到实践的飞跃，即对理性形象认识进行联想、想象等加工，在大脑中形成新的意象，然后回到实践中，接受实践的检验。这个过程不断循环，就构成了形象思维从低级到高级的运动发展。

形象思维具有如下特点。

① 主要依据直觉，即感性形象进行思维。

② 思维过程是并行协同式的，表现为一个非线性过程。

③ 形式化困难，没有统一的形象联系规则，对象不同、场合不同，形象的联系规则亦不相同，不能直接套用。

④ 在信息变形或缺少的情况下仍有可能得到比较满意的结果。

逻辑思维与形象思维具有不同的特点，因而可分别用于不同的场合。当要求迅速做出决策而不要求十分精确时，可用形象思维，但当要求进行严格的论证时，就必须用逻辑思维；当要对一个问题进行假设、猜想时，需用形象思维，而当要对这些假设或猜想进行论证时，则要用逻辑思维。人们在求解问题时，通常把这两种思维方式结合起来使用，首先用形象思维给出假设，然后用逻辑思维进行论证。

（3）顿悟思维

顿悟思维又称为灵感思维。它是一种显意识与潜意识相互作用的思维方式。当人们遇到一个无法解决的问题时，会"苦思冥想"。这时，大脑处于一种极为活跃的思维状态，会从不同的角度寻求解决问题的方法。有时一个"想法"突然从脑中涌现出来，使人"茅塞顿开"，问题便迎刃而解。像这样用于沟通有关知识或信息的"想法"通常被称为灵感。灵感也是一种信息，可能是与问题直接有关的一个重要信息，也可能是一个与问题并不直接相关且不起眼的信息，只是由于它的到来使解决问题的智慧被启动起来了。顿悟思维比形象思维更复杂，至今人们还不能确切地描述灵感的机理。1830年奥斯特在指导学生实验时，看见电流能使磁针偏转，从而发现了电磁关系。虽然很偶然，但也是在他10年探索的基础上发现的。

顿悟思维具有如下特点。

① 具有不定期的突发性。

② 具有非线性的独创性及模糊性。

③ 它穿插在形象思维与逻辑思维之中，起着突破、创新及升华的作用。

人的记忆与思维是不可分的，总是相随相伴的。它们的物质基础都是由神经元组成的大脑皮质，通过相关神经元此起彼伏地兴奋与抑制实现记忆与思维活动。

3．具有学习能力

学习是人的本能。人人都在通过与环境的相互作用，不断地学习，从而积累知识，适应环境的变化。学习既可能是自觉的、有意识的，也可能是不自觉的、无意识的；既可以是有教师指导的，也可以是通过自己实践进行的。

4．具有行为能力

人们通常用语言或者某个表情、眼神及形体动作来对外界的刺激做出反应，传达某个信息，这些称为行为能力或表达能力。如果把人们的感知能力看作信息的输入，则行为能力可以看作信息的输出，它们都受到神经系统的控制。

1.1.3 人工智能

人工智能就是用人工的方法在机器（计算机）上实现的智能，也称为机器智能（Machine Intelligence）。

关于"人工智能"的含义，早在它正式提出之前，就由英国数学家图灵（A. M. Turing）提出了。1950 年他发表了题为"计算机与智能"（*Computing Machinery and Intelligence*）的论文，文章以"机器能思维吗？"开始，论述并提出了著名的"图灵测试"，形象地指出了什么是人工智能以及机器应该达到的智能标准。图灵在这篇论文中指出不要问机器是否能思维，而要看它能否通过如下测试：分别让人与机器位于两个房间，二者之间可以通话，但彼此都看不到对方，如果通过对话，人的一方不能分辨对方是人还是机器，那么可以认为对方的那台机器达到了人类智能的水平。为了进行这个测试，图灵还设计了一个很有趣且智能性很强的对话内容，称为"图灵的梦想"。

现在许多人仍把图灵测试作为衡量机器智能的准则，但也有许多人认为图灵测试仅仅反映了结果，没有涉及思维过程。即使机器通过了图灵测试，也不能认为机器就有智能。针对图灵测试，哲学家约翰·塞尔勒（John Searle）在1980 年设计了"中文屋思想实验"以说明这一观点。在"中文屋思想实验"中，一个完全不懂中文的人在一间密闭的屋子里，有一本中文处理规则的书。他不必理解中文就可以使用这些规则。屋外的测试者不断通过门缝给他写一些有中文语句的纸条。他在书中查找处理这些中文语句的规则，根据规则将一些中文字符抄在纸条上作为对相应语句的回答，并将纸条递出房间。这样，从屋外的测试者看来，仿佛屋里的人是一个以中文为母语的人，但他实际上并不理解他所处理的中文，也不会在此过程中提高自己对中文的理解。用计算机模拟这个系统，可以通过图灵测试。这说明一个按照规则执行的计算机程序不能真正理解其输入、输出的意义。许多人对塞尔勒的"中文屋思想实验"进行了反驳，但还没有人能够彻底将其驳倒。

实际上，要使机器达到人类智能的水平，是非常困难的。但是，人工智能的研究正朝着这个方向前进，图灵的梦想总有一天会变成现实。特别是在专业领域内，人工智能能够充分利用计算机的特点，具有显著的优越性。

人工智能是一门研究如何构造智能机器（智能计算机）或智能系统，使它能模拟、延伸、扩展人类智能的学科。通俗地说，人工智能就是要研究如何使机器具有能听、会说、能看、会写、能思维、会学习、能适应环境变化、能解决面临的各种实际问题等功能的一门学科。

1.2 智能科学的发展史

人工智能的发展历史可归结为孕育、形成和发展 3 个阶段。

1.2.1 孕育

这个阶段主要是指 1956 年以前。自古以来，人们就一直试图用各种机器来代替人的部分脑力劳动，以提高人们征服自然的能力，其中对人工智能的产生、发展有重大影响的主要研究成果如下。

① 早在公元前 384—公元前 322 年，伟大的哲学家亚里士多德（Aristotle）就在他的名著《工具论》中提出了形式逻辑的一些主要定律，他提出的三段论至今仍是演绎推理的基本依据。

② 英国哲学家培根（F. Bacon）曾系统地提出了归纳法，还提出了"知识就是力量"的警句。这对于研究人类的思维过程，以及自 20 世纪 70 年代人工智能转向以知识为中心的研究都产生了重要影响。

③ 德国数学家和哲学家莱布尼茨（G. W. Leibniz）提出了万能符号和推理计算的思想，他认为可以建立一种通用的符号语言以及在此符号语言上进行推理的演算。这一思想不仅为数理逻辑的产生和发展奠定了基础，而且是现代机器思维设计思想的萌芽。

④ 英国逻辑学家布尔（G. Boole）致力于使思维规律形式化和实现机械化，并创立了布尔代数。他在《思维法则》一书中首次用符号语言描述了思维活动的基本推理法则。

⑤ 英国数学家图灵（A. M. Turing）在 1936 年提出了一种理想计算机的数学模型，即图灵机，为后来电子数字计算机的问世奠定了理论基础。

⑥ 美国神经生理学家麦克洛奇（W. McCulloch）与匹兹（W. Pitts）在 1943 年建成了第一个神经网络模型（M-P 模型），开创了微观人工智能的研究领域，为后来人工神经网络的研究奠定了基础。

⑦ 世界上第一台电子计算机为人工智能的研究奠定了物质基础。

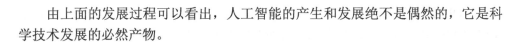

由上面的发展过程可以看出,人工智能的产生和发展绝不是偶然的,它是科学技术发展的必然产物。

1.2.2 形成

这个阶段主要是指 1956—1969 年。1956 年夏季,由当时达特茅斯(Dartmouth)大学的年轻数学助教、现任斯坦福大学教授麦卡锡(T. McCarthy)联合哈佛大学年轻数学和神经学家、麻省理工学院教授明斯基(M. L. Minsky),IBM 公司信息研究中心负责人洛切斯特(N. Rochester),贝尔实验室信息部数学研究员香农(C. E. Shannon)共同发起,邀请普林斯顿大学的莫尔(T. Moore)和 IBM 公司的塞缪尔(A. L. Samuel)、麻省理工学院的塞尔夫里奇(O. Selfridge)和索罗莫夫(R. Solomonff)以及兰德(RAND)公司和卡内基梅隆大学的纽厄尔(A. Newell)、西蒙(H. A. Simon)等在美国达特茅斯大学召开了一次为时两个月的学术研讨会,讨论关于机器智能的问题。会上经麦卡锡提议正式采用了"人工智能"这一术语。麦卡锡因而被称为人工智能之父。这是一次具有历史意义的重要会议,它标志着人工智能作为一门新兴学科正式诞生了。此后,美国形成了多个人工智能研究组织,如纽厄尔和西蒙的 Carnegie RAND 协作组,明斯基和麦卡锡的 MIT 研究组,塞缪尔的 IBM 工程研究组等。

自这次会议之后的 10 多年间,人工智能的研究在机器学习、定理证明、模式识别、问题求解、专家系统及智能语言等方面都取得了许多引人注目的成就,举例如下。

① 在机器学习方面,1957 年 Rosenblatt 研制成功了感知机。这是一种将神经元用于识别的系统,它的学习功能引起了广泛的兴趣,推动了连接机制的研究,但人们很快发现了感知机的局限性。

② 在定理证明方面,数理逻辑学家王浩于 1958 年在 IBM-704 机器上用 3～5 分钟证明了《数学原理》中有关命题演算的全部定理(220 条),并且证明了谓词演算中 150 条定理的 85%;1965 年鲁宾孙(J. A. Robinson)提出了归结原理,为定理的机器证明做出了突破性的贡献。

③ 在模式识别方面,1959 年塞尔夫里奇推出了一个模式识别程序;1965 年罗伯特(Roberts)编制出了可分辨积木构造的程序。

④ 在问题求解方面,1960 年纽厄尔等通过心理学实验总结出了人们求解问题的思维规律,编制了通用问题求解程序 GPS,可以用来求解 11 种不同类型的问题。

⑤ 在专家系统方面,美国斯坦福大学的费根鲍姆(E. A. Feigenbaum)领导的研究小组自 1965 年开始专家系统 DENDRAL 的研究,1968 年完成并投入使用。

⑥ 在智能语言方面,1960 年麦卡锡研制出了人工智能语言 LISP,成为建造专家系统的重要工具。

1969 年成立的国际人工智能联合会议（International Joint Conferences on Artificial Intelligence, IJCAI）是人工智能发展史上一个重要的里程碑，它标志着人工智能这门新兴学科得到了世界的肯定和认可。1970 年创刊的国际性人工智能杂志 *Artificial Intelligence* 对推动人工智能的发展，促进研究者的交流起到了重要的作用。

1.2.3 发展

这个阶段主要是指 1970 年以后。进入 20 世纪 70 年代，许多国家开展了人工智能的研究，涌现了大量的研究成果。例如，1972 年法国马赛大学的科麦瑞尔（A. Comerauer）提出并实现了逻辑程序设计语言 PROLOG；斯坦福大学的肖特利夫（E. H. Shortliffe）等从 1972 年开始研制用于诊断和治疗感染性疾病的专家系统 MYCIN。

但是，和其他新兴学科的发展一样，人工智能的发展道路也不是平坦的。例如，机器翻译的研究没有像人们最初想象得那么容易。当时人们以为只要一部双向词典及一些词法知识就可以实现两种语言文字间的互译。后来发现机器翻译远非这么简单。实际上，由机器翻译出来的文字有时会出现十分荒谬的错误。英国、美国当时中断了对大部分机器翻译项目的资助。其他方面，如问题求解、神经网络、机器学习等，也遇到了困难，使人工智能的研究一时陷入了困境。

人工智能研究的先驱者认真反思，总结前一段研究的经验和教训。1977 年费根鲍姆在第五届国际人工智能联合会议上提出了"知识工程"的概念，对以知识为基础的智能系统的研究与建造起到了重要的作用。大多数人接受了费根鲍姆关于以知识为中心展开人工智能研究的观点。从此，人工智能的研究迎来了蓬勃发展的以知识为中心的新时期。

这个时期中，专家系统的研究在多个领域中取得了重大突破，各种不同功能、不同类型的专家系统如雨后春笋般地建立起来，产生了巨大的经济效益及社会效益。例如，地矿勘探专家系统 PROSPECTOR 拥有 15 种矿藏知识，能根据岩石标本及地质勘探数据对矿藏资源进行估计和预测，能对矿床分布、储藏量、品位及开采价值进行推断，制定合理的开采方案，应用该系统成功地找到了超亿美元的钼矿。专家系统 MYCIN 能识别 51 种病菌，正确地处理 23 种抗生素，可协助医生诊断、治疗细菌感染性血液病，为患者提供最佳处方。该系统成功地处理了数百个病例，并通过了严格的测试，显示出了较高的医疗水平。美国 DEC 公司的专家系统 XCON 能根据用户要求确定计算机的配置。由专家做这项工作一般需要 3 小时，而该系统只需要 0.5 分钟，速度提高了 360 倍。DEC 公司还建立了另外一些专家系统，由此产生的净收益每年超过 4 000 万美元。信用卡认证辅助决策专家系统 American Express 能够防止不应有的损失，每年可节省 2 700 万美元左右。

专家系统的成功，使人们越来越清楚地认识到知识是智能的基础，对人工智能的研究必须以知识为中心来进行。对知识的表示、利用及获取等研究取得了较大进展，特别是对不确定性知识的表示与推理取得了突破，建立了主观 Bayes 理论、确定性理论、证据理论等，对人工智能中模式识别、自然语言理解等领域的发展提供了支持，解决了许多理论及技术上的问题。

人工智能在博弈中的成功应用也举世瞩目。人们对博弈的研究一直抱有极大的兴趣，早在 1956 年人工智能刚刚作为一门学科问世时，塞缪尔就研制出了跳棋程序。这个程序能从棋谱中学习，也能从下棋实践中提高棋艺。1959 年它击败了塞缪尔本人。1991 年 8 月在悉尼举行的第 12 届国际人工智能联合会议上，IBM公司研制的"深思"（Deep Thought）计算机系统与澳大利亚象棋冠军约翰森（D. Johansen）举行了一场人机对抗赛，结果以 1∶1 平局告终。

1996 年 2 月 10 日至 17 日，为了纪念世界上第一台电子计算机诞生 50 周年，美国 IBM 公司出巨资邀请国际象棋棋王卡斯帕罗夫与 IBM 公司的"深蓝"计算机系统进行了六局的"人机大战"。这场比赛被人们称为"人脑与电脑的世界决战"。参赛的双方分别代表了人脑和电脑的世界最高水平。当时的"深蓝"是一台运算速度达每秒 1 亿次的超级计算机，它最终以 3.5∶2.5 的总比分赢得这场"人机大战"的胜利。"深蓝"计算机的胜利表明了人工智能所达到的成就。尽管它的棋路还远非真正地对人类思维方式的模拟，但它已经向世人说明，计算机能够以人类远远不能企及的速度和准确性，实现属于人类思维的大量任务。"深蓝"计算机精湛的残局战略使观战的国际象棋专家大为惊讶。因为这场胜利，IBM 的股票升值为 180 亿美元。

围棋一直是人类赖以自豪的认为不会被计算机攻破的最后堡垒，2016 年 3 月，由谷歌（Google）旗下 DeepMind 公司戴密斯·哈萨比斯领衔的团队开发的阿尔法围棋与围棋世界冠军、职业九段棋手李世石进行围棋人机大战，以 4∶1 的总比分获胜；2016 年年末 2017 年年初，该程序在中国棋类网站上以"大师"（Master）为注册账号与数十位围棋高手进行快棋对决，连续 60 局无一败绩；2017 年 5 月，在中国乌镇围棋峰会上，它与排名世界第一的世界围棋冠军柯洁对战，以 3∶0的总比分获胜。围棋界公认阿尔法围棋的棋力已经超过人类职业围棋顶尖水平，在 GoRatings 网站公布的世界职业围棋排名中，其等级分超过排名人类第一的棋手柯洁。

阿尔法围棋（AlphaGo）成为第一个击败人类职业围棋选手、第一个战胜围棋世界冠军的人工智能机器人，其主要工作原理就是"深度学习"。2017 年 5 月27 日，在柯洁与阿尔法围棋的人机大战之后，阿尔法围棋团队宣布阿尔法围棋将不再参加围棋比赛。2017 年 10 月 18 日，DeepMind 团队公布了最强版阿尔法围棋，代号 AlphaGo Zero。

🔍 1.3 智能科学的现状

本节将从国际上五大公司 IBM、谷歌、百度、微软、Facebook 在 AI 方面的产品与战略，简述 AI 相关的实际产品近年来的发展，以期让读者明白 AI 已不再停留在理论研究阶段，而是与人们的日常工作、学习与生活息息相关，相关技术突破让人工智能近在眼前。

1.3.1 从图灵测试到 IBM 的"沃森"

计算机科学之父、英国数学家阿兰·图灵（Alan Turing）在 1950 年发表的论文"机器能思考吗"中，设计了这个测试，即假如一台机器通过特殊的方式与人沟通，若有一定比例的人（超过 30%）无法在特定时间内（5 分钟）分辨出与自己交谈的是人还是机器，则可认为该机器具有"思考"的能力。

2006 年诞生的"沃森"以 IBM 创始人托马斯·J·沃森的名字命名。"沃森"超级计算机在 2011 年一鸣惊人，当年 3 月它在美国电视知识抢答竞赛节目"危险边缘"中战胜了两位人类冠军选手。在"危险边缘"节目中，所有选手必须等到主持人将每个线索念完，第一个按下抢答器按钮的人可以获得回答问题的机会。"沃森"的基本工作原则是解析线索中的关键字同时寻找相关术语作为回应，"沃森"会将这些线索解析为不同的关键字和句子片段，这样做的目的是查找统计相关词组。"沃森"最革新的并不是在于全新的操作算法，而是能够快速同时运行上千的证明语言分析算法来寻找正确的答案。在三集节目中，"沃森"在前两轮中与对手打平，而在最后一集中，"沃森"打败了最高奖金得主布拉德·鲁特尔和连胜纪录保持者肯·詹宁斯。这可以看作"沃森"在此领域"通过"了图灵测试！

人机大战中 IBM 的计算机获胜已经不是第一次。早在 1997 年，"沃森"计算机的前辈、IBM 公司的"深蓝"计算机在一场著名的人机大赛中击败了当时的国际象棋世界冠军加里·卡斯帕罗夫（Garry Kasparov）。"深蓝"在下每一步棋之前，它都会计算出 6 个回合之后的局势，凭借预设的快速评估程序，它能在一秒内计算 3.3 亿个不同棋局的走势，从中选出一个得分最高的方案。而身为世界冠军的卡斯帕罗夫，在走每一步棋之前最多只能评估几十种方案。

"深蓝"面对的是一个棋局，在国际象棋的棋盘上，每一步下法之后的情况说到底是可以穷举的。以现在的技术水平来看，只要拥有足够的计算能力，要想获胜并不算难。从计算角度来看历史，第一阶段是制表阶段，从 1959 年开始进入了编程阶段，也就是"深蓝"所处的阶段，现在"沃森"所处的时间是第三个阶段，即认知计算。

"沃森"是能够使用自然语言来回答问题的人工智能系统，关键在于"沃森"采用的是一种认知技术，处理信息的方式与人类（而非计算机）更加相似，它可以理解自然语言，基于证据产生各种假设，并且持续不断地学习。从 IT 技术来讲，"沃森"系统的成就对人类的影响远远超越了"深蓝"计算机当时的成就。

（1）从"计算"到"思考"

在认知计算阶段，并不是通过计算机编程，而是让计算机能够了解自然语言、能够提供对人类的支持和帮助，具有自然语言的处理能力，来提供建议和支持。"沃森"通过解读非结构性数据，并且模拟人脑的感知来运作。

人工智能所追求的最终目标不在于充当"工具"，而是要最终成为能够理解人，拥有与人类类似的情感和思维方式，并且能够帮助人的"顾问"。对于计算机而言，在能够处理非结构性数据，可以解读人类自然语言之后，更难的是"读懂"隐藏在这些数据和语言之后的人。只有读懂人，才能使"沃森"真正成为服务于各行各业的"助推器"，充当一个"顾问"的角色，而不是一个简简单单的"工具"。

认知计算会从基础上支持人工智能的发展。认知计算的特点在于从传统的结构化数据的处理到未来的大数据、非结构化流动数据的处理，从原来简单的数据查询到未来发现数据、挖掘数据。感知人类的情绪，甚至像人类一样拥有情感，是所有人工智能机器"拟人"的终极难题。在 IBM 的"大数据挖掘技术"支持下，在一段段支离破碎的自然语言背后，一个个具体的、有喜恶、有性格、有偏好的人格形象，被渐渐地"扒"了出来。

"沃森"通过对人类自然语言的分析与解读，就可以了解到藏在这些语言背后的情绪和性格。认知计算作为一个概念早已存在，但最近正在不断取得突破，并将有可能深刻改变人类生活。在认知计算时代，计算机的运算处理能力将与人类认知能力完美结合，完成人类或机器无法单独完成的任务。认知计算的能力主要体现在 4 个层次。第一个层次是辅助能力。在认知计算系统的帮助下，人类的工作可以更加高效。百科全书式的信息辅助和支撑，可以让人类利用广泛而深入的信息，成为各个领域的"资深专家"。第二个层次是理解能力。认知计算系统可以更好地理解人们的需求，并提供相应的服务。第三个层次是决策能力。制定发展战略、出台政策措施，都需要汇集和分析大量的信息。认知计算系统可以在决策方面提供帮助。第四个层次是发现和洞察能力。发现和洞察能力可以帮助人类发现当今计算技术无法发现的新洞见、新机遇及新价值。认知计算系统的真正价值在于，可以从大量数据和信息中归纳出人们所需要的内容和知识，让计算系统具备类似人脑的认知能力，从而帮助人类更快地发现新问题、新机遇以及新价值。

（2）从"思考"到"创造"

一个最新的进展，预示着"沃森"能够解决日常生活的需求："沃森"能够分析人类的味觉，通过味觉分析来满足个人的食品爱好。"沃森"不仅具备学习、存储和查询大量菜谱的能力，而且是一位真正"大厨的决策助手"，它可以综合对口味偏好、菜式、营养学和食物化学的考量，创造性地提出很多食谱建议。这就是"沃森大厨"。

在医学领域，"沃森"能够帮助医生更好地诊断病人的疾病并能正确地回答医生的疑难杂问。"沃森"超级计算机被训练以掌握世界顶级医学出版物上的医学信息和资料；然后凭借这些信息和资料匹配病人的症状、用药史和诊断结果；最后形成一套完整的诊断和治疗方案。由于"沃森"超级计算机能够掌握现代医学的海量信息，所以这一技术进展的意义非常重大。医生这个职业一生需要学习很多，但是很多医生走上工作岗位之后就没有时间读书读资料了，他的知识可能会很快老化，尤其是那些研究、发展特别快的疾病。

鉴于强大的对自然语言的处理能力，"沃森"可以"帮"医生读这些书，而且读得更快更多，并且永远不会忘记。据 IBM 估计，如果想与相关的医学信息和资料保持同步，一位人类医生每周需要花费 160 个小时阅读这些信息和资料。沃森目前已经吸收消化 2 400 多万个医疗方面的文献，而且永远不会忘记。

澳大利亚迪肯大学作为全球第一所引入"沃森"系统的高校，已成功部署"沃森"，通过半年左右的训练，"沃森"已能回答学生提出的大量问题，为学生的学习提供了一种全新的支持，也使学生有了一种与过去完全不同的学习体验。

"沃森"成功的关键，是实现了机器从"计算"到"思考"，再到"创造"的飞跃。这也正是人工智能研究的奇妙之处！

1.3.2 谷歌的智能机器未来

谷歌的两位创始人谢尔盖·布林（Sergey Brin）和拉里·佩奇（Larry Page）曾指出：机器学习和人工智能是谷歌的未来。或许正是两位创始人的共同愿望，近年来，不少科技公司在缩减研发开支，谷歌却加大投入，探寻着一系列天马行空的想法：具有自学能力的人工大脑，能知能觉的机器设备，甚至直通太空的电梯……有人甚至预言：到 2024 年，谷歌的主营产品将不再是搜索引擎，而是人工智能产品。本节简要概述谷歌在人工智能方面的产品研发计划。

（1）从无人汽车到"猫脸识别"

人们或许对通过眨眨眼就能拍照上传、收发短信、查询天气路况的谷歌眼镜耳熟能详，尽管其实用性并不被普遍看好，但最近更让人关注的是谷歌的无人驾驶汽车。没有方向盘，没有刹车。无人汽车的车顶上安置了能够发射 64 束激光射线的扫描器，激光碰到车辆周围的物体，会反射回来，这样就计算出了物体的距离。而另一套在底部的系统则能够测量出车辆在 3 个方向上的加速度、角速度等数据，然后结合 GPS 数据计算出车辆的位置，所有这些数据与车载摄像机捕获的图像一起输入计算机，软件以极高的速度处理这些数据。这样，系统就可以非常迅速地做出判断。该无人驾驶汽车目前已经累积行驶 48.3 万千米。事实上，无人汽车只是谷歌在人工智能开发领域的冰山一角。

2012 年，谷歌的一次"猫脸识别"技术震惊了整个人工智能领域。Google X 部门（谷歌旗下专门从事人工智能技术研究的实验室）的科学家，通过将 16 000 台计算机的处理器相连，创造了一个拥有 10 亿多条连接的神经网络。谷歌的想法是：如果把这一神经网络看成模拟的一个小规模"新生大脑"，并连续一个星期给它播放 YouTube 的视频，那么它会学到什么？实验的结果令人吃惊：其中一个人工神经元竟然对"猫"的照片反应强烈。而谷歌事先从未在任何实验环节"告知"或是暗示这个网络"猫"是什么概念，甚至也未曾给它提供过一张标记为猫的图像。也就是说，人工神经网络中的某个神经元经过训练，学会了从未标记的 YouTube 视频静态帧中检测猫，这个神经网络具有人脑一样的"自我学习"能力。

使用这种大规模的神经网络，谷歌显著提高了一种标准图像分类测试的先进程度——将精确度相对提高了 70%。如今，谷歌正在积极扩展这一智能系统，以训练更大规模的模型（普通成人大脑大约有 100 亿万个连接）。

事实上，机器学习技术并非只是和图像相关——在谷歌内部，试图将人工神经网络方法应用到其他领域，如语音识别和自然语言建模等。当然，要想将深度学习技术从语音和图像识别领域扩展到其他应用领域，需要科学家在概念和软件上做出更大突破，同时需要计算能力的进一步增强。

（2）Google X 与奇点大学

谷歌最为人所熟知的业务范围是搜索和广告，但它在人工智能领域的几个项目引起普遍关注，包括自动驾驶汽车、可穿戴技术（谷歌眼镜）、类人机器人、高空互联网广播气球，以及可检测眼泪中血糖含量的隐形眼镜。尤其是最近谷歌收购了数家有潜力的人工智能科技公司，包括 DeepMind、仿人机器人制造商 Boston Dynamics 等。谷歌将这些围绕智能技术开发的研究机构，均纳入其"秘密实验室——Google X。这个由一群发明家、工程师以及创造者组成的研发机构，在谷歌自身看来，是一个"梦工厂的探索者"。

Google X 的特别之处在于，它的首要目标是解决难题，影响世界。对于 Google X 已经付诸实验的诸多奇思妙想，有评论指出 Google X 领先于整个人类社会，站在了变革的交叉路口，没有其他人或者组织能够达到他们的速度和高度。原因在于，小公司缺乏资源，大公司股东会基于商业考虑而吝惜大量投入，Google X 能赋予科学家充足的资源和自由度来开发那些令人称奇的项目。

谷歌另一个闻名遐迩的机构是奇点大学（Singularity University）。奇点大学成立于 2009 年，是由谷歌、美国国家航空航天局（National Aeronautics and Space Administration, NASA）以及若干科技界专家联合建立的一所新型大学，旨在解决"人类面临的重大挑战"，研究领域则聚焦于合成生物学、纳米技术和人工智能等。

奇点一词来自美国未来学家兼人工智能专家雷蒙德·库兹韦尔（Ray Kurzweil），他预言世界将很快迎来一个"奇点"。奇点理论原为物理学上的概念，指宇宙产生之初由爆炸形成现在宇宙的那一点。"技术奇点"最初是由科幻小说家弗诺·文奇（Vernor Vinge）创造的，他预测"我们很快就能创造比我们自己更高的智慧……当这一切发生的时候，人类的历史将到达某个奇点……"库兹韦尔在他的书《奇点临近》（The Singularity is Near）中，将"奇点"解释为电脑智能与人脑智能兼容的那个神妙时刻，并且预测这些转变将发生在大约2045年。

奇点大学校长便是库兹韦尔，如今也是谷歌新任工程总监，多年来一直潜心研究智能机器。库兹韦尔的目标是帮助计算机理解甚至表达自然语言。最终，他希望制造出比IBM的"沃森"更好的机器——尽管他很欣赏"沃森"表现出的理解能力和快速反应能力。

如今，谷歌凭借在深度学习和相关的人工智能领域的成绩，已经成为一块极富吸引力的磁铁，吸引着全球专家纷至沓来，包括雷蒙德·库兹韦尔（Ray Kurzweil）、塞巴斯蒂安·史朗（Sebastian Thrun）、彼得·诺维格（Peter Norvig），以及杰夫·辛顿（Geoffrey Hinton）在内的人工智能领域的全球顶尖人才等。

1.3.3　百度大脑

2014年年初，百度宣布建立公司历史上首个前沿科学研究机构——深度学习研究院（Institute of Deep Learning, IDL）。2014年5月，百度在硅谷设立人工智能中心，并聘请了前谷歌人工智能部门创始人之一、斯坦福大学著名人工智能专家吴恩达（Andrew Ng）担任负责人。

吴恩达指出，过去20年中人们已经看到人工智能的正循环：如果有一个好的产品，就会得到大量用户，有了大量用户就会有大量数据，这些大量数据用于人工智能算法，相应的产品就会更好。但是，传统的人工智能算法的问题在于：当数据更多时，效果并不一定会一直更好。而"百度大脑"的新算法是适度学习，当拥有更多数据时，效果变得越来越好。

在移动互联网时代，用户需要用更自然的方式使用互联网。所以大数据、语音、图像、自然语言的处理以及用户用自然方式找到服务至关重要，而拥有海量数据和人工智能新算法的百度大脑有能力使人工智能正循环越来越快。

（1）搜索回归"说"与"看"的原生世界

随着移动互联网的发展，搜索给了用户新的可能性。据预测，未来五年语音和图像搜索会超过文字，因为文字的历史只有5 000多年，但语音的历史至少有20万年，它是一个更加自然且低门槛的表达方式。一个儿童在还不会打字的时候，就已经可以用语音来表达其搜索需求了。

在"说"之外"看"有着更丰富的形式——图片。现在的百度同时支持拍照搜索，或是用一个图片去找相似的图片。一个人在学会语言之前，是先用眼睛认知世界的。图片搜索推出后，很多用户开始用这种更自然的方式向百度表达需求。例如，把一个包拍下来看看网上哪有卖这样的购物需求的图片搜索，目前占到了35.5%。搜索技术的门槛一直在上升，从文字到语音再到图片，而使用者的门槛一直在降低，即使一个婴儿也可以用他的眼睛来表达需求。

（2）百度的"新大陆"

"开放云""数据工厂"和"百度大脑"称为百度的"新大陆"。百度的大数据引擎由这三项核心大数据能力组成。百度在其 2014 年世界大会上公布"百度大脑"项目时，宣布该项目已能模拟人脑的 200 亿个神经元，达到两三岁孩童的智力水平——这意味着百度的进度在不声不响中做到了全球领先。以算法为基础的"百度大脑"则是人工智能、深度学习的代表，目前百度人工智能方面的能力已经开始被应用在语音、图像、文本识别，以及自然语言和语义理解方面。

设想这样一个场景：当你被一片不认识的美丽花田倾倒，在过去只能是拍下照片就没有"然后"了，现在通过照片，百度大脑让你既知道花名，还能得到服务：百度百科告诉你这个花名及它的相关属性，同时百度直达号帮你找到离你最近的有这种花卖的花店等。

大家或许都有这样的经历，在某个地方突然听到一首非常好听的歌，想知道这是什么歌？是谁唱的歌？这时你只要拿起手机，百度大脑就会告诉你。如果你是喜欢音乐的人，可以通过百度直达号到音乐网站下载这首歌；如果你是歌手的粉丝，直达号会告诉你，他何时要到你所在的城市开演唱会，同时可以找到对应的票务公司下单并选定座位。

除了更好地满足娱乐相关的诉求，百度大脑还能对人们生活中更重要的事情起到帮助，如老百姓特别关心的医疗。例如，过去一个新生的小宝宝皮肤出了问题，年轻的父母会非常焦虑，他们不知道这个问题有多大、多严重、多紧急，也不知道他们应该做什么样的应急处理。而今只要把患病部位用手机拍照并上传到百度，就可以得到一个预诊的诊断。现在预诊的准确率已经达到93%，虽不足以成为一个正式医疗的结果，但可以第一时间帮助这些父母做初步的处理建议，同时能帮助他们解决之后找什么样的专家来治疗孩子的问题。百度大脑能够把线下服务和患者对接起来。

把百度大脑的人工智能和百度的大数据结合，能够找到以前所不知道的规律，从而尝试做一些对未来的预测，如为疾控中心提供流行病的预测。

（3）百度的智能硬件

基于"百度大脑"的技术支撑，百度还推出多款智能硬件，其中以 BaiduEye 和百度"筷搜"最吸引眼球。

BaiduEye 是百度研发的一款智能穿戴设备，它的亮点是"无须屏幕，隔空辨物"——没有眼镜屏幕，佩戴者只需要用手指在空中对着某个物品画个圈，或者拿起这个物品，BaiduEye 即可通过这些手势获得指令，锁定该物品并进行识别和分析处理。一些典型的应用场景如下：你在街上看到别人身上好看的某款衣服时，手指轻轻一圈，BaiduEye 会立即根据衣服特征，搜索到相关品牌以及最近的销售促销信息等；你在博物馆欣赏一个瓷瓶时，BaiduEye 会在耳边讲述瓷瓶的历史知识；你看到一棵不知名的植物时，BaiduEye 会告诉你它的名称、产地、生活习性等信息；你如果要去某一个地方，BaiduEye 将判断你所处的位置迅速找到最佳路线，并启动语音导航。BaiduEye 不是眼镜，而是人眼的自然延伸，让人具有"看到即可知道"的能力，因为没有屏幕遮挡，戴着它的人也更加轻松，不会因为用眼过度而感到困乏。BaiduEye 是一款连接线上与线下、针对 O2O 场景的产品，目前它的使用场景专注在两个方面：商场购物和博物馆游览。

如果说 BaiduEye 是一款相当前卫的产品，那百度"筷搜"可以说是令千百万关注食品安全问题的人们翘首以待的一款产品：它底端集成了 4 个传感器，分别可以监测盐分、pH 和温度。"筷搜"的工作原理相当于建立了食品健康的大数据分析库，基于云计算对采集到的数据进行实时分析，转化为各项食品安全指标。"筷搜"主要是想让大家理解大数据未来能做到什么，尽管其实用性还令人质疑。

在"百度筷搜"的背后，是百度围绕"百度大脑"人工智能逐步打造智能硬件生态的宏伟计划。智能化之后，硬件具备连接的能力，可实现互联网服务的加载，形成"云+端"的典型架构，具备了大数据等附加价值。百度试图利用人工智能进行互联网的转型。正如吴恩达所说，赢得人工智能就赢得互联网。

1.3.4 微软智能生态

尽管人工智能从图灵提出的假说到研究至今已逾 60 年，但和《星球大战》以来各种科幻电影中的机器人相比，技术的发展还是没能赶上"幻想"的节奏——人工智能对于更多人还是一个抽象的、高冷的概念。人们从 20 世纪 50 年代就开始了人工智能的研究，不同的人，不同的阶段，大家对它的定义也不太相同。人工智能和人相比，还有几个大的台阶要跨越：第一个台阶是功能（Capability），功能是工具的价值所在，对于人类最有意义，也一直推动着人类社会的进步；第二个台阶是智能（Intelligence）；第三个台阶是智力（Intellect），智力比智能更高一筹，"力"这个字里包含了判断力、创造力等信息；第四个台阶是智慧（Wisdom），智慧往往是由丰富阅历、深邃思考积淀而来的洞察。

截至目前，全世界最"聪明"的机器也只是站在了第二级台阶上——人工智能这个概念的大部分含义其实是"功能"还有一定的"智能"。"智能"与"智力"只差一个字，但对机器而言却好像是鸿沟天堑，极难跨越。

人工智能已经成为世界科技巨擘新的角斗场,人类正在步入一个全新的人工智能时代。如何让新科技产品以好用不贵的方式服务于尽可能多的大众,为人工智能打造一个生态圈,是微软非常重要的战略。

在此战略指导下,微软先后推出了小娜(Cortana)、小冰和 Skype Translator 等基于人工智能技术的产品。

(1)人工智能姐妹花先驱产品

Cortana 的出现,让微软颇感兴奋,也让人们再次看到微软在人工智能技术上的追求,与其说 Cortana 是一个语音助手,倒不如说是微软人工智能的先驱产品。微软把这个拟人化的性感虚拟个人助理定位为微软进军机器学习的一步棋。

Cortana 推出后快速落地中国,被取名"小娜",并且与微软(亚洲)互联网工程院开发出来的另一款人工智能机器人伴侣小冰并称为"人工智能姐妹花"。基于 Cortana,微软(亚洲)互联网工程院深度本地化,研发了一款人工智能个人助理小娜,扮演的是女秘书角色,帮助用户做好日常的行程计划安排。她会在合适的时间、地点推送合适的内容,用户可添加兴趣爱好,对这些内容进行追踪;还可追踪火车、飞机的延误、动向等。

与小娜相比,人工智能机器人伴侣小冰的名字来自微软的搜索引擎必应,它是人工智能软件在模仿人类大脑方面取得进步的一个突出例子。小冰可以看作一种新形态的移动搜索引擎服务,与 Siri、Google Now 等智能搜索采用的方式类似,它的数据来源于必应搜索对网民在互联网上生产的信息的抓取,在获得这些信息之后,微软会对这些数据进行加工,并利用人工智能技术进行处理。通过系统性地挖掘互联网上人与人的对话,微软为小冰赋予了一种比较令人信服的人格,以及一些"智能"的印记。而通过大数据、深度神经网络等技术,小冰成为兼具"有趣"与"有用"的人工智能机器人伴侣,超越了简单人机对话的交互,并以此与用户建立了强烈的情感纽带。该程序会记住之前与用户交流的内容,如与女友或男友分手的细节,并在后来的交谈中询问用户的感受。"小冰"背后采用了三套技术(情境支持系统、上下文对话系统和智能语义系统)来完成对数据的处理。

目前,小娜通过语音的形式与用户交互,小冰通过文本的形式与用户交互。小冰在人工智能上走向了 EQ 比 IQ 重要性更大的尝试。实际上是人类和计算机自然语言交互的终极目标的中间阶段的典型体现。人工智能的产品化发展是一种均衡的、循序渐进的快速迭代方式,不仅存在"高智能""低智能"这样的纵轴,还存在"有用"和"有趣"的横向坐标。一方面,提供趋向于有用这一方面的人工智能的产品,另一方面,提供趋向于有趣这个方面的人工智能的产品,随着时间的迁移,产品不断迭代后达到有趣和有用的平衡,让用户比较容易接受。

（2）技术与商业战略同行

小娜和小冰这对姐妹花，是微软在人工智能、大数据和搜索引擎 3 个技术交叉领域方向的试水产品，而这个领域是微软未来非常重要的一个战略投入点。在微软看来，如何更好地利用人工智能、自然语言处理以及预测性的计算，更好地为人们开发出有用的软件是关键，它应该可以"重新定义生产力"，为人们的日常工作和生活提供便利。

目前，Cortana 在微软手机系统 WP 上建立自己的生态系统。而"小冰"则是以低姿态为其他公司的生态系统提供服务，她只针对第二方生态系统，发挥类似中间件的作用，连接和沟通整个庞大的移动互联网数据。小冰的快速蔓延对第三方的既有生态系统价值提升帮助作用明显，尤其在提升活跃度方面，这恰恰是移动互联网平台衡量自己发展程度的重要指标。无论哪种形态，它让人工智能和普通人更加贴近，只有更多的人用它，让它有更多的"料"进行学习、训练、举一反三，才可能越来越像人们想象中的那种"机器人"。

人工智能技术和产品是微软等科技巨擎的重要战略方向，对于这些公司而言，有深远的价值影响，同时，这些产品为合作伙伴带来更多的商业机会与可能。例如，小冰登录了很多不同的平台，把一个人和另一个人紧密地联系起来，增加用户对这个平台的黏性。例如，从 2014 年 6 月小冰在微博复活以来，迅速成为人类历史上第一个机器人舆论领袖。

微软的深度学习系统 Adam 取得了突破性的成果，比起之前的深度学习系统而言更为成熟。例如，在图片识别方面，这个系统不仅可以识别出指定的物品，还能够在该类自分类项下，进行更精确的识别。和先前的"Google 大脑"作对比，如果说"Google X"能做到的是，在看完一周 YouTube 视频后，只能识别出猫，那么 Adam 可以识别出狗及狗的品种，如辨别出沙皮犬和巴哥犬的区别，并且使用的机器数量只有之前的 1/30。

未来，人工智能将成为创造高附加值的重要来源，对世界的影响将超越"互联网革命"，而由大数据和人工智能带来的颠覆式创新也将超越人们的想象。究竟"人工智能哪家强"，拭目以待。

1.3.5 Facebook 的"深脸"

2013 年 12 月，Facebook 成立了新的人工智能实验室（AiLab），聘请了著名人工智能学者、纽约大学教授伊恩·勒坤（Yann LeCuu）担任负责人。Facebook 在人工智能领域有着长期规划，在 2016 年前，Facebook 专注于为用户建立分享内容的全新体验。实际上，Facebook 在 2014 年 6 月就推出了一款称为"深脸"（DeepFace）的人工智能产品。DeepFace 系统在 2014 年电气与电子工程师协会（IEEE）的计算机视觉与模式识别会议上首次亮相。它基于一项深度的神经科学研究，目的在于模仿人类的神经系统工作方式。DeepFace 以两个步骤处理脸部图像，首先纠正面部的角度，令照片中的人脸朝前，使用的是一个"普通"朝前看的脸的三维模型；随后采取深度学习的方法，以一个模拟神经网络推算出调整后面部的数字描述。如果 DeepFace 从两张不同的照片得到了足够相似的描述，它就会认定照片展示的是同一张脸。

DeepFace 完成的是"面部验证"而非"面部识别"。"面部验证"是指认出两张照片中相同的面孔，而"面部识别"是指认出面孔对应的人是谁。当问到两张陌生照片中的面孔是否是同一个人时，人类的正确率为 97.53%，DeepFace 面对这一挑战的分数是 97.25%，不论明暗的变化，也不论照片中的人是否直面着镜头。DeepFace 已经非常接近人脑的识别能力，比早期的类似系统，正确率提高了 25%。这是一个显著进步，展示出"深度学习"的人工智能新手段的威力。

DeepFace 的深度学习部分由九层简单模拟神经元构成，它们之间有超过1.2 亿个联系。为训练这一网络，Facebook 的研究人员淘出了该公司囤积的用户照片中的一小部分数据，即属于近 4 000 人的 400 万张带有面孔的照片。DeepFace 通过分析 400 万张图片，在它们上面找到关键的定位点，并通过分析这些定位点来辨别人脸。

假设 Facebook 不断提高该系统的准确度，那么这套系统能够衍生出来的相关应用将是非常强大的。如身份验证、定位等，人们可能不再需要身份证，而且目前困扰人们的移动支付安全问题可以得到解决。

1.3.6　三大突破让人工智能近在眼前

人工智能过去 60 年来的发展道路曲折，几度陷入低谷。而最近人工智能得到飞速发展，主要得益于计算机领域三大技术的突破。

（1）神经网络的低成本并行计算

思考是一种人类固有的并行过程，数以亿计的神经元同时放电以创造出大脑皮层用于计算的同步脑电波。搭建一个人工神经网络需要许多不同的进程同时运行。神经网络的每一个节点都大致模拟了大脑中的一个神经元与其相邻的节点互相作用，以明确所接收的信号。一个程序要理解某个口语单词，就必须能够听清（不同音节）彼此之间的所有音素；要识别出某幅图片，就需要看到其周围像素环境内的所有像素——二者都是深层次的并行任务。此前，标准的计算机处理器一次仅能处理一项任务。

10 多年前图形处理单元（Graphics Processing Unit, GPU）的出现，使情况发生了改变。GPU 最先用于满足可视游戏中高密度的视觉以及并行需求，在这一过程中，每秒都有上百万像素被多次重新计算。到 2005 年，GPU 芯片产量颇高，其价格降了下来。2009 年，吴恩达和他所在的斯坦福大学的研究小组意识到，GPU 芯片可以并行运行神经网络。

这一发现开启了神经网络新的可能性，使神经网络能容纳上亿个节点间的连接。传统的处理器需要数周才能计算出拥有 1 亿节点的神经网的级联可能性。而吴恩达发现，一个 GPU 集群在一天内就可完成同一任务。现在，应用云计算的公司通常会使用 GPU 来运行神经网络。2010 年吴恩达被谷歌招募进入 Google X 实验室。2014 年吴恩达加入百度。

（2）大数据人工智能训练的前提

每一种智能都需要被训练。哪怕是天生能够给事物分类的人脑，也仍然需要看过十几个例子后才能够区分猫和狗。人工思维则更是如此。即使是（国际象棋）程序编得最好的计算机，也得在至少对弈 1 000 局之后才能有良好表现。人工智能获得突破的部分原因在于，能够收集到来自全球的海量数据，以给人工智能系统提供其所需的充分训练。巨型数据库、自动跟踪（Self-Tracking）、网页 Cookie、线上足迹、数十年的搜索结果、维基百科以及整个数字世界都成了老师，是它们让人工智能变得更加聪明。

（3）深度学习更优的算法

20 世纪 50 年代，数字神经网络就被发明了出来，但计算机科学家花费了数十年来研究如何驾驭百万级乃至亿级神经元之间庞大的组合关系。这一过程的关键是将神经网络组织成为堆叠层（Stacked Layer）。一个相对来说比较简单的任务就是人脸识别。识别一张人脸可能需要数百万个这种节点（每个节点都会生成一个计算结果以供周围节点使用），并需要堆叠高达 15 个层级。2006 年，当时就职于多伦多大学的杰夫·辛顿（Geoffrey Hinton）教授对这一方法进行了一次关键改进，并将其称为"深度学习"。2013 年辛顿创立的公司 DNNresearch 被谷歌收购，他加入谷歌。他能够从数学层面上优化每一层的结果从而使神经网络在形成堆叠层时加快学习速度。数年后，当深度学习算法被移植到 GPU 集群中后，其速度有了显著提高。仅靠深度学习的代码并不足以能产生复杂的逻辑思维，但它是包括 IBM 的"沃森"计算机、谷歌搜索引擎以及 Facebook 算法在内，当下所有人工智能产品的主要组成部分。

随着网络发展壮大，网络价值会以更快的速度增加，这就是网络效应（Network Effect）。为人工智能服务的云计算技术也遵循这一法则。使用人工智能产品的人越多，它就会变得越聪明；它变得越聪明，就有越多的人来使用它；然后它变得更聪明，进一步就有更多人使用它。

未来 10 年，人们与之直接或者间接互动的人工智能产品，有 99%将是高度专一、极为聪明的"专家"。

1.4　智能科学的研究内容及学派

1.4.1　智能科学研究的主要内容

1.　知识表示

语言和文字是人们表达思想、交流信息的工具。它促进了人类的文明及社会的进步。人类语言和文字是人类知识表示的最优秀、最通用的方法，但人类语言和文字的知识表示方法并不适合于计算机处理。

智能科学研究的目的是建立一个能模拟人类智能行为的系统，但知识是一切智能行为的基础，因此首先要研究知识表示方法。只有这样才能把知识存储到计算机中，供求解现实问题使用。

对知识表示方法的研究，离不开对知识的研究与认识。人们在对智能系统的研究及建立过程中，结合具体研究提出了一些知识表示方法。知识表示方法可分为如下两大类：符号表示法和连接机制表示法。

符号表示法是用各种包含具体含义的符号，以各种不同的方式和顺序组合起来表示知识的一类方法。它主要用来表示逻辑性知识，目前用得较多的知识表示方法有：一阶谓词逻辑表示法、产生式表示法、面向对象表示法、框架表示法、语义网络表示法及知识图谱表示法等。

连接机制表示法是用神经网络表示知识的一种方法。它把各种物理对象以不同的方式及顺序连接起来，并在其间互相传递及加工各种包含具体意义的信息，以此来表示相关的概念及知识。相对于符号表示法而言，连接机制表示法是一种隐式的知识表示方法。这里，知识并不像在产生式系统中表示为若干条规则，而是将某个问题的若干知识在同一个网络中表示。因此，特别适用于表示各种形象性的知识。

2.　机器感知

机器感知是使机器（计算机）具有类似于人的感知能力，其中以机器视觉（Machine Vision）与机器听觉为主。机器视觉是让机器能够识别并理解文字、图像、场景等；机器听觉是让机器能识别并理解语言、声响等。

机器感知是机器获取外部信息的基本途径，是使机器具有智能不可缺少的组成部分，正如人的智能离不开感知一样，为了使机器具有感知能力，需要为它配置上能"听"、会"看"的感觉器官。对此，人工智能中形成了两个专门的研究领域，即模式识别与自然语言理解。

3．机器思维

机器思维是指对通过感知得来的外部信息及机器内部的各种工作信息进行有目的的处理。正如人的智能来自大脑的思维活动一样，机器智能主要是通过机器思维实现的。因此，机器思维是智能科学研究中最重要、最关键的部分。它使机器能模拟人类的思维活动，能像人那样既可以进行逻辑思维，又可以进行形象思维。

4．机器学习

知识是智能的基础，要使计算机有智能，就必须使它有知识。人们可以把有关知识归纳、整理在一起，并用计算机可接受、处理的方式输入计算机中，使计算机具有知识。这种方法不能及时地更新知识，特别是计算机不能适应环境的变化。为了使计算机具有真正的智能，必须使计算机像人类那样，具有获得新知识、学习新技巧并在实践中不断完善、改进的能力，实现自我完善。

机器学习（Machine Learning）就是研究如何使计算机具有类似于人的学习能力，使它能通过学习自动地获取知识。计算机可以直接向书本学习，通过与人谈话学习，通过对环境的观察学习，并在实践中实现自我完善。

机器学习是一个难度较大的研究领域，它与脑科学、神经心理学、计算机视觉、计算机听觉等都有密切联系，依赖于这些学科的共同发展。因此，经过近些年的研究，虽然取得了很大的进展，提出了很多学习方法，但并未从根本上解决问题。

5．机器行为

与人的行为能力相对应，机器行为主要是指计算机的表达能力，即"说""写""画"等能力。对于智能机器人，它还应具有人的四肢功能，即能走路、能取物、能操作等。

1.4.2 智能科学的主要学派

目前智能科学的主要学派有下列 3 家。

① 符号主义，又称为逻辑主义、心理学派或计算机学派，其原理主要为物理符号系统假设和有限合理性原理。

② 连接主义，又称为仿生学派或生理学派，其原理主要为神经网络及神经网络间的连接机制与学习算法。

③ 行为主义，又称为进化主义，其原理为控制论及感知动作型控制系统。

1.4.3 各学派的认知观

各学派对智能科学发展历史具有不同的看法。

1. 符号主义

符号主义认为智能源于数理逻辑。数理逻辑从 19 世纪末起获迅速发展；到 20 世纪 30 年代开始用于描述智能行为。计算机出现后，又在计算机上实现了逻辑演绎系统。其有代表性的成果为启发式程序逻辑理论家（Logic Theorist, LT），证明了 38 条数学定理，表明了可以应用计算机研究人的思维过程，模拟人类智能活动。正是这些符号主义者，早在 1956 年首先采用"人工智能"这个术语，后来又发展了启发式算法→专家系统→知识工程理论与技术，并在 20 世纪 80 年代取得很大发展。符号主义为智能科学的发展做出重要贡献，尤其是专家系统的成功开发与应用，对于人工智能走向工程应用和实现理论联系实际具有特别重要的意义。在智能科学的其他学派出现之后，符号主义仍然是人工智能的主流学派。

2. 连接主义

连接主义认为智能源于仿生学，特别是人脑模型的研究。它的代表性成果是 1943 年由生理学家麦卡洛克（Warren McCulloch）和数理逻辑学家皮茨（Walter Pitts）创立的脑模型，即 MP 模型，开创了用电子装置模仿人脑结构和功能的新途径。它以神经元开始进而研究神经网络模型和脑模型，开辟了智能科学的又一发展道路。20 世纪 60 年代至 20 世纪 70 年代，连接主义，尤其是对以感知机（Perceptron）为代表的脑模型的研究出现热潮。由于当时的理论模型、生物原型和技术条件的限制，脑模型研究在 20 世纪 70 年代后期至 20 世纪 80 年代初期落入低潮。直到 Hopfield 教授在 1982 年和 1984 年发表两篇重要论文，提出用硬件模拟神经网络后，连接主义重新抬头。1986 年，鲁梅尔哈特（Rumelhart）等提出多层网络中的反向传播（BP）算法。此后，连接主义势头大振，从模型到算法，从理论分析到工程实现，为神经网络计算机走向市场打下基础。

3. 行为主义

行为主义认为智能源于控制论。控制论思想早在 20 世纪 40 年代至 20 世纪 50 年代就成为时代思潮的重要部分，影响了早期的智能科学工作者。维纳（Winner）和麦克洛（McCloe）等提出的控制论和自组织系统以及钱学森等提出的工程控制论和生物控制论，影响了许多领域。控制论把神经系统的工作原理与信息理论、控制理论、逻辑以及计算机联系起来。早期的研究工作重点是模拟人在控制过程中的智能行为和作用，如对自寻优、自适应、自校正、自镇定、自组织和自学习等控制论系统的研究，并进行"控制论动物"的研制。到 20 世纪 60 年代至 20 世纪 70 年代，上述这些控制论系统的研究取得一定进展，播下智能控制和智能机器人的种子，并在 20 世纪 80 年代诞生了智能控制和智能机器人系统。行为主义是 20 世纪末才以人工智能新学派的面孔出现的，引起许多人的兴趣。这一学派的代表作首推布鲁克斯（Brooks）的六足行走机器人，它被看作新一代的"控制论动物"，是一个基于感知-动作模式的模拟昆虫行为的控制系统。

以上 3 个学派将长期共存，取长补短，并走向融合和集成，为智能科学的发展做出贡献。

1.4.4 智能的争论

1. 对人工智能理论的争论

人工智能各学派对于 AI 的基本理论问题，如定义、基础、核心、要素、认知过程、学科体系以及人工智能与人类智能的关系等，均有不同观点。

① 符号主义

符号主义认为人的认知基元是符号，而且认知过程即符号操作过程。它认为人是一个物理符号系统，计算机也是一个物理符号系统，因此，人们能够用计算机来模拟人的智能行为，即用计算机的符号操作来模拟人的认知过程。也就是说，人的思维是可操作的。它还认为，知识是信息的一种形式，是构成智能的基础。人工智能的核心问题是知识表示、知识推理和知识运用。知识可用符号表示，也可用符号进行推理，因而有可能建立起基于知识的人类智能和机器智能的统一理论体系。

② 连接主义

连接主义认为人的思维基元是神经元，而不是符号处理过程。它对物理符号系统假设持反对意见，认为人脑不同于电脑，并提出连接主义的大脑工作模式，用于取代符号操作的电脑工作模式。

③ 行为主义

行为主义认为智能取决于感知和行动（所以被称为行为主义），提出智能行为的"感知–动作"模式。行为主义者认为智能不需要知识、不需要表示、不需要推理；人工智能可以像人类智能一样逐步进化（所以称为进化主义）；智能行为只能在现实世界中与周围环境交互作用而表现出来。行为主义还认为符号主义（还包括连接主义）对真实世界客观事物的描述及其智能行为工作模式是过于简化的抽象，因而是不能真实地反映客观存在的。

2. 对人工智能方法的争论

不同人工智能学派对人工智能的研究方法问题也有不同的看法。这些问题涉及人工智能是否一定采用模拟人的智能的方法？若要模拟又该如何模拟？对结构模拟和行为模拟、感知思维和行为、认知和学习以及逻辑思维和形象思维等问题是否应分离研究？是否有必要建立人工智能的统一理论系统？若有，又应以什么方法为基础？

① 符号主义

符号主义认为人工智能的研究方法应为功能模拟方法。通过分析人类认知系统所具备的功能和机能，用计算机模拟这些功能，实现人工智能。符号主义力图用数学逻辑方法来建立人工智能的统一理论体系，但遇到不少暂时无法解决的困难。

② 连接主义

连接主义主张人工智能应着重于结构模拟，即模拟人的生理神经网络结构，并认为功能、结构和智能行为是密切相关的，不同的结构表现出不同的功能和行为。目前已经提出多种人工神经网络结构和众多学习算法。

③ 行为主义

行为主义认为人工智能的研究方法应采用行为模拟方法，也认为功能、结构和智能行为是不可分的，不同行为表现出不同功能和不同控制结构。

🔍 1.5　空间信息处理中的智能技术

空间信息智能处理是地球空间信息科学与人工智能的交叉与融合，属于遥感科学、信息科学、认知科学的学科交叉，代表了地球空间信息科学的重要发展方向。从空间信息的获取到空间信息的应用和可视化都可以借助人工智能技术来提高空间信息的获取效率和应用效果。

智能空间信息处理是指利用人工智能的理论和方法，利用计算智能方法，如神经计算、模糊计算、进化计算等方法实现空间信息的智能化处理。

目前，空间信息获取已经相对成熟，在许多遥感数据的获取上加入了人工智能（AI）的帮助，但人工智能的介入很少。更为重要的是，对于已经获取到的空间信息，如何快速地挖掘它的有用信息，以及如何方便研究者读取和分析图像。地理空间信息系统包含四大环节：信息源、信息获取、信息处理和信息应用，可以在信息获取和信息处理两个环节中添加人工智能手段，多学科多领域交叉融合，从而达到智能化获取信息和智能化处理信息的目的。

例如，随着图像处理技术的日益发展，遥感图像智能处理技术受到人们的重视，遥感图像的解译、分类成为当前研究的热点问题。最原始的遥感图像分类是研究人员根据自己的经验知识，直接进行目标识别，该方法受人为干扰因素大，且分辨率低，工作量大。随着计算机技术的发展，计算机自动分类代替了人工分类，大大提高了遥感图像的分类精度和效率。

1.5.1　常见空间信息智能处理方法

空间信息处理方法复杂，手段烦琐，信息量大，数据维度复杂，因此人工读取相对困难。如果能将人工智能用于空间信息处理，利用机器自动进行识别，势必会是空间信息领域一个巨大的突破。近年来，随着学科交叉融合现象的普及，人工智能和空间信息有了一定的融合交叉研究，在遥感图像智能分类、智能处理，无人机遥感获取图像信息等领域取得了一定的成就。许多国内外企业和研究机构致力于利用人工智能代替人类处理大量的空间信息，从而提高空间信息利用率和处理效率。目前，无人机遥感、机器人探测乃至利用人工智能进行图像识别、图像分类和图像处理，成为研究者的关注点，基于决策树算法、人工神经网络、支持向量机、蚁群算法、遗传算法等适用于空间信息处理的智能方法，以及基于目标检测、场景分类、语义分割、变化检测的智能遥感卫星在轨处理算法等逐渐被专家开发出来并投入使用。表 1-1 给出了常见空间信息智能处理算法及其特点。

表 1-1　常见空间信息智能处理算法及其特点

分类算法	特点	其他
决策树算法	训练样本少，效率和精度较高，但受制于离群值和训练数据的微小变化，较不稳定	—
人工神经网络	具有非局限性，能够有效地解决联想和记忆问题；训练阶段不能形成唯一方案，过拟合和训练阶段十分耗时，应用和用可视化的方法提炼规则十分困难	—
支持向量机	在收敛性、训练速度、分类精度等方面具有较高的性能	—
蚁群算法	用户不必事先选择训练样本，而由人工蚂蚁直接进行分类，在一定限度上减少了大量人工干预；不需知样本分布或假设样本分布，使分类完全符合实际情况，提高分类有效性；此方法是基于蚂蚁个体的局部搜索，即每步只搜索其 4 邻域像元，充分利用了图像中像元的邻域信息；在分类过程中，由于人工蚂蚁只通过外激素间接通信，因此对其操作环境表现出一定的鲁棒性	人类对群智能的研究尚处于探索阶段，还没有形成一套完整的理论体系，故用人工蚁群优化算法来解决空间信息分类这样复杂的问题尚处于初级阶段
遗传算法	遥感图像具有多波段和数据量大的特点，所以遗传算法比较难于直接针对数据进行处理，一般是建立一个可以使用遗传算法进化的模型。使用遗传算法来确定超平面的空间组合位置，从而使遗传算法得以开始应用于空间信息分类	—

谷歌已将人工智能模块加入其谷歌地球引擎（Google Earth Engine），用户可利用谷歌人工智能平台和云存储处理影像，并借助其深度学习框架 TensorFlow 完成数据智能化处理和分析。例如，谷歌利用 Landsat 影像对 1984—2018 年的地球表面变化信息进行可视化，并进行变化分析。微软发布了"地球人工智能"（AI for Earth）项目，应用于全球农业、水资源管理、生物多样性、气候监测等领域。微软与 Esri 合作将 ArcGIS Pro 内核加入微软云平台 Azure 上，发布了地理空间智能数据科学虚拟机（DSVM），把人工智能、云技术和基础架构、地理空间分析相结合，服务于更加智能的地理空间分析、数据可视化等应用。超图公司的地理信息智能框架包括 4 个层次：地理空间可视化、地理空间决策、地理空间设计和地理空间控制。金字塔的复杂性从底部向上增加，而成熟度在降低。超图公司的 GIS 软件与阿里巴巴新一代的

数据库 POLARDB 对接融合，完成兼容性认证，构建云原生时空管理平台联合解决方案，并推出"云原生数据库+云原生 GIS"平台，通过人工智能提升地理信息服务能力。

1.5.2 空间智能技术研究现状

空间智能技术作为传统地理信息技术在智能化方向的重要拓展，不仅促进传统地理信息产业的转型升级，也在开拓新的智能化应用领域。地理空间智能的研究进展可以分为地理空间感知（Perception）智能、地理空间认知（Cognition）智能及地理空间决策（Decision）智能 3 个方面，三者层层递进（如图 1-1 所示）。

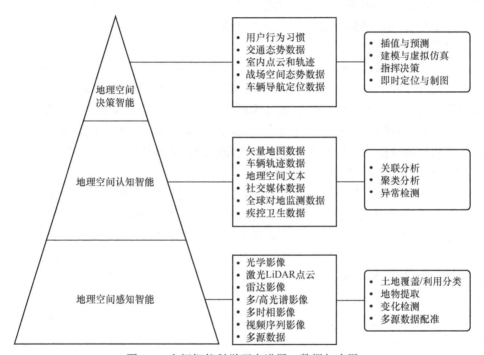

图 1-1　空间智能科学研究进展：数据与应用

1. 地理空间感知智能

地理空间智能研究的重点，集中在地理空间感知智能阶段，主要实现空间目标提取和模式识别，包括实现影像分类、语义分割、地物提取、实例分割等任务，与计算机视觉的任务相对应。计算机视觉针对二维或三维感知数据进行解译与重建；而地理空间智能针对特定的具有地理属性的数据，完成与测绘地理信息需求相关的任务。

（1）同源遥感信息感知。在同源遥感信息感知方面，地理空间感知智能的研究主要集中在土地覆盖/土地利用分类、城市功能区分类方面，方法主要是全连接神经网络实现逐像素的分类。为使网络容易训练或记忆性更强，研究者引入局部和全局注意力机制、残差神经网络等思想。空间目标提取的研究内容主要包括地理要素提取（如建筑物、道路网等）和关键感兴趣目标提取（如飞机、舰船、野生动物等）。在配准的遥感影像间或影像序列间检测地物变化，主要采用孪生神经网络作为编码器，提取出两个时相间的特征变化。激光点云智能方法主要分为传统机器学习方法和基于多层感知机的语义分割两类。前者通过人工提取点云几何特征，并采用机器学习算法实施分类；后者直接以点云作为输入，以多层感知机作为模型主干，以加权交叉信息熵作为代价函数，输出每个激光点的标签概率。孪生神经网络也被用于点云变化检测。雷达影像处理方面的研究典型包括基于数学形态学和 k 均值聚簇的雷达影像形变监测、基于全连接神经网络实数权重核函数的复数域影像分割等。

（2）异源遥感信息融合。为克服单一数据源的缺陷，很多工作研究对配准的光学影像和 DSM 进行融合分割。例如，利用孪生神经网络从不同模态的雷达影像和航空影像中检测变化；以 L^2-Net 为模型主干对无人机影像和卫星影像实施配准。在视频序列影像分割中，通过全连接的条件随机场（CRF）将短期时间信息融入结构化场景信息，用密集光流提取视频序列的动态信息。

2．地理空间认知智能

地理空间认知智能的研究内容主要包括，利用空间数据挖掘和智能分析技术，从空间数据中挖掘出隐藏的模式关系和趋势。基于人工智能的空间数据挖掘研究展现了较强的知识发现能力，在关联分析、聚类分析、异常检测方面取得了进展。例如，利用空间多准则决策分析，基于遥感数据和地理信息系统，建立包含城区扩张、城市可用土地、土地利用变化的数据库，为城市规划提供决策；利用街景影像分析市内出租车的轨迹模式，在地理空间和人类活动特征间建立联系；通过 Voronoi 邻域分割和反向邻近加权进行空间自相关定量描述，分析地理文本与网络地图的相关性；基于社交媒体数据的智能时空分析，被用于 2014 年上海外滩踩踏事件社会舆情分析、居民行为模式分析、人群分布分析等。

在突发事件和应急救灾中，受灾损毁建筑物影像分类方法包括，基于梯度方向直方图特征和 Gabor 小波特征的分类、视觉词袋模型法、融合光谱特征和点云特征的多核学习法等。例如，采用最邻近防水模型（HAND）和伪随机森林法预测洪水区域；泊松回归和帝国竞争算法被用于基于卫星影像的山火位置预测；残差神经网络被用于滑坡位置分析。

在全球环境监测方面，利用深度学习监测城市大气污染物浓度并预测污染态势；利用时空回归克里金法对城市 NO_2 的浓度进行建模。另外，深度学习模型也被用于极地冰川崩裂面监测、全球干旱区植被面积评估等。

人工智能方法也在精准农业和生态学中得到利用，如城市植被覆盖普查、农作物生长态势监测、植被健康状况分析、植被几何结构和功能属性测算等。在公共卫生与健康分析中，地理空间智能对人类活动、地理位置信息及环境状况进行建模，广泛应用于环境卫生、流行病学、遗传学、行为科学等领域。

3．地理空间决策智能

地理空间决策智能的研究进展包括空间态势建模、智能预测，其位于 GeoAI 技术环节顶端，直接服务于多样化的地理信息产业应用需求。地理空间智能通过对商业数据、运营数据的建模和分析，为销售额预测、消费者需求预测、客户分布分析、产业链选址提供支持。例如，采用 PDBSCAN 进行空间聚类，根据游客旅游历史和当前搜索文本进行个性化的线路推荐；使用基于 GIS 的模糊多准测逐层分析方法为伊斯坦布尔城区建立消防站提供选址意见。在智能交通与自动驾驶方面，GeoAI 可以进行基于注意力机制的车流监控、实时跟踪、出行线路规划、交通状况监控与拥堵疏导。

三维场景智能重建的研究主要集中在单像深度恢复、基于室内点云和轨迹的室内建模、含有语义信息的三维地图重建等。利用室内点云和轨迹，通过可视化分析和物理结构分析分割出单个房间的点云，通过基于图割方法的能量优化解决单个房间建模问题。使用 ORB-SLAM2 算法对室内环境进行实时三维重建，融合目标检测方法 YOLOv3 进行关键帧标注，生成带有语义信息的三维语义地图。

🔍 1.6　小结

人工智能就是用机器模拟、延伸和扩展人的智能。正如智能就像人类生命体的精髓，人工智能则是人造智能系统的精髓。从智能理论到智能应用，从智能产品到智能产业，从个体智能到群体智能，从智能家居到智能社会，人工智能已无处不在，其新理论、新方法、新技术、新系统、新应用如雨后春笋般不断涌现。地球空间信息科学也进入了人工智能时代，人工智能对空间信息系统的发展非常重要。例如，用高分辨率遥感影像加上现代人工智能算法，适应全球空间的动态观测；用高清地图加上空间智能，由此驱动无人驾驶；基于这些新技术，还可以实现对每个人通行路径的引导，这一切都基于空间信息+人工智能。人工智能时代需要大力发展空间智能，推动时空新认知。创新空间信息智能技术，深化智能应用是人工智能发展的根本。

第2章

空间知识表示

空间语义技术（Semantic Technologies）是指采用自然语言处理、知识表达、知识工程、数据挖掘与模式识别等对存在于文本、数据库、图像、视频、音频等空间信息的语义进行概念建模、语义描述、知识抽取、集成、融合、挖掘和分析等各种技术的总称。语义技术是基于信息中的关联性表达其含义的，即知识或者概念的含义在模型中是通过它们之间的相互关联构建起来的。知识是智能的基础，为了使计算机具有智能，能模拟人类的智能行为，就必须使它具有知识。但知识需要用适当的模式表示出来才能存储到计算机中。因此，知识的表示成为人工智能中十分重要的研究课题。

本章将首先介绍知识与知识表示的概念，然后介绍一阶谓词逻辑、产生式、语义网络、知识图谱等人工智能中应用比较广泛的知识表示方法，为后面介绍语义表达、推理方法、空间大数据等奠定基础。

🔍 2.1 知识与知识表示的概念

2.1.1 知识的概念

知识是人们在长期的生活及社会实践中、在科学研究及实验中积累起来的对客观世界的认识与经验。人们把实践中获得的信息关联在一起，就形成了知识。一般来说，把有关信息关联在一起所形成的信息结构称为知识。信息之间有多种关联形式，其中用得最多的一种是用"如果……则……"表示的关联形式，它反映了信息间的某种因果关系。例如，在我国北方，人们经过多年的观察发现，每当冬天要来临的时候，就会看到一群群的大雁向南方飞去，于是把"大雁向南飞"与"冬天就要来临了"这两个信息关联在一起，就得到了如下知识：如果大雁向南飞，则冬天就要来临了。

知识反映了客观世界中事物之间的关系，不同事物或者相同事物间的不同关系形成了不同的知识。例如，"雪是白色的"是一条知识，它反映了"雪"与"白色"之间的一种关系。又如"如果头痛且流涕，则有可能患了感冒"是一条知识，它反映了"头痛且流涕"与"可能患了感冒"之间的一种因果关系。在人工智能中，把前一种知识称为"事实"，而把后一种知识，即用"如果……则……"关联起来所形成的知识称为"规则"。

2.1.2　知识的特性

1．相对正确性

知识是人类对客观世界认识的结晶，并且受到长期实践的检验。因此，在一定的条件及环境下，知识一般是正确的。这里，"一定的条件及环境"是必不可少的，是知识正确性的前提。任何知识都是在一定的条件及环境下产生的，因而只有在这种条件及环境下才是正确的。例如，牛顿力学在一定的条件下才是正确的。再如，1+1=2，这是一条妇孺皆知的正确知识，但它也只是在十进制的前提下才是正确的，如果是二进制，它就不正确了。

在人工智能中，知识的相对正确性更加突出。除了人类知识本身的相对正确性外，在建造专家系统时，为了减少知识库的规模，通常将知识限制在所求解问题的范围内。也就是说，只要这些知识对所求解的问题是正确的就行。例如，在动物识别系统中，如果仅仅识别虎、金钱豹、斑马、长颈鹿、企鹅、鸵鸟、信天翁这 7 种动物，那么，知识"IF 该动物是鸟 AND 善飞，THEN 该动物是信天翁"就是正确的。

2．不确定性

由于现实世界的复杂性，信息可能是精确的，也可能是不精确的、模糊的；关联可能是确定的，也可能是不确定的。这就使知识并不总是只有"真"与"假"这两种状态，而是在"真"与"假"之间还存在许多中间状态，即存在"真"的程度问题。知识的这一特性称为不确定性。

造成知识具有不确定性的原因主要有以下几个方面。

① 由随机性引起的不确定性。由随机事件所形成的知识不能简单地用"真"或"假"来刻画，它是不确定的。仍以"如果头痛且流涕，则有可能患了感冒"这一条知识为例，其中的"有可能"实际上就是反映了"头痛且流涕"与"患了感冒"之间的一种不确定的因果关系，因为具有"头痛且流涕"的人不一定都是"患了感冒"，因此它是一条具有不确定性的知识。

② 由模糊性引起的不确定性。某些事物客观上存在的模糊性，使人们无法把两个类似的事物严格地区分开来，不能明确地判定一个对象是否符合一个模糊概念；或者某些事物之间存在模糊关系，使人们不能准确地判定它们之间的关系究竟

是"真"还是"假"。像这样由模糊概念、模糊关系所形成的知识显然是不确定的。

③ 由经验引起的不确定性。知识一般是由领域专家提供的，这种知识大多是领域专家在长期的实践及研究中积累起来的经验性知识。尽管领域专家能够得心应手地运用这些知识，正确地解决领域内的有关问题，但若让他们精确地表述出来却是相当困难的，这是引起知识不确定性的一个原因。另外，经验性自身就蕴含着不精确性及模糊性，这形成了知识的不确定性。因此，在专家系统中大部分知识具有不确定性这一特性。

④ 由不完全性引起的不确定性。人们对客观世界的认识是逐步提高的，只有在积累了大量的感性认识后才能升华到理性认识的高度，形成某种知识。因此，知识有一个逐步完善的过程。在此过程中，或者客观事物表露得不够充分，使人们对它的认识不够全面；或者对充分表露的事物一时抓不住本质，使人们对它的认识不够准确。这种认识上的不完全、不准确必然导致相应的知识是不精确、不确定的。

3. 可表示性与可利用性

知识的可表示性是指知识可以用适当形式表示出来，如用语言、文字、图形、神经网络等，这样才能被存储、传播。知识的可利用性是指知识可以被利用，这是不言而喻的，人们每天都在利用自己掌握的知识解决所面临的各种问题。

2.1.3　知识的表示

知识表示（Knowledge Representation）就是将人类知识形式化或者模型化，实际上就是对知识的一种描述，或者说是一组约定，一种计算机可以接受的用于描述知识的数据结构。

目前已经提出许多知识表示方法，如一阶谓词逻辑、产生式、框架、状态空间、人工神经网络、遗传编码等。已有知识表示方法大多是在进行某项具体研究时提出来的，有一定的针对性和局限性，应用时需根据实际情况做适当改变，有时还需要把几种表示模式结合起来。在建立一个具体的智能系统时，究竟采用哪种表示模式，目前还没有统一的标准，也不存在一个万能的知识表示模式。

2.2　本体

本节讨论本体（Ontology）的基本概念、组成及其分类。

2.2.1　本体的概念

本体是一个哲学用语，是一套对客观世界进行描述的概念体系。人工智能涉及的本体包括概念（实体所属的类）、属性（实体之间的关系映射）及概念之间的关系。举例来说，本体就是定义了类的上下位关系、包含关系及类所具有的属性，可以对知识结构进行描述，形成的具体事例数据必须满足约定的知识框架，即元知识。概念主要是指集合、类别、对象类型、事物的种类，如人、动物等；属性主要是指对象可能具有的属性、特征、特点及参数，如地点、性别、生日等；属性值主要是指对象指定属性的值，可以是数值型、字符串型的，也可以是其他实体对象，如可定义"人""运动员"等概念，而"运动员"和"人"是上下位关系。对于"人"这个概念，可以定义"身高""生日""配偶"等属性及属性的约束条件。格鲁伯（Gruber）于 1993 年指出"本体是概念化的一个显式的规范说明或表示。"格里诺（Guarino）和贾雷塔（Giaretta）为了澄清对本体的认识，针对本体的 7 种不同概念解释进行了深入的分析，于 1995 年给出了如下定义："本体是概念化某些方面的一个显式规范说明或表示。"博斯特（Borst）于 1997 年给出了一个类似的定义，即"本体可定义为被共享的概念化的一个形式规范说明"。

这 3 个定义成为经常引用的定义，它们都强调了对"概念化"的形式解释和规范说明，同时，反映出本体所描述的知识是具有共享性的。

在这些本体定义中，对所用到的"概念化"一词并没有给出明确的解释。格里诺对上述定义中的"概念化"给出了一种比较合理的解释，同时对概念化和本体的关系做了进一步阐释。

定义 2.1 邻域空间（Domain Space）。邻域空间定义为$<D, W>$，其中 D 表示邻域，W 表示该邻域事件最大状态的集合（也称为可能世界）。

定义 2.2 概念关系（Conceptual Relation）。$<D, W>$ 上的 n 元概念关系定义为 $\rho^n:W \to 2^{D^n}$，表示集合 W 在邻域 D 上所有 n 元关系集合的全函数。

对于概念上的关系 ρ，集合 $E_\rho=\{\rho(\omega) \mid \omega \in W\}$ 包含 ρ 可接受的所有外延（Admittable Extensions）。

定义 2.3 概念化（Conceptualization）。邻域空间$<D, W>$中 D 的概念化定义为一个有序三元组 $C=<D, W, \acute{R}>$，其中$<D, W>$为邻域空间，$\acute{R}$ 为$<D, W>$上概念关系的集合。

从上述定义可见，概念化是定义在一个邻域空间上的所有概念关系的集合。

定义 2.4 意图结构（Intended Structure）。$\forall \omega \in W$，$S_{\omega C}$ 是可能世界 ω 关于 C 的意图结构，$S_{\omega C}=<D, R_{\omega C}>$，其中 $R_{\omega C}=\{\rho(\omega) \mid \rho \in \acute{R}\}$，表示 $\acute{R}$ 中概念关系的关于 ω 的外延集合。

符号 S_C 表示概念化 C 的所有意图世界结构，$S_C=\{S_{\omega C} \mid \omega \in W\}$。

定义 2.5 模型（Model）。假定逻辑语言 L 具有词汇表 V，词汇表 V 由常量符号集合和谓词符号集合构成，逻辑语言 L 的模型定义为结构$<S, I>$，其中 $S=<D,$

R>表示一个世界结构，$I: V{\rightarrow}D{\cup}R$ 表示一个解释函数，把 V 中的常量符号映射为 D 中的元素，把 V 中的谓词符号映射为 R 中的元素。

由以上定义可见，一个模型确定一种语言的特定外延解释。类似地，通过概念化可以确定内涵解释<$C, \mathfrak{F}$>，如一个结构<$C, \mathfrak{F}$>，其中 C=<$D, W, \acute{R}$>是一个概念化，$\mathfrak{F}{\rightarrow}D{\cup}\acute{R}$ 表示一个解释函数，把 V 中的常量符号映射为 D 中的元素，把 V 中的谓词符号映射为 $\acute{R}$ 中的元素。

定义 2.6 本体承诺（Ontological Commitment）。逻辑语言 L 的一个本体承诺 K=<$C, \mathfrak{F}$>定义为 L 的一个内涵解释模型，其中 C=<$D, W, \acute{R}$>，$\mathfrak{F}: D{\cup}\acute{R}$ 表示一个解释函数，把 V 中的常量符号映射为 D 中的元素，把 V 中的谓词符号映射为 $\acute{R}$ 中的元素。

如果 K=<$C, \mathfrak{F}$>是逻辑语言 L 的本体承诺，则称逻辑语言 L 通过本体承诺 K 承诺于概念化 C，同时，C 是 K 的基本概念化。

已知逻辑语言 L 及其词汇表 V，K=<$C, \mathfrak{F}$>是逻辑语言的本体承诺，则模型<S, I>与 K 兼容需要满足以下条件：

- $S{\in}S_C$；
- 对每一个常量 c，$I(c)=\mathfrak{F}(c)$；
- 存在一个可能世界 ω，对每个谓词符号 p，满足 I 把谓词 p 映射为 $\mathfrak{F}(p)$允许的外延。即存在一个概念上的关系 ρ，满足 $\mathfrak{F}(p)=\rho\land\rho(\omega)=I(p)$。

定义 2.7 意图模型（Intended Model）。逻辑语言 L 所有与 K 兼容的模型 $M(L)$ 构成一个集合，称为 L 关于 K 的内涵模型，记作 $h(L)$。

给定逻辑语言 L 及其本体承诺 K=<$C, \mathfrak{F}$>，L 的本体是按照使本体的模型集合最逼近于 L 关于 K 的内涵模型集合的方式设计的公理集合。

定义 2.8 本体（Ontology）。本体是一种说明形式化词汇内涵的逻辑理论，即一种词汇世界特定概念化的本体承诺。使用该词汇表的逻辑语言 L 的内涵模型受本体承诺 K 的约束。

如果存在本体承诺 K=<$C, \mathfrak{F}$>使本体 O 包含 L 关于 K 的内涵模型，那么称语言 L 的本体 O 相似于概念化 C。

如果本体 O 的设计目的是描述概念化 C 的特征，同时本体 O 相似于概念化 C，那么称本体承诺于 C。如果逻辑语言 L 承诺于某个概念化 C，以至本体 O 承诺于概念化 C，那么逻辑语言 L 承诺于本体 O。

图 2-1 为语言 L、本体 O 与概念化 C 之间关系的示意。本体 O 是用于解释形式化词汇内涵意义的逻辑理论，使用这种词汇表的逻辑语言 L 的内涵模型受本体承诺 K 的约束。本体通过接近这些内涵模型间接地反映这些本体承诺，本体 O 是语言相关的，而概念化 C 是语言无关的。

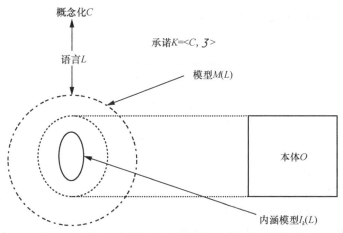

图 2-1 语言 L、本体 O 与概念化 C 之间关系的示意

2.2.2 本体的组成与分类

1. 本体的组成

在知识工程领域，本体是工程上的人工产物，由用于描述某种确定现实情况的特定术语集，加上一组关于术语内涵意义的显式假定集合构成，在最简单的情况下，本体只描述概念的分类层次结构；在复杂的情况下，本体可以在概念分类层次的基础上，加入一组合适的关系、公理、规则来表示概念之间的其他关系，约束概念的内涵解释。

概括地讲，一个完整的本体应由概念、关系、函数、公理和实例五类基本元素构成。

概念是广义上的概念，除了一般意义上的概念外，也可以是任务、功能、行为、策略、推理过程等。本体中的这些概念通常构成一个分类层次。

关系表示概念之间的一类关联。典型的二元关联如继承关系形成概念的层次结构。

函数是一种特殊的关系，其中第 n 个元素对于前面 $n-1$ 个元素是唯一确定的。一般地，函数用 $F:C_1 \times \cdots \times C_{n-1} \rightarrow C^n$ 表示。

公理用于描述一些永真式。更具体地说，公理是领域中在任何条件下都成立的断言。

实例是指属于某个概念的具体实例，特定领域的所有实例构成领域概念类在该领域中的指称域。

图 2-2 是一个有关本体的实例，具体说明 Ontology 的内容。图中表示的内容为某领域研究人员 Ontology 库的一部分，是对研究人员（Person）和出版物（Publication）这两个概念，以及研究人员的合作关系（cooperates With）、研究人

员与出版物之间相互关系公理的定义。

FQRALL Person1, Person2
Person1: Researcher[cooperatesWith ->>Person2]
Person2: Researcher [cooperatesWith ->> Person1]
FORALL Person1, Publication1
Publication1: Publication [author ->> Person1]
Person1: Person[Publication ->> Publication].

图 2-2　本体的实例

2．本体的分类

从不同的角度出发，存在多种对本体的分类标准。按照本体的主题，当前常见的本体可以分为如下 5 种类型。

① 知识表示本体。包括知识的本质特征和基本属性。

② 通用常识本体。包括通用知识工程和常识知识库等。

③ 领域本体。提供一个在特定领域中可重用的概念、概念的属性、概念之间的关系以及属性和关系的约束，或该领域的主要理论和基本原理等。

④ 语言学本体。是指关于语言、词汇等的本体。

⑤ 任务本体。主要涉及动态知识，而不是静态知识。

本体还有很多其他的分类。如同本体的概念一样，学术界目前对于本体的分类也有很多不同看法。一些常用的概念对于本体的分类具有指导作用，也有助于建造本体。

2.3　谓词逻辑表示法

人工智能中用到的逻辑可划分为两大类。一类是经典命题逻辑和一阶谓词逻辑，其特点是任何一个命题的真值或者为"真"，或者为"假"，二者必居其一。因为它只有两个真值，因此又称为二值逻辑。另一类是泛指经典逻辑外的那些逻辑，主要包括三值逻辑、多值逻辑、模糊逻辑等，统称为非经典逻辑。

命题逻辑与谓词逻辑是最先应用于人工智能的两种逻辑，在知识的形式化表示方面，特别是定理的自动证明方面，发挥了重要作用，在人工智能的发展史中占有重要地位。

1．命题

谓词逻辑是在命题逻辑基础上发展起来的，命题逻辑可看作谓词逻辑的一种特殊形式。

定义 2.9　命题（Proposition）是一个非真即假的陈述句。

判断一个句子是否为命题，首先应该判断它是否为陈述句，再判断它是否有唯一的真值。没有真假意义的语句（如感叹句、疑问句等）不是命题。

若命题的意义为真，则称它的真值为真，记作 T（True）；若命题的意义为假，则称它的真值为假，记作 F（False）。例如，"3<5"都是真值为 T 的命题；"太阳从西边升起""煤球是白色的"都是真值为 F 的命题。

一个命题不能同时既为真又为假，但可以在一种条件下为真，在另一种条件下为假。例如，"1+1=10"在二进制情况下是真值为 T 的命题，但在十进制情况下是真值为 F 的命题。同样，对于命题"今天是晴天"，也要看当天的实际情况才能决定其真值。

在命题逻辑中，命题通常用大写的英文字母表示。例如，可用英文字母 P 表示"西安是个古老的城市"这个命题。

英文字母表示的命题既可以是一个特定的命题，称为命题常量，也可以是一个抽象的命题，称为命题变元。对于命题变元而言，只有把确定的命题代入后，它才可能有明确的真值。

简单陈述句表达的命题称为简单命题或原子命题。引入否定、合取、析取、条件、双条件等连接词，可以将原子命题构成复合命题。可以定义命题的推理规则和蕴含式，从而进行简单的逻辑证明。这些内容和谓词逻辑类似，可以参看有关书籍。

命题逻辑表示法有较大的局限性，无法把它所描述的事物的结构及逻辑特征反映出来，也不能把不同事物间的共同特征表述出来。例如，对于"老李是小李的父亲"这一命题，若用英文字母表示，如用字母 P，则无论如何也看不出老李与小李的父子关系。又如，对于"李白是诗人""杜甫也是诗人"这两个命题，用命题逻辑表示时，也无法把两者的共同特征（都是诗人）形式化地表示出来。因此，在命题逻辑的基础上发展起了谓词（Predicate）逻辑。

2．谓词

谓词逻辑是基于命题中谓词分析的一种逻辑。一个谓词可分为谓词名与个体两个部分。个体表示某个独立存在的事物或者某个抽象的概念；谓词名用于刻画个体的性质、状态或个体间的关系。

谓词的一般形式是

$$P(x_1, x_2, \cdots, x_n)$$

其中，P 是谓词名，$x_1, x_2, \cdots, x_n$ 是个体。

谓词中包含的个体数目称为谓词的元数。$P(x)$ 是一元谓词，$P(x,y)$ 是二元谓词，$P(x_1, x_2, \cdots, x_n)$ 是 n 元谓词。

谓词名是由使用者根据需要人为定义的，一般用具有相应意义的英文单词表示，或者用大写的英文字母表示，也可以用其他符号，甚至中文表示。个体通常用小写的英文字母表示。例如，对于谓词 $S(x)$，既可以定义它表示"x 是一个学生"，也可以定义它表示"x 是一只船"。在谓词中，个体可以是常量，也可以是变元，还可以是一个函数。个体常量、个体变元、函数统称为"项"。

个体是常量，表示一个或者一组指定的个体。例如，"老张是一个教师"这个命题，可表示为一元谓词 Teacher(Zhang)。其中，Teacher 是谓词名，Zhang 是个体，Teacher 刻画了 Zhang 的职业是教师这一特征。

"5>3"这个不等式命题，可表示为二元谓词 Greater(5,3)。其中，Greater 是谓词名，5 和 3 是个体，Greater 刻画了 5 与 3 之间的"大于"关系。

"SMITH 作为一个工程师为 IBM 工作"这个命题，可表示为三元谓词 Works(SMITH, IBM, Engineer)。

一个命题的谓词表示也不是唯一的。例如，"老张是一个教师"这个命题，也可表示为二元谓词 Is-a(Zhang, Teacher)。

个体是变元，表示没有指定的一个或者一组个体。例如，"$x<5$"这个命题，可表示为 Less(x, 5)，其中，z 是变元。

当变量用一个具体的个体的名字代替时，变量被常量化。当谓词中的变元都用特定的个体取代时，谓词就具有一个确定的真值：T 或 F。

个体变元的取值范围称为个体域。个体域可以是有限的，也可以是无限的。例如，若用 $I(x)$ 表示"x 是整数"，则个体域是所有整数，它是无限的。

个体是函数，表示一个个体到另一个个体的映射。例如，"小李的父亲是教师"，可表示为一元谓词 Teacher(father(LI))；"小李的妹妹与小张的哥哥结婚"，可表示为二元谓词 Married(sister(LI), brother(Zhang))。其中，sister(LI)、brother(Zhang) 是函数。

函数可以递归调用。例如，"小李的祖父"可以表示为 father(father(LI))。

函数与谓词表面上很相似，容易混淆，其实这是两个完全不同的概念。谓词的真值是"真"或"假"，而函数的值是个体域中的某个个体，函数无真值可言，它只是在个体域中从一个个体到另一个个体的映射。

在谓词 $P(x_1, x_2, \cdots, x_n)$ 中，若 $x_i(i=1, 2, \cdots, n)$ 都是个体常量、变元或函数，则称它为一阶谓词。如果某个 x_i，本身又是一个一阶谓词，则称它为二阶谓词，余者可以此类推。例如，"SMITH 作为一个工程师为 IBM 工作"这个命题，可表示为二阶谓词 Works(Engineer(SMITH), IBM)，因为其中个体 Engineer(SMITH)也是一个一阶谓词。本书讨论的都是一阶谓词。

3. 谓词公式

无论是命题逻辑还是谓词逻辑，均可用下列连接词把一些简单命题连接起来构成一个复合命题，以表示一个比较复杂的含义。

（1）连接词（连词）

① ¬：称为"否定"（Negation）或者"非"。它表示否定位于它后面的命题。当命题 P 为真时，$¬P$ 为假；当 P 为假时，$¬P$ 为真。

例如，"机器人不在 2 号房间内"，表示为

$$¬INROOM(Robot, R2)$$

② ∨：称为"析取"（Disjunction）。它表示被它连接的两个命题具有"或"关系。

例如，"李明打篮球或踢足球"，表示为

$$Plays(LiMing, Basketball) ∨ Plays(LiMing, Football)$$

③ ∧：称为"合取"（Conjunction）。它表示被它连接的两个命题具有"与"关系。

例如，"我喜爱音乐和绘画"，表示为

$$Like(I, Music) ∧ Like(I, Painting)$$

某些较简单的句子也可以用 ∧ 构成复合形式，如"李住在一幢黄色的房子里"，表示为

$$LIVES(LI, HOUSE–1) ∧ COLOR(HOUSE–1, YELLOW)$$

④ →：称为"蕴含"（Implication）或者"条件"（Condition）。$P→Q$ 表示"P 蕴含 Q"，即表示"如果 P，则 Q"。其中，P 称为条件的前件，Q 称为条件的后件。

例如，"如果刘华跑得最快，那么他取得冠军"表示为

$$RUNS(LIUHUA, FASTEST)→WINS(LIUHUA, CHAMPION)$$

"如果该书是李明的，那么它是蓝色的"表示为

$$OWNS(LIMING, BOOK–1)→COLOR(BOOK–l, BLUE)$$

"如果 Jones 制造了一个传感器，且这个传感器不能用，那么他或者在晚上进行修理，或者第二天把它交给工程师"表示为

$$Produces(Jones, Sensor) ∧ ¬Works(Sensor)→Fix(Jones, Sensor, Evening)$$

$$∨ Give(Sensor, Engineer, Next-day)$$

如果后项取值 T（不管其前项的值如何），或者前项取值 F（不管后项的值如何），则蕴含取值 T，否则蕴含取值 F。注意，只有前项为真，后项为假时，蕴含才为假，其余均为真，如表 2-1 所示。"蕴含"与汉语中的"如果……则……"有区别，汉语中前后要有联系，而命题中可以毫无关系。例如，如果"太阳从西边出来"，则"雪是白的"，是一个真值为 T 的命题。

⑤ ↔：称为"等价"（Equivalence）或"双条件"（Bicondition）。$P↔Q$ 表示

"P 当且仅当 Q"。以上连词的真值由表 2-1 给出。

表 2-1　谓词逻辑真值表

P	Q	¬P	P∨Q	P∧Q	P→Q	P↔Q
T	T	F	T	T	T	T
T	F	F	T	F	F	F
F	T	T	T	F	T	F
F	F	T	F	F	T	F

（2）量词（Quantifier）

为刻画谓词与个体间的关系，在谓词逻辑中引入了两个量词：全称量词（Universal Quantifier）和存在量词（Existential Quantifier）。

① 全称量词$\forall(x)$：表示"对个体域中的所有（或任一个）个体 x"。例如："所有的机器人都是灰色的"可表示为

$$(\forall x)[\text{ROBOT}(x)\rightarrow\text{COLOR}(x, \text{GRAY})]$$

"所有的车工都操作车床"，可表示为

$$(\forall x)[\text{Turner}(x)\rightarrow\text{Operates}(x, \text{Lathe})]$$

② 存在量词$\exists(x)$：表示"在个体域中存在个体 x"。例如："1 号房间有个物体"可表示为

$$(\exists x)[\text{INROOM}(x, r1)]$$

"某个工程师操作车床"可表示为

$$(\exists x)[\text{Engineer}(x)\rightarrow\text{Operates}(x, \text{Lathe})]$$

全称量词和存在量词可以出现在同一个命题中。例如，设谓词 $F(x, y)$ 表示 x 与 y 是朋友，则

$(\forall x)(\exists y)F(x, y)$表示对于个体域中的任何个体 x 都存在个体 y，x 与 y 是朋友。

$(\exists x)(\forall y)F(x, y)$表示在个体域中存在个体 x，与个体域中的任何个体 y 都是朋友。

$(\exists x)(\exists y)F(x, y)$表示在个体域中存在个体 x 与个体 y，x 与 y 是朋友。

$(\forall x)(\forall y)F(x, y)$表示对于个体域中的任何两个个体 x 和 y，x 与 y 都是朋友。

当全称量词和存在量词出现在同一个命题中时，量词的次序将影响命题的意思。例如，$(\forall x)(\exists y)(\text{Engineer}(x)\rightarrow\text{Manager}(y, x))$表示"每个雇员都有一个经理"；而$(\exists y)(\forall x)(\text{Engineer}(x)\rightarrow\text{Manager}(y, x))$表示"有一个人是所有雇员的经理"。又如，$(\forall x)(\exists y)\text{Love}(x, y))$表示"每个人都有喜欢的人"；而$(\exists y)(\forall x)\text{Love}(x, y))$表示"有的人大家都喜欢他"。

（3）谓词公式

定义 2.10　可按下述规则得到谓词公式。

① 单个谓词是谓词公式，称为原子谓词公式。

② 若 A 是谓词公式，则¬A 也是谓词公式。

③ 若 A，B 都是谓词公式，则 $A \wedge B$，$A \vee B$，$A \rightarrow B$，$A \leftrightarrow B$ 也都是谓词公式。

④ 若 A 是谓词公式，则$(\forall x)A$，$\exists xA$ 也都是谓词公式。

⑤ 有限步应用规则①～④生成的公式也是谓词公式。

谓词公式的概念：由谓词符号、常量符号、变量符号、函数符号以及括号、逗号等按一定语法规则组成的字符串的表达式。

在谓词公式中，连接词的优先级别从高到低排列为

$$\neg, \quad \wedge, \quad \vee, \quad \rightarrow, \quad \leftrightarrow$$

（4）量词的辖域

位于量词后面的单个谓词或者用括弧括起来的谓词公式称为量词的辖域，辖域内与量词中同名的变元称为约束变元，不受约束的变元称为自由变元。

例如：

$$\exists x(P(x, y) \rightarrow Q(x, y)) \vee R(x, y)$$

其中，$(P(x, y) \rightarrow Q(x, y))$是$(\exists x)$的辖域，辖域内的变元 x 是受$(\exists x)$约束的变元，而 $R(x, y)$中的 x 是自由变元。公式中的所有 y 都是自由变元。

在谓词公式中，变元的名字是无关紧要的，可以把一个名字换成另一个名字。但必须注意，当对量词辖域内的约束变元更名时，必须把同名的约束变元都统一改成相同的名字，且不能与辖域内的自由变元同名；当对辖域内的自由变元改名时，不能改成与约束变元相同的名字。例如，对于公式$(\forall x)P(x, y)$，可改名为$(\forall z)P(z, t)$，这里把约束变元 x 改成了 z，把自由变元 y 改成了 t。

4. 谓词公式的性质

（1）谓词公式的解释

在命题逻辑中，对命题公式中各个命题变元的一次真值指派称为命题公式的一个解释。一旦命题确定后，根据各连接词的定义就可以求出命题公式的真值（T 或 F）。

在谓词逻辑中，公式中可能有个体变元以及函数，因此不能像命题公式那样直接通过真值指派给出解释，必须首先考虑个体变元和函数在个体域中的取值，然后才能针对变元与函数的具体取值为谓词分别指派真值。由于存在多种组合情况，一个谓词公式的解释可能有很多个。对于每一个解释，谓词公式都可求出一个真值（T 或 F）。

（2）谓词公式的永真性、可满足性、不可满足性

定义 2.11　如果谓词公式 P 对个体域 D 上的任何一个解释都取得真值 T，则称 P 在 D 上是永真的；如果 P 在每个非空个体域上均永真，则称 P 永真。

定义 2.12 如果谓词公式 P 对个体域 D 上的任何一个解释都取得真值 F，则称 P 在 D 上是永假的；如果 P 在每个非空个体域上均永假，则称 P 永假。

为了判定某个公式永真，必须对每个个体域上的所有解释逐个判定。当解释的个数为无限时，公式的永真性就很难判定了。

定义 2.13 对于谓词公式 P，如果至少存在一个解释使公式 P 在此解释下的真值为 T，则称公式 P 是可满足的，否则，称公式 P 是不可满足的。

（3）谓词公式的等价性

定义 2.14 设 P 与 Q 是两个谓词公式，D 是它们共同的个体域，若对 D 上的任何一个解释，P 与 Q 都有相同的真值，则称公式 P 和 Q 在 D 上是等价的。如果 D 是任意个体域，则称 P 和 Q 是等价的，记作 $P \Leftrightarrow Q$。

下面列出一些主要等价式。

① 交换律

$$P \vee Q \Leftrightarrow Q \vee P$$
$$P \wedge Q \Leftrightarrow Q \wedge P$$

② 结合律

$$(P \vee Q) \vee R \Leftrightarrow P \vee (Q \vee R)$$
$$(P \wedge Q) \wedge R \Leftrightarrow P \wedge (Q \wedge R)$$

③ 分配律

$$P \vee (Q \wedge R) \Leftrightarrow (P \vee Q) \wedge (P \vee R)$$
$$P \wedge (Q \vee R) \Leftrightarrow (P \wedge Q) \vee (P \wedge R)$$

④ 德摩根律（De Morgen）

$$\neg(P \vee Q) \Leftrightarrow \neg P \wedge \neg Q$$
$$\neg(P \wedge Q) \Leftrightarrow \neg P \vee \neg Q$$

⑤ 双重否定律（对合律）

$$\neg\neg P \Leftrightarrow P$$

⑥ 吸收律

$$P \vee (P \wedge R) \Leftrightarrow P$$
$$P \wedge (P \vee Q) \Leftrightarrow P$$

⑦ 补余律（否定律）

$$P \vee \neg P \Leftrightarrow T$$
$$P \wedge \neg P \Leftrightarrow F$$

⑧ 连接词化归律

$$P \rightarrow Q \Leftrightarrow \neg P \vee Q$$

⑨ 逆否律

$$P \rightarrow Q \Leftrightarrow \neg Q \rightarrow \neg P$$

⑩ 量词转换律

$$P \lor (Q \land R) \Leftrightarrow (P \lor Q) \land (P \lor R)$$

$$P \lor (Q \land R) \Leftrightarrow (P \lor Q) \land (P \lor R)$$

⑪ 量词分配律

$$(\forall x)(P \land Q) \Leftrightarrow (\forall x)P \land (\forall x)Q$$

$$(\exists x)(P \lor Q) \Leftrightarrow (\exists x)P \lor (\exists x)Q$$

（4）谓词公式的永真蕴含

定义 2.15 对于谓词公式 P 与 Q，如果 $P \to Q$ 永真，则称公式 P 永真蕴含 Q，记作 $P \Rightarrow Q$，且称 Q 为 P 的逻辑结论，P 为 Q 的前提。

下面列出一些主要永真蕴含式。

① 假言推理

$$P, P \to Q \Rightarrow Q$$

即由 P 为真及 $P \to Q$ 为真，可推出 Q 为真。

② 拒取式推理

$$\neg Q, P \to Q \Rightarrow \neg P$$

即由 Q 为假及 $P \to Q$ 为真，可推出 P 为假。

③ 假言三段论

$$P \to Q, Q \to R \Rightarrow Q \to R$$

即由 $P \to Q$，$Q \to R$ 为真，可推出 $P \to R$ 为真。

④ 全称固化

$$(\forall x)P(x) \Rightarrow P(y)$$

其中，y 是个体域中的任一个体，利用此永真蕴含式可消去公式中的全称量词。

⑤ 存在固化

$$(\exists x)P(x) \Rightarrow P(y)$$

其中，y 是个体域中某一个可使 $P(y)$ 为真的个体。利用此永真蕴含式可消去公式中的存在量词。

⑥ 反证法

定理 2.1 Q 为 $P_1, P_2, \cdots, P_n$ 的逻辑结论，当且仅当 $(P_1 \land P_2 \land \cdots \land P_n) \land \neg Q$ 是不可满足的。

该定理是归结反演的理论依据。

上面列出的等价式及永真蕴含式是进行演绎推理的重要依据，因此这些公式又称为推理规则。

5．一阶谓词逻辑知识表示方法

从前面介绍的谓词逻辑的例子可见，用谓词公式表示知识的一般步骤如下。

① 定义谓词及个体，确定每个谓词及个体的确切定义。

② 根据要表达的事物或概念，为谓词中的变元赋以特定的值。

③ 根据语义用适当的连接符号将各个谓词连接起来，形成谓词公式。

例 2.1　用一阶谓词逻辑表示"每个储蓄钱的人都得到利息"。

解　定义谓词：save(x, y)表示 x 储蓄 y，money(y)表示 y 是钱，interest(y)表示 y 是利息。obtain(x, y)表示 x 获得 y，则"每个储蓄钱的人都得到利息"可以表示为

$$(\forall x)(save(x) \rightarrow interest(x))$$

实际上，关系数据库也可以用一阶谓词表达。例如，用一阶谓词逻辑表示下列关系数据库。

住户	房间	电话号码	房间
Zhang	201	491	201
Li	201	492	201
Wang	202	451	202
Zhao	203	451	203

表中有两个关系

OCCUPANT(给定用户和房间的居住关系)

TELEPHONE(给定电话号码和房间的电话关系)

用一阶谓词表示为

OCCUPANT(Zhang, 201), OCCUPANT(Li, 201),…

TELEPHONE(491, 201), TELEPHONE(492, 201),…

6．一阶谓词逻辑表示法的特点

（1）一阶谓词逻辑表示法的优点

① 自然性

谓词逻辑是一种接近自然语言的形式语言，用它表示的知识比较容易理解。

② 精确性

谓词逻辑是二值逻辑，其谓词公式的真值只有"真"与"假"，因此可用它表示精确的知识，并可保证演绎推理所得结论的精确性。

③ 严密性

谓词逻辑具有严格的形式定义及推理规则，利用这些推理规则及有关定理证明技术可从已知事实推出新的事实，或证明所做的假设。

④ 容易实现

用谓词逻辑表示的知识可以比较容易地转换为计算机的内部形式，易于模块

化，便于对知识进行增加、删除及修改。

（2）一阶谓词逻辑表示法的局限性

① 不能表示不确定的知识

谓词逻辑只能表示精确性的知识，不能表示不精确、模糊性的知识，但人类的知识不同限度地具有不确定性，这就使它表示知识的范围受到了限制。

② 组合爆炸

在其推理过程中，随着事实数目的增大及盲目地使用推理规则，有可能形成组合爆炸。目前人们在这一方面做了大量的研究工作，出现了一些比较有效的方法，如定义一个过程或启发式控制策略来选取合适的规则等。

③ 效率低

用谓词逻辑表示知识时，其推理是根据形式逻辑进行的，把推理与知识的语义割裂开来，这使推理过程冗长，降低了系统的效率。

尽管谓词逻辑表示法有以上局限性，但它仍是一种重要的表示方法，许多专家系统的知识表达采用谓词逻辑表示，如格林（Green）等研制的用于求解化学方面问题的 QA3 系统，菲克斯（Fikes）等研制的 STRIPS 机器人行动规划系统，菲尔曼（Filman）等研制的 FOL 机器证明系统。

2.4　产生式表示法

产生式表示法又称为产生式规则（Production Rule）表示法。

"产生式"这一术语是由数学家波斯特（E. Post）在 1943 年首先提出来的。他根据串替代规则提出了一种称为波斯特机的计算模型，模型中的每一条规则称为一个产生式。在此之后，几经修改与充实，如今已被用到多个领域中。例如，用它来描述形式语言的语法，表示人类心理活动的认知过程等。1972 年，纽厄尔（Newell）和西蒙（Simon）在研究人类的认知模型中开发了基于规则的产生式系统。目前，它已成为人工智能中应用最多的一种知识表示模型，许多成功的专家系统用它来表示知识，如费根鲍姆等（Feigenbaum）研制的化学分子结构专家系统 DENDRAL、肖特里菲（Shortliffe）等研制的诊断感染性疾病的专家系统 MYCIN 等。

2.4.1　产生式

产生式通常用于表示事实、规则以及它们的不确定性度量，适合于表示事实性知识和规则性知识。

1. 确定性规则知识的产生式表示

确定性规则知识的产生式表示的基本形式如下。

$$IF \quad P \quad THEN \quad Q$$

或者

$$P \rightarrow Q$$

其中，P 是产生式的前提，用于指出该产生式是否可用的条件；Q 是一组结论或操作，用于指出当前提 P 所指示的条件满足时，应该得出的结论或应该执行的操作。整个产生式的含义是：如果前提 P 被满足，则可 Q 或执行 Q 所规定的操作。

例如：

r_4：IF　动物会飞　AND　会下蛋　THEN 该动物是鸟

这是一个产生式。其中，r_4 是该产生式的编号；"动物会飞 AND 会下蛋"是前提 P；"该动物是鸟"是结论 Q。

2. 不确定性规则知识的产生式表示

不确定性规则知识的产生式表示的基本形式如下：

$$IF \quad P \quad THEN \quad Q（置信度）$$

或者

$$P \rightarrow Q（置信度）$$

例如，在专家系统 MYCIN 中有这样一条产生式：

IF 本微生物的染色斑是革兰氏阴性

　　本微生物的形状呈杆状

　　病人是中间宿主

THEN 该微生物是绿脓杆菌，置信度为 0.6

它表示当前提示中列出的各个条件都得到满足时，结论"该微生物是绿脓杆菌"可以相信的程度为 0.6。这里，用 0.6 表示知识的强度。

3. 确定性事实性知识的产生式表示

确定性事实一般用三元组表示：

$$（对象，剧性，值）$$

或者

$$（关系，对象 1，对象 2）$$

例如，老李年龄是 40 岁，表示为（Li，Age，40）。老李和老王是朋友，表示为（Friend，Li，Wang）。

4. 不确定性事实性知识的产生式表示

不确定性事实一般用四元组表示：

$$（对象，属性，值，置信度）$$

或者

$$（关系，对象 1，对象 2，置信度）$$

例如，老李年龄很可能是 40 岁，表示为（Li，Age，40，0.8）。老李和老王不大可能是朋友，表示为（Friend，Li，Wang，0.1）。

产生式又称为规则或产生式规则；产生式的"前提"有时称为"条件""前提条件""前件""左部"等；其"结论"部分有时称为"后件"或"右部"等。下文将不加区分地使用这些术语，不再单独说明。

产生式与谓词逻辑中蕴含式的基本形式相同，但蕴含式只是产生式的一种特殊情况，理由有如下两点。

① 除逻辑蕴含外，产生式还包括各种操作、规则、变换、算子、函数等。例如，"如果炉温超过上限，则立即关闭风门"是一个产生式，但不是一个蕴含式。产生式描述了事物之间的一种对应关系（包括因果关系和蕴含关系），其外延十分广泛。逻辑中的逻辑蕴含式和等价式，程序设计语言中的文法规则，数学中的微分和积分公式，化学中分子结构式的分解变换规则，甚至体育比赛中的规则，国家的法律条文，单位的规章制度等，都可以用产生式表示。

② 蕴含式只能表示确定性知识，其真值或者为真，或者为假，而产生式不仅可以表示确定性的知识，还可以表示不确定性知识。决定一条知识是否可用，需要检查当前是否有已知事实可与前提中所规定的条件匹配。对谓词逻辑的蕴含式来说，其匹配总要求是精确的。在产生式表示知识的系统中，匹配可以是精确的，也可以是不精确的，只要按某种算法求出的相似度落在预先指定的范围内就认为是可匹配的。

产生式与蕴含式存在的这些区别，导致它们在处理方法及应用等方面有较大的差别。

为了严格地描述产生式，下面用巴克斯范式（BNF）给出它的形式进行描述。

      <产生式>::=<前提>→<结论>

      <前提>::=<简单条件>|<复合条件>

      <结论>::=<事实>|<操作>

      <复合条件>::=<简单条件>AND<简单条件>[AND<简单条件>…]

                |<简单条件>OR<简单条件>[OR<简单条件>…]

      <操作>::=<操作名>[(<变原>),…]

其中，符号"::="表示"定义为"，符号"丨"表示"或者是"，符号"[　]"表示"可缺省"。

2.4.2　产生式系统

把一组产生式放在一起，让它们互相配合，协同作用，一个产生式生成的结论可以供另一个产生式作为已知事实使用，以求得问题的解，这样的系统称为产生式系统。

一般来说，一个产生式系统由规则库、控制系统（推理机）、综合数据库三部分组成，它们之间的关系如图 2-3 所示。

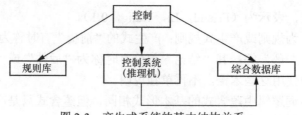

图 2-3　产生式系统的基本结构关系

1．规则库

用于描述相应领域内知识的产生式集合称为规则库。规则库是产生式系统求解问题的基础，其知识是否完整、一致，表达是否准确、灵活，对知识的组织是否合理等，将直接影响到系统的性能。因此，需要对规则库中的知识进行合理的组织和管理，检测并排除冗余及矛盾的知识，保持知识的一致性。采用合理的结构形式，可使推理避免访问那些与求解当前问题无关的知识，从而提高求解问题的效率。

2．控制系统

控制系统又称为推理机，它由一组程序组成，负责整个产生式系统的运行，实现对问题的求解。粗略地说，推理机做以下几项工作。

① 按一定的策略从规则库中选择与综合数据库中的已知事实进行匹配。匹配是指把规则的前提条件与综合数据库中的已知事实进行比较，如果两者一致，或者近似一致且满足预先规定的条件，则称匹配成功，相应的规则可被使用，否则称匹配不成功。

② 冲突消解。匹配成功的规则可能不止一条，这称为发生了冲突。此时，推理机构必须调用相应的解决冲突策略进行消解，以便从匹配成功的规则中选出一条执行。

③ 执行规则。如果某一规则的右部是一个或多个结论，则把这些结论加入综合数据库中；如果规则的右部是一个或多个操作，则执行这些操作。对于不确定性知识，在执行每一条规则时还要按一定的算法计算结论的不确定性。

④ 检查推理终止条件。检查综合数据库中是否包含最终结论，决定是否停止系统的运行。

3．综合数据库

综合数据库又称为事实库、上下文、黑板等。它是一个用于存放问题求解过程中各种当前信息的数据结构，如问题的初始状态、推理中得到的中间结论及最终结论。当规则库中某条产生式的前提可与综合数据库的某些已知事实相匹配时，该产生式就被激活，并把它推出的结论放入综合数据库中，作为后面推理的已知事实。显然，综合数据库的内容是在不断变化的。

2.4.3　产生式系统的例子——动物识别系统

下面以一个动物识别系统为例，介绍产生式系统求解问题的过程。这个动物识别系统是识别虎、金钱豹、斑马、长颈鹿、企鹅、鸵鸟、信天翁这 7 种动物的产生式系统。

首先根据这些动物识别的专家知识，建立如下规则库。

r_1:	IF	该动物有毛发	THEN	该动物是哺乳动物
r_2:	IF	该动物有奶	THEN	该动物是哺乳动物
r_3:	F	该动物有羽毛	THEN	该动物是鸟
r_4:	IF	该动物会飞	AND	会下蛋
			THEN	该动物是鸟
r_5:	IF	该动物吃肉	THEN	该动物是食肉动物
r_6:	IF	该动物有犬齿	AND	有爪
			AND	眼盯前方
			THEN	该动物是肉食动物
r_7:	IF	该动物是哺乳动物	AND	有蹄
			THEN	该动物是有蹄类动物
r_8:	IF	该动物是哺乳动物	AND	是反刍动物
			THEN	该动物是有蹄类动物
r_9:	IF	该动物是哺乳动物	AND	是食肉动物
			AND	是黄褐色
			AND	身上有暗斑点
			THEN	该动物是金钱豹
r_{10}:	IF	该动物是哺乳动物	AND	是食肉动物
			AND	是黄褐色
			AND	身上有黑色条纹
			THEN	该动物是虎
r_{11}:	IF	该动物是有蹄类动物	AND	有长脖子
			AND	有长腿
			AND	身上有暗斑点
			THEN	该动物是长颈鹿
r_{12}:	IF	该动物有蹄类动物	AND	身上有黑色条纹
			THEN	该动物是斑马
r_{13}:	IF	该动物是鸟	AND	有长脖子
			AND	有长腿
			AND	不会飞

			AND	有黑白二色

r_{14}: IF 该动物是鸟 AND 会游泳

AND 不会飞

AND 有黑白二色

THEN 该动物是企鹅

r_{15}: IF 该动物是鸟 AND 善飞

THEN 该动物是信天翁

由上述产生式规则可以看出，虽然系统是用来识别 7 种动物的，但它并不是简单地只设计 7 条规则，而是设计了 15 条。其基本想法是：首先根据一些比较简单的条件，如"有毛发""有羽毛""会飞"等对动物进行比较粗的分类，如"哺乳动物""鸟"等，然后随着条件的增加，逐步缩小分类范围，最后给出识别 7 种动物的规则。这样做至少有两个好处：一是当已知的事实不完全时，虽不能推出最终结论，但可以得到分类结果；二是当需要增加对其他动物（如牛、马等）的识别时，规则库中只需增加关于这些动物个性方面的知识，如 r_9 至 r_{15} 那样，而对 r_1 至 r_8 可直接利用，这样增加的规则就不会太多。$r_1, r_2, \cdots, r_{15}$ 分别是对各产生式规则所做的编号，以便于对它们的引用。

设在综合数据库中存放有下列已知事实：

该动物特征有暗斑点，长脖子，长腿，奶，蹄

并假设综合数据库中的已知事实与规则库中的知识是从第一条（即 r_1）开始逐条进行匹配的，则当推理开始时，推理机构的工作过程如下。

① 首先从规则库中取出第一条规则 r_1，检查其前提是否可与综合数据库中的已知事实匹配成功。由于综合数据库中没有"该动物有毛发"这一事实，所以匹配不成功，r_1 不能被用于推理。然后取第二条规则 r_2 进行同样的工作。显然，r_2 的前提"该动物有奶"可与综合数据库中的已知事实"该动物有奶"匹配。再检查 r_3 至 r_{15}，结果均不能匹配。因为只有这一条规则被匹配，所以 r_2 被执行并将其结论部分"该动物是哺乳动物"加入综合数据库中，并且将 r_2 标注已经被选用过的记号，避免下次再被匹配。

此时综合数据库的内容变为：

该动物特征有暗斑点，长脖子，长腿，奶，蹄，哺乳动物

检查综合数据库中的内容，没有发现要识别的任何一种动物，所以继续进行推理。

② 分别用 r_1，r_3，r_4，r_5，r_6 与综合数据库中的已知事实进行匹配，均不成功。但当用 r_7 与之匹配时，获得成功。再检查 r_8 至 r_{15} 均不能匹配。因为只有 r_7 一条规则被匹配，所以执行 r_7 并将其结论部分"该动物是有蹄类动物"加入综合数据库中，并且将 r_7 标注已经被选用过的记号，避免下次再被匹配。

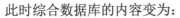
此时综合数据库的内容变为：

该动物特征有暗斑点，长脖子，长腿，奶，蹄，哺乳动物，有蹄类动物

检查综合数据库中的内容，没有发现要识别的任何一种动物，所以继续进行推理。

③ 在此之后，除已经匹配过的 r_2，r_7 外，只有 r_{11} 可与综合数据库中的已知事实匹配成功，所以将 r_{11} 的结论加入综合数据库，此时综合数据库的内容变为：

该动物特征有暗斑点，长脖子，长腿，奶，蹄，哺乳动物，有蹄类动物，长颈鹿

检查综合数据库中的内容，发现要识别的动物长颈鹿包含在综合数据库中，所以推出"该动物是长颈鹿"这一最终结论。至此，问题的求解过程结束。

上述问题的求解过程是一个不断地从规则库中选择可用规则与综合数据库中的已知事实进行匹配的过程，规则的每一次成功匹配都使综合数据库增加了新的内容，并朝着问题的解决方向前进了一步。这一过程称为推理，是专家系统中的核心内容。当然，上述过程只是一个简单的推理过程，后面将对推理的有关问题展开全面的介绍。

可以使用普通编程语言（如 C、C++）中的 if 语句实现产生式系统，但当产生式规则较多时会产生新的问题。例如，针对检查哪条规则被匹配需要很长时间遍历所有规则，采用快速算法（如 RETE）匹配规则触发条件的专用产生式系统被开发，这种系统内嵌了消解多个冲突的算法。近年来，专门用于计算机游戏的RC++被开发，它是 C++语言的超集，加入了控制角色行为的产生式规则，提供了反应式控制器的专用子集。

2.4.4　产生式表示法的特点

1．产生式表示法的主要优点

（1）自然性

产生式表示法用"如果……，则……"的形式表示知识，这是人们常用的一种表达因果关系的知识表示形式，既直观、自然，又便于进行推理。正是这一原因，使产生式表示法成为人工智能中最重要且应用最多的一种知识表示方法。

（2）模块性

产生式是规则库中最基本的知识单元，它们同推理机构相对独立，而且每条规则都具有相同的形式。这便于对其进行模块化处理，为知识的增、删、改带来了方便，为规则库的建立和扩展提供了可管理性。

（3）有效性

产生式表示法既可表示确定性知识，又可表示不确定性知识；既有利于表示启发式知识，又可方便地表示过程性知识。目前已建造成功的专家系统大部分是用产生式来表达其过程性知识的。

（4）清晰性

产生式有固定的格式。每一条产生式规则都由前提与结论（操作）这两部分组成，而且每一部分所含的知识量都比较少。这既便于对规则进行设计，又易于对规则库中知识的一致性及完整性进行检测。

2．产生式表示法的主要缺点

（1）效率不高

在产生式系统求解问题的过程中，首先要用产生式的前提部分与综合数据库中的已知事实进行匹配，从规则库中选出可用的规则，此时选出的规则可能不止一个，这就需要按一定的策略进行"冲突消解"，然后把选中的规则启动执行。因此，产生式系统求解问题的过程是一个反复进行"匹配冲突消解执行"的过程。规则库一般比较庞大，而匹配又是十分费时的工作，因此其工作效率不高，而且大量的产生式规则容易引起组合爆炸。

（2）不能表达具有结构性的知识

产生式适合于表达具有因果关系的过程性知识，但对具有结构关系的知识却无能为力，它不能把具有结构关系的事物间的区别与联系表示出来。因此，产生式表示法除了可以独立作为一种知识表示模式外，还经常与其他表示法结合起来表示特定领域的知识。例如，在专家系统 PROSPECTOR 中用产生式与语义网络相结合，在 Alkins 中把产生式与框架表示法结合起来等。

3．产生式表示法适合表示的知识

由上述关于产生式表示法的特点可以看出，产生式表示法适合于表示具有下列特点的领域知识。

① 由许多相对独立的知识元组成的领域知识，彼此间关系不密切，不存在结构关系，如化学反应方面的知识。

② 具有经验性及不确定性的知识，而且相关领域中对这些知识没有严格、统一的理论，如医疗诊断、故障诊断等方面的知识。

③ 领域问题的求解过程可被表示为一系列相对独立的操作，而且每个操作可被表示为一条或多条产生式规则。

2.5 面向对象表示法

近年来，在智能系统的设计与构造中，人们开始使用面向对象的思想、方法和开发技术，并在知识表示、知识库的组成与管理、专家系统的设计等方面取得了一定的进展。本节将首先讨论面向对象的基本概念，然后对应用面向对象技术表示知识的方法进行初步探讨。

2.5.1　面向对象方法学的主要观点

（1）世界由各种"对象"组成，任何事物都是对象、是某类的实例，复杂的对象可由相对比较简单的对象以某种方法组成，甚至整个世界也可以从最原始的对象开始，经过层层组合而成。

（2）所有对象都被分成各种对象类，每个对象类都定义了"方法"（Method），它们实际上可视为允许作用于该类对象的各种操作。

（3）对象之间除了互递消息的联系之外，不再有其他联系，一切局部于对象的信息和实现方法等都被封装在相应对象类的定义之中，在外面是看不见的，这就是"封装"的概念。

（4）对象类按"类""子类"与"超类"等概念形成一种层次关系（或树形结构）。在这个层次结构中，上一层对象所具有的一些属性或特征可被下一层对象继承，除非在下一层对象中对相应的属性或特征做了重新描述（这时，以新属性值为准），从而避免了描述中信息的冗余，这称为对象类之间的继承关系。

2.5.2　面向对象的基本概念

1．对象

广义地讲，"对象"是指客观世界中的任何事物，它可以是一个具体的简单事物，也可以是由多个简单事物组合而成的复杂事物。

从问题求解的角度讲，对象是与问题领域有关的客观事物。

客观事物都具有自然属性及行为，因此与问题有关的对象也有一组数据和一组操作，且不同对象间的相互作用可通过互传消息来实现。

按照对象方法学的观点，一个对象的形式可以用如下的四元组表示。

$$对象::=<ID,DS,MS,MI>$$

即一个完整的对象包括该对象的标识符 ID、数据结构 DS、方法集合 MS 和消息接口 MI。

① ID，对象的标识符，又称对象名，用以标识一个特定的对象，正如人有人名、学校有学校名。

② DS，对象的数据结构，描述了对象当前的内部状态和所具有的静态属性，常用<属性名，属性值>表示。

③ MS，对象的方法集合，用以说明对象所具有的内部处理方法和对接收到的消息的操作过程，它反映了对象自身的智能行为。

④ MI，对象的消息接口，是对象接收外部信息和驱动有关内部方法的唯一对外接口。这里的外部信息称为消息。

2. 类

类是一种抽象机制，是对一组相似对象的抽象，即具有相同结构和处理能力的对象都用类来描述。

一个类实际上定义了一种对象类型，它描述了属于该对象类型的所有对象的性质。例如，"黑白电视""彩色电视"都是具体对象，但它们有共同属性，于是可以把它们抽象成"电视"，"电视"是一个类对象。各个类还可以进行进一步的抽象，形成超类。例如，对"电视""电冰箱"……可以形成超类"家用电器"。这样类、超类和对象就形成了一个层次结构。该结构还可以包含更多的层次，层次越高就越抽象，越低就越具体。

3. 封装

封装是指一个对象的状态只能通过它的私有操作来改变它，其他对象的操作不能直接改变它的状态。

当一个对象需要改变另一个对象的状态时，它只能向该对象发送消息，要改变的对象接收消息后根据消息的模式找出相应的操作，并执行操作改变自己的状态。

封装是一种信息隐藏技术，是面向对象方法的重要特征之一。它使对象的用户可以不了解对象的行为实现的细节，只需用消息来访问对象，使面向对象的知识系统便于维护和修改。

4. 消息

消息是指在通信双方之间传递的任何书画、口头或代码的内容。在面向对象的方法中，对对象实施操作的唯一途径就是向对象发送消息，各对象间的联系只能通过消息发送和接收来进行。同一消息可以送往不同的对象，不同对象对于相同形式的信息可以有不同的解释和不同的反应。一个对象可以接收不同形式、不同内容的多个消息。

5. 继承

继承是指父类所具有的数据和操作可以被子类继承，除非在子类中对相应的数据及操作重新进行了定义。

面向对象的继承关系与框架间属性的继承关系类似，可以避免信息冗余。

以上简单介绍了面向对象的几个最基本的概念，由此可以看出，面向对象的基本特征如下：

- 模块性；
- 继承性；
- 封装性；
- 多态性。

多态是指一个名字可以有多种语义，可做多种解释。例如，运算符"+""–""*""/"既可以做整数运算，也可以做实数运算，但它们的执行代码却截然不同。

2.5.3　面向对象的知识表示

在面向对象的方法中，父类、子类及具体对象构成了一个层次结构，而且子类可以继承父类的数据及操作。这种层次结构及继承机制提供了对分类知识表示的支持，而且其表示方法与框架表示法有许多相似之处，只是可以按类以一定层次形式进行组织，类之间通过链实现联系。

用面向对象方法表示知识时需要对类的构成形式进行描述，不同面向对象语言所提供的类的描述形式不同，下面给出一种描述形式。

Class <类名> [:<父类名>]

　　　　　　　 [<类变量表>]

　　　　　　　 Structrue

　　　　　　　 <对象的静态结构描述>

　　　　　　　 Method

　　　　　　　 <关于对象的操作定义>

　　　　　　　 Restraint

　　　　　　　 <限制条件>

EndClass

说明如下。

- Class：类描述的开始标志。
- <类名>：该类的名字，它是系统中该类的唯一标识。
- <父类名>：是可选的，指出当前定义的类的父类，它可以指定默认值。
- <类变量表>：是一组变量名构成的序列，该类中所有对象都共享这些变量，对该类对象来说它们是全局变量，当把这些变量实例化为一组具体的值时，就得到了该类的一个具体对象，即一个实例。
- Structrue：后面的<对象的静态结构描述>用于描述该类对象的构成方式。
- Method：后面的<关于对象的操作定义>用于定义对该类的实例可实施的各种操作，它既可以是一组规则，也可以是实现相应操作所需执行的一段程序。
- Restraint：后面的<限制条件>指出该类的实例应该满足的限制条件，可用包含类变量的谓词构成，当它不出现时表示没有限制。
- EndClass：最后以 EndClass 结束类的描述。

2.6　语义网络

语义网络（Semantic Network）或框架网络（Frame Network）是一种利用网

络表明概念之间语义关系的知识表示方法，其结构可以是有向图，也可以是无向图。相应图结构的节点代表概念，相应图结构的边代表语义关系。通常的语义网络可以用三元组形式表示，所以又称语义三元组（Semantic Triples）。语义网络在语义去重、问答系统等自然语言处理任务中有着重要的应用。

2.6.1　语义网络的历史

1956 年，语义网络第一次被剑桥语言研究机构的理查德·李申斯（Richard H. Richens）提出，是用于机器翻译中表示自然语言的一种中间语言（Interlingua）。1960 年，语义网络同时被系统开发公司（System Development Corporation）的罗伯特·西门斯（Robert F. Simmons）等作为 SYNTHEX 项目的子项目发明。其后，语义网络衍生出 3 个分支：知识图谱（Knowledge Graph）、语义链接网络（Semantic Link Network）和语义相似网络（Semantic Similarty Network, SSN）。

①1980 年，两所荷兰大学（Groningen 和 Twente）联合开始研究一项题为知识图谱的项目。知识图谱本身就是一种语义网络，它在一般的语义网络之上添加了对边的约束：边被限制只能从有限集合中选择，具有代数结构，可加速检索。在接下来的几十年中，语义网络和知识图谱的界限逐渐模糊。

②语义链接网络作为一种研究社交网络的方法被系统性地提出，其基本模型包含语义节点、节点之间的语义边和定义在其上的语义空间与推理方法，其基本理论在 2004 年被第一次正式发表。2003 年以后，其相关研究开始朝着社交语义网络（Social Semantic Networking）方向发展。语义链接网络在文本摘要的理解和表示方面有着重要的用途。

③其他特殊的语义网络都有特殊的用途。例如，语义相似网络包含针对性的关系和传播算法，可简化语义分析的工作。

2.6.2　语义网络的结构

语义网络的基本结构依照图结构来实现，也就是说，作为节点的实体通过作为边的语义关系来链接。从结构上来看，语义网络由众多的二元组组成：(节点 1,边,节点 2)或者(头实体,关系,尾实体)。其中，节点代表实体，如事物、概念、属性、状态、动作等；边既有方向又有标注信息，体现了头、尾实体之间的关系；节点 1 或头实体被称为主语，属于主动位置；节点 2 或尾实体被称为宾语，属于被动位置；边上的标注可说明两个节点或两个实体的语义关系。

当具有多个元组（即多个基本单位时），就构成了一个语义网络。由语义网络的特点不难看出，语义网络不仅可以表示事物的属性、状态和行为等，更适合表示事物之间的关系。需要注意，事实与规则的语义网络在形式上并

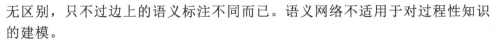

无区别，只不过边上的语义标注不同而已。语义网络不适用于对过程性知识的建模。

语义网络与谓词逻辑和产生式之间有对应关系。先分析谓词逻辑和语义网络的关系：一个语义网络相当于一个二元谓词，其中个体对应节点，边上的关系就是逻辑中的谓词。再来分析产生式与语义网络的联系：产生式的基本单元是产生式规则，大量产生式规则可构成产生式系统，从而实现知识表示；语义网络的基本单元是基本事实三元组，通过大量基本事实三元组，可构造语义网络并进行知识表示。

2.6.3　语义网络的实例

语义网络的一个实例就是 WordNet，它是一种英文的词法库。WordNet 对英文单词进行聚类，得到的同义词集合被称为 Synset，可为 Synset 提供短的、一般性的定义，并记录 Synset 之间的多种语义关系。WordNet 的性质可以从网络理论的角度研究。对比其他语义网络，WordNet 具有小世界结构。

2.6.4　基本的语义关系

语义网络中的基本语义关系有 8 种，分别表示类属、整体、部分、从属、能力、时间、位置、相近关联。

① IS-A 关系表示一个事物是另一个事物的实例化，是具体与抽象的概念，与面向对象设计中的继承是同一种理念。此关系最主要的特点就是属性的继承性，处在派生位置的实体具有处于父实体的一切属性和行为。

② Part-Of 关系表示一个事物是另一个事物的一部分，体现的是部分与整体的概念。其特点是此关系头、尾实体的属性可能是不同的，因为此关系不具有继承性。例如，桌腿是桌子的一部分，但桌腿不具备桌子的属性"价格"。

③ Have 关系表示一个节点具有另一个节点所描绘的属性。

④ A-Kind-Of 关系是与 IS-A 相反的关系。IS-A 是实例化的。A-Kind-Of 是泛化的，可表达事物的类型，是一种类属的概念，体现概念的层级。此关系也有继承性，处在低位置的节点可以具有处在高位置节点的所有属性，但低位置的节点可以具有自己独特的属性。例如，泰国属于亚洲国家，但泰国有自己的民俗文化。

⑤ Can 关系表示一个节点能做另一个节点的事情。例如，田径运动员也可以举重。

⑥ 时间表示不同事件在发生时间方面的先后关系。常用的时间关系有：Before，表示一个事物发生在另一个事物之前；After，表示一个事物发生在另一个事物之后。

⑦ 位置表示不同事物在位置方面的关系。常用的位置关系有：On，一个物体在另一个物体之上；At，一个物体的具体位置；Under，一个物体在另一个物体之下；Inside，一个物体在另一个物体之内；Outside，一个物体在另一个物体之外。

⑧ 相近关联表示不同事物在具体属性上的相似概念。常用的相近关联有：Similar，相似；Near，接近。

2.6.5　语义网络的推理

不同的知识表示方法有不同的推理机制。语义网络的推理方法不像逻辑表示方法和产生式表示方法那样明确。语义网络推理有多种不同的方法。有人在语义网络上引入逻辑运算，试图用与、或、非来表示语义网络的逻辑关系，利用归结推理算法对语义网络进行推理。还有人把语义网络作为一个有限自动机，通过寻求自动机中的汇合点来达到求解问题的目的。就目前的情况，语义网络的推理方法还不够完善，基于语义网络的知识引擎主要有两个部分：语义网络表示的知识库和问题求解的推理机。其中，推理机的基本原理有两种：继承和匹配。

1．继承

继承是对事物从抽象的节点遍历具体节点的描述过程。利用继承，可以得到所需节点的一些属性值，如通过沿着 LS-A 和 A-Kind-Of 等继承关系运行。这种推理类似人类的推理过程，一旦获知某些事物的类别，就可以使用这类事物通用的特性。例如，提到酸，就会想到腐蚀性，则盐酸也一定会有腐蚀性。

继承的一般算法如下。

① 初始节点表、待求节点和所有通过基本语义关系与初始节点相链接的节点。初始节点表只有待求节点。

② 检查初始节点表中的第一个节点是否具有继承边：

若有，则将该边指定的节点放入初始节点表的末尾，记录这些节点所有属性的值，并从初始节点表中删除第一个节点；

若没有，则仅从初始节点表中删除第一个节点。

③ 返回②，直到初始节点表为空。

实际系统的推理会很复杂，如某些元素的属性可以用复杂的公式进行计算，在某些情况下，还需要引入不确定性来描述知识。

2．匹配

继承只能解决部分问题，如类节点和实例节点之间的求解问题。复杂网络的求解大部分是通过匹配来完成的，其基本思想是在语义网络中寻求与待求问题相符的语义网络模式。匹配的主要过程为：依据问题的要求构建语义子图，该语义子图为待求问题的解。根据语义子网和语义网络相匹配的情况寻求相应的信息，这种匹配不一定要完全匹配，近似匹配也可以求解。语义网络没有形式语义，也就是说，与谓词逻辑不同，所给定的表达式对语义没有统一的表示方法。现有语义网络的推理机很多，其核心是基于继承和匹配这两种原理的。

2.7 知识图谱

知识图谱技术是人工智能技术的重要组成部分，以结构化的方式描述客观世界中的概念、实体及其之间的关系。知识图谱是在本体技术的基础上发展起来的，提供了一种更好的组织、管理和理解互联网海量信息的能力，将互联网的信息表达成更接近于人类认知世界的形式。因此，建立一个具有语义处理能力与开放互联能力的知识库，可以在智能搜索、智能问答、个性化推荐等智能信息服务中产生应用价值。

2.7.1 知识图谱的研究背景

随着 Web 技术的不断演进与发展，人类先后经历了以文档互联为主要特征的"Web 1.0"时代，以数据互联为特征的"Web 2.0"时代，正在迈向基于知识互联的崭新"Web 3.0"时代。知识互联网的目标是构建一个人与机器都可以理解的万维网，使人们的网络更加智能化。然而，万维网上的内容多源异质，组织结构松散，给大数据环境下的知识互联带来了极大的挑战。因此，人们需要根据大数据环境下的知识组织原则，从新的视角探索既符合网络信息资源发展变化又能适应用户需求的知识互联方法，从更深层次上揭示人类认知的整体性关联性。知识图谱以其强大的语义处理能力与开放互联能力，使 Web 3.0 提出的"知识之网"愿景成为可能。

进入 21 世纪，随着互联网的蓬勃发展以及知识的爆炸式增长，搜索引擎被广泛使用。传统的搜索引擎技术能够根据用户查询快速排序网页，提高信息检索的效率。然而，这种网页检索效率并不意味着用户能够快速准确地获取信息和知识，对于搜索引擎返回的大量结果还需要进行人工排查和筛选。面对互联网上不断增加的海量信息，网页检索方式（仅包含网页和网页之间链接的传统文档）已经不能满足人们迅速获取所需信息和全面掌握信息资源的需求。为了满足这种需求，知识图谱技术应运而生，该技术力求通过将知识更加有序、有机地组织起来，使用户可以更加快速、准确地访问自己需要的知识信息，并进行一定的知识挖掘和智能决策。从机构知识库到互联网搜索引擎，近年来不少学者和机构纷纷在知识图谱上深入研究，希望以更加清晰、动态的方式（知识图谱一定是动态的、不断更新的，不是静止的，不然，就失去了其真正的意义）展现各种概念之间的联系，实现知识的智能获取和管理。

2.7.2 知识图谱的发展

20 世纪中叶，普莱斯（Price）等提出使用引文网络来研究当代科学发展脉络的方法，首次提出了知识图谱的概念（这里的知识图谱是指 Mapping Knowledge Domain，而本书主要介绍的知识图谱是指 Knowledge Graph）。1977 年，知识工程的概念在第五届国际人工智能大会上被提出，以专家系统为代表的知识库系统开始被广泛研究和应用，直到 20 世纪 90 年代，机构知识库的概念被提出，自此关于知识表示、知识组织的研究工作开始深入开展。机构知识库系统被广泛应用于各科研机构和单位内部的资料整合以及对外宣传工作。2012 年 11 月，Google 公司率先提出知识图谱（Knowledge Graph, KG）的概念，表示将在其搜索结果中加入知识图谱的功能。其初衷是为了提高搜索引擎的能力，增强用户的搜索质量以及搜索体验。据 2015 年 1 月统计的数据，Google 构建的 KG 已经拥有 5 亿个实体，约 35 亿条实体关系信息，已经被广泛应用于提高搜索引擎的搜索质量。虽然知识图谱（Knowledge Graph）的概念较新，但它并非是一个全新的研究领域，早在 2006 年，Berners Lee 就提出了数据链接（Linked Data）的思想，呼吁推广和完善相关的技术标准，如 URI（Uniform Resource Identifier）、RDF（Resource Description Framework）、OWL（Ontology Web Language），为语义网络的到来做好准备。随后，掀起了一场语义网络研究的热潮，知识图谱技术正是建立在相关研究成果之上的，是对现有语义网络技术的一次扬弃和升华。

起源（20 世纪中叶）：知识图谱（Mapping Knowledge Domain）。

发展（20 世纪 90 年代）：知识库（Knowledge Base）。

形成（2012 年 Google 首次提出）：知识图谱（Knowledge Graph）。

2.7.3 知识图谱的定义

在维基百科的官方词条中：知识图谱是 Google 用于增强其搜索引擎功能的知识库。本质上，知识图谱是一种揭示实体之间关系的语义网络，可以对现实世界的事物及其相互关系进行形式化地描述。知识图谱已被用来泛指各种大规模的知识库，可作如下定义：知识图谱是结构化的语义知识库，用于以符号形式描述物理世界中的概念及其相互关系，其基本组成单位是(实体 关系 实体)三元组，以及实体及其相关属性值对，实体间通过关系相互联结，构成网状的知识结构。

三元组是知识图谱的一种通用表示方式，即 $G \in (E, R, S)$，其中 $E = \{e_1, e_2, \cdots, e_{|E|}\}$ 是知识库中的实体集合，共包含 $|E|$ 种不同实体；$R = \{r_1, r_2, \cdots, r_{|R|}\}$ 是知识库中的关系集合，共包含 $|R|$ 种不同关系；$S \subseteq E \times R \times E$ 代表知识库中的三元组集合。三元组的基本形式主要包括实体 1、关系、实体 2 和概念、属性、属性值等，实体是知识图谱中的最基本元素，不同的实体间存在不同的关系。概念主要指集合、类别、对象类型、事物的种类，如人物、地理等；属性主要指对象可能具有的属性、特征、

特性、特点以及参数，如国籍、生日等；属性值主要指对象指定属性的值，如
1988-09-08 等。每个实体（概念的外延）可用一个全局唯一确定的 ID 来标识，每
个属性–属性值对可用来刻画实体的内在特性，而关系可用来连接两个实体，刻画
它们之间的关联。

　　脱离谷歌公司的限制，知识图谱泛指当前基于通用语义知识的形式化描述而
组织的人类知识系统。这个系统在本质上是一个有向、有环的复杂的图结构。其
中，图的节点表示语义符号；节点之间的边表示符号之间的关系，如图 2-4 所示。
这样的图结构通过语义符号和符号之间的链接，来描述人类认知的物理世界中的
对象及它们之间的关系。利用这样的知识表达与描述方式可以作为人类及人类和
机器之间对世界认知理解的桥梁，便于知识的分享与利用。

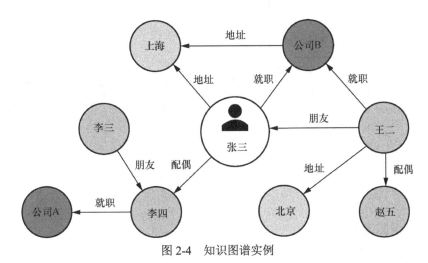

图 2-4　知识图谱实例

　　因此，知识图谱包含三层含义。

　　（1）知识图谱本身是一个具有属性的实体通过关系链接而成的网状知识库。
从图的角度来看，知识图谱本质上是一种概念网络，其中的节点表示物理世界的
实体（或概念），而实体间的各种语义关系则构成网络中的边。由此，知识图谱是
对物理世界的一种符号表达。

　　（2）知识图谱的研究价值在于，它是构建在当前 Web 基础之上的一层覆盖网
络（Overlay Network），借助知识图谱，能够在 Web 网页之上建立概念间的链接关
系，从而以最小的代价将互联网中积累的信息组织起来，成为可以被利用的知识。

　　（3）知识图谱的应用价值在于，它能够改变现有的信息检索方式：一方面通
过推理实现概念检索（相对于现有的字符串模糊匹配方式而言）；另一方面以图形
化方式向用户展示经过分类整理的结构化知识，从而使人们从人工过滤网页寻找
答案的模式中解脱出来。

2.7.4 知识图谱的架构

知识图谱是由知识框架和实体数据共同构成的。实体数据必须满足框架所规定的条件。图 2-5 为知识图谱的体系架构，其主要部分包括：

- 知识抽取（包括实体抽取、关系抽取以及属性抽取等）；
- 知识融合（包括实体消歧、实体对齐、知识合并等）；
- 知识加工（包括本体构建、知识推理、质量评估、知识更新等）；
- 知识表示。

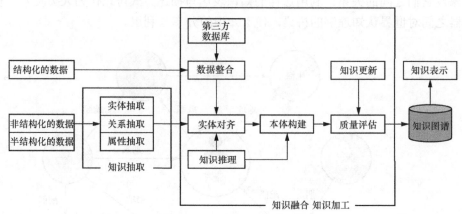

图 2-5　知识图谱的体系架构

2.7.5 知识图谱关键技术

1. 知识抽取（或者信息抽取）

知识抽取的概念最早是 20 世纪 70 年代后期出现在自然语言处理领域的，是指自动化地从文本中发现和抽取相关信息，并将多个文本碎片中的信息进行合并，将非结构化数据转换为结构化数据，主要目的是从不同来源、不同结构的数据中进行知识提取，再把它们存入知识图谱中。

（1）实体抽取

从文本中检测出命名实体，再将其分类到预定义的类别中，如这个实体是属于人物类，或者组织类，或者地点类等。

（2）关系抽取

从文本中识别抽取到实体与实体之间的关系。

（3）事件抽取

从文本中识别关于事件的信息，并以结构化的形式呈现。例如，从一条新闻报道中识别到事情发生的时间、地点、人物等信息。

2．知识融合

（1）实体消歧

专门用于解决同名实体产生歧义问题的技术。实体消歧主要采用聚类的方法，聚类法消歧的关键问题是如何定义实体对象与指称项之间的相似度，常用的方法如下。

① 空间向量模型（词袋模型）。

② 语义模型（与空间向量模型相似，不同的地方在于语义模型不仅包含词袋向量，而且包含一部分语义特征）。

③ 社会网络模型（该模型的基本假设是物以类聚人以群分，在社会化环境中，实体指称项的意义在很大限度上是由与其相关联的实体所决定的）。

④ 百科知识模型（百科类网站通常会为每个实体分配一个单独页面，其中包括指向其他实体页面的连接，百科知识模型正是利用这种链接关系来计算实体指称项之间相似度的）。

（2）实体对齐

主要用于消除异构数据中实体冲突、指向不明等不一致性问题，可以从顶层创建一个大规模的统一知识库，从而帮助机器理解多源异质的数据，形成高质量的知识库。对齐算法可以分为成对实体对齐和集体实体对齐，而集体实体对齐又可以分为局部集体实体对齐和全局集体实体对齐。成对实体对齐：①基于传统概率模型的实体对齐方法；②基于机器学习的实体对齐方法。局部实体对齐方法：局部实体对齐方法为实体本身的属性以及与它有关联的实体的属性分别设置不同的权重，并通过加权求和计算总体的相似度，使用向量空间模型以及余弦相似性来判别大规模知识库中实体的相似程度，算法为每个实体建立了名称向量与虚拟文档向量，名称向量用于标识实体的属性，虚拟文档向量则用于表示实体的属性值以及其邻居节点的属性值的加权和值。全局集体实体对齐方法：①基于相似性传播的集体实体对齐方法；②基于概率模型的集体实体对齐方法。

（3）知识合并

合并外部知识库：将外部知识库融合到本地知识库需要处理两个层面的问题。①数据层的融合，包括实体的指称、属性、关系以及所属类别等，主要的问题是如何避免实例以及关系的冲突问题，造成不必要的冗余。②模式层的融合，将新得到的本体融入已有的本体库中。

合并关系数据库：在知识图谱的构建过程中，一个重要的高质量知识来源是企业或者机构自己的关系数据库。为了将这些结构化的历史数据融入知识图谱中，采用资源描述框架（RDF）作为数据模型。业界和学术界将这一数据转换过程形象地称为 RDB2RDF，其实质就是将关系数据库的数据转换成 RDF 的三元组数据。

3．知识加工

（1）本体构建

本体的最大特点在于它是共享的，本体中反映的知识是一种明确定义的共识。本体是同一领域内不同主体之间进行交流的语义基础，本体是树状结构，相邻层次的节点（概念）之间具有严格的"IS-A"关系，这种单纯的关系有利于知识推理却不利于表达概念的多样性。本体的构建可以采用人工编辑的方式手动构建（借助于本体编辑软件），也可以采用计算机辅助，以数据驱动的方式自动构建，然后采用算法评估和人工审核相结合的方式加以修正和确认。除了数据驱动的方法，还可以采用跨语言知识链接的方法来构建本体库。对当前本体生成方法的研究工作主要集中在实体聚类方法，主要挑战在于经过信息抽取得到的实体描述非常简短，缺乏必要的上下文信息，导致多数统计模型不可用（可以利用主题进行层次聚类）。

（2）知识推理

知识推理是指从知识库中已有的实体关系数据出发，经过计算机推理，建立实体间的新关联，从而拓展和丰富知识网络。知识推理是知识图谱构建的重要手段和关键环节，通过知识推理，能够从现有知识中发现新的知识。

（3）质量评估

对知识库的质量评估任务通常是与实体对齐任务一起进行的，其意义在于，可以对知识的可信度进行量化，保留置信度较高的，舍弃置信度较低的，有效保证知识的质量。

（4）知识更新

人类所拥有信息和知识量都是时间的单调递增函数，因此知识图谱的内容需要与时俱进，其构建过程是一个不断迭代更新的过程。从逻辑上看，知识库的更新包括概念层更新和数据层更新。知识图谱内容的更新有两种方式：数据驱动下的全面更新和增量更新。

4．知识表示

虽然三元组的知识表示形式受到了人们的广泛认可，但是其在计算效率、数据稀疏性等方面却面临着诸多问题。近年来，以深度学习为代表的学习技术取得了重要进展，可以将实体的语义信息表示为稠密低维的实值向量，进而在低维空间中高效计算实体、关系及其之间的复杂语义关联，对知识库的构建、推理、融合以及应用均具有重要的意义。分布式表示旨在用一个综合的向量来表示实体对象的语义信息，是一种模仿人脑工作的表示机制，通过知识表示而得到的分布式表示形式在知识图谱的计算、补全、推理等方面起到重要的作用，如语义相似度计算、链接预测（又被称为知识图谱补全）等。

2.7.6　知识图谱的典型应用

随着知识图谱广度与深度的逐步扩大，知识图谱在语义理解、智能搜索、自动问答、智能推荐、智能决策等各个领域都得到了广泛应用。Google 率先将知识图谱用于智能搜索，可以根据用户的查询返回准确的答案。例如，如果查询一个名人，那么返回结果会以 Infobox 的形式准确地呈现出此人各个维度的信息，而不再需要用户从上下文中寻找，从而大大提升了搜索效率，提高了用户的搜索体验。自动问答中的知识库问答（Knowledge Base Question Answering, KBQA）是知识图谱应用的经典技术之一。针对自然语言表述的问题，可通过对问题进行语义解析，利用知识库进行查询、推理并获取答案。知识库问答尤为重要，可在一定限度上对用户的问题进行语义上的理解，并通过这个理解构建上下文的语义环境，是实现对话机器人的基础。

知识图谱还可以应用到自然语言生成中。语义理解对于自然语言处理生成任务至关重要，因此常识知识是自然语言生成必不可少的因素，在开放领域的对话系统中，对于自然语言生成更有效的交互信息尤为重要，因为社会共享的常识知识是人们熟知背景知识的集合，而大规模的知识图谱正好符合这方面的条件。深度学习神经网络模型和序列到序列模型（Sequence to Sequence, Seq2Seq）缺乏对知识的理解，经常生成不合语法、重复无意义的自然语言。为了解决这一问题，一些研究者尝试将知识图谱的信息引入多种生成文本的任务，提升生成文本的质量。

知识图谱在情感分析中也起到了重要作用。情感分析又称观念挖掘、情感挖掘，是自然语言处理的一个重要研究方向。情感分析一般是利用自然语言处理、文本分析、计算语言学等技术和手段，分析书面语言中的情感、观点、态度和表情的重要方法。情感分析的两大类方法分别基于统计和基于知识模型。近年来，虽然基于深度学习的神经网络方法取得了巨大成功，但是神经网络方法还没有克服依赖大量数据、可解释性差、多次实验一致性欠佳及数据统计偏差等问题。基于知识的方法一般是领域相关的，并且需要花费大人力、物力构建数据，从而限制了有效的应用，可以利用深度学习提取文本中的概念原语，并将概念原语和知识图谱链接在一起构成一个具有较强推理能力的模型。

2.8　空间数据的知识表示

空间知识的基本类型是规则和例外，规则包括空间的特征、区分、关联、分类、聚类、序列、预测和函数依赖等共性或个性规则，例外则指规则以外的偏差，或类别以外的离群。GIS 数据库是空间数据库的主要类型，从中可以发现空间的普遍知识（General Knowledge）、分布规律、关联规则、聚类规则、特征规则、区分规则、演变规则和偏差等。知识类型决定空间数据挖掘的任务取向，即能够解决什么问题。各种空间知识之间不是相互孤立的，在解决实际问题时，经常要同时使用多种知识。

2.8.1 空间数据的知识表示

1. 普遍知识

普遍知识是指某类目标的数量、大小、形态等普遍特征。可将目标分成点状目标（如独立树、小比例尺地图中的居民点）、线状目标（如河流、道路等）和面状目标（如居民地、湖泊、广场、地块等）三大类。用统计方法可获得各类目标的数量和大小，线状目标的大小用长度、宽度表征，面状目标的大小用面积、周长表征。目标的形态特征是把直观、可视化的图形表示为计算机易懂的定量化特征值，线状目标的形态特征用复杂度、方向等表示，面状目标的形态特征用密集度、边界曲折度、主轴方向等来表示，单独的点状目标没有形态特征，对于聚集在一起的点群，可用类似面状目标的方法计算形态特征。GIS 数据库中一般仅存储图形的长度、面积、周长、几何中心等几何特征，而形态特征要用专门的算法计算。统计空间目标几何特征量的最小值、最大值、均值、方差、众数等，还可获得特征量的直方图，当样本足够时，直方图数据可转换为先验概率使用。在此基础上，可根据背景知识归纳出更高水平的普遍几何知识。面向对象的知识是指某类复杂对象的子类构成及其普遍特征的知识。

2. 空间特征规则与空间区分规则

空间特征规则（Spatial Characteristic Rule）是用简洁的方式汇总作为目标的某类或几类空间对象的几何和属性的一般共性特征。几何规则指空间对象的分布等规则，属性规则指空间对象的数量、大小和形态等一般特征。空间特征规则汇总了目标类空间数据的一般特性，多为对空间的类或概念的概化描述。足够样本的空间特征的直方图、饼图、条图、曲线、多维数据立方体、多维表数据等可以转换为先验概率知识。在发现状态空间中，空间特征规则存在于特征空间的不同认知层次。

空间区分规则（Spatial Discriminate Rule）是用规则描述的两类或几类空间对象间的不同空间特征规则的区分，所附的比较度量用以区分目标类和对比类。目标类和对比类由挖掘的目的而定，对应的空间数据通过数据库检索查询即可获得。可以通过把目标类空间对象的空间特征，与一个或多个对比类空间对象的空间特征相对比，得到空间区分规则。其中，空间分布规律是主要的空间区分规则，指空间对象在空间的垂直、水平或垂直-水平的分布规律，如高山植被的垂直分布，公用设施的城乡差异，异域地物在坡度、坡向的分布等规律。

3. 空间分类规则与空间回归规则

空间分类规则（Spatial Classification Rule）是同类事物共同性质的特征型知识和不同事物之间的差异型特征知识。它根据空间区分规则把空间数据库中的数据映射到某个给定的类上，用于数据预测，是一种分类器。

空间回归规则（Spatial Regression Rule）与其相似，也是一种分类器，其差别在于空间分类规则的预测值是离散的，空间回归规则的预测值是连续的。空间分类或空间回归的规则都是普化知识，实质是对给定数据对象集的抽象和概括，可用宏元组表示。空间分类规则和空间回归规则主要从空间数据库的数据中挖掘描述并区分数据类或概念的模型，二者的模型常表现为决策树、谓词逻辑、神经网络或函数等形式。例如，一棵决策树，根据数据值从树根开始搜索，沿着数据满足的分支往上走，走到树叶就能确定类剐。空间分类规则和空间回归规则与空间预测规则紧密相关，它们是空间预测规则据以预测未知类标记的空间对象、空缺（或未知）的空间数据值的模型。

4. 空间聚类规则与空间关联规则

空间聚类规则（Spatial Clustering Rule）把特征相近的空间对象数据划分到不同的组中，组间的差别尽可能大，组内的差别尽可能小。空间对象根据类内相似性最大和类间相似性最小的原则分组或聚类，并据此导出空间规则。空间聚类规则与分类规则不同，它不顾及已知的类标记，在聚类前并不知道要划分成几类和什么样的类别，也不知道根据哪些空间区分规则来定义类。空间聚类规则可用于空间对象信息的概括和综合。例如，在分类编制中，根据空间聚类规则可以把观察到的空间数据组织成类分层结构，把类似的空间对象组织在一起。

空间关联规则（Spatial Association Rule）指空间对象间因属性相关而出现的关系规律，主要有相邻、相连、共生和包含等模式，是空间数据挖掘中简单实用的主要知识，包含单维规则（含单个谓词）和多维规则（含两个或两个以上的空间对象或谓词），一般用逻辑语言或类结构化查询语言（Structure Query Language, SQL）描述，用空间知识的测度反映可靠性，如 "is_a $(x,$ road)→close to $(x,$river) (82%)" 是描述承德地区道路与河流关联的规则。空间关联规则分为一般关联规则和强关联规则，强关联规则又称广义关联规则，是使用或发生频率较高的关联规则。关联规则具有时效性，要在算法中考虑时态信息，不同的时期应使用不同的关联规则。例如，从多年的黄河水文库中挖掘的关联规则"雨水→水位上涨（春夏）"和"雨水→水位下落（秋冬）"，应分季节支持防汛决策。关联规则具有转移性，要在模型中增加转移条件，合理地预测转移趋势。例如，在第一轮选举数据中挖掘的关联规则，在第二轮选举数据中因选民意愿在给定条件下发生转移，挖掘的关联规则可能与第一轮恰恰相反，据此可帮助候选人调整竞选策略。

5. 空间依赖规则与空间预测规则

空间依赖规则（Spatial Dependent Rule）发现不同空间对象之间或相同空间对象的不同属性之间的函数依赖关系，数学建模常用空间对象名或属性名为变量。例如，从已有的地球构造、板块运动、重力场等数据中挖掘地质的减灾防灾规律，根据空间对象的位置、面积、分布等空间数据，以及相关的社会经济数据，发现地价的走势，用于指导基准地价和标定地价的评估。

空间预测规则（Spatial Predictable Rule）是根据已知事件的空间数据，事前推测或预先测定未知事件的预期过程与结果的模式。可以外推测算空间未知的数据值、类标记和分布趋势等，常用数学模型描述。预测的用途分经济、技术和需求，时间分短期、中期和长期，质量取决于影响需求的因素。因素随时可能变化，当时间跨度延长时，预测准确度随之下降，短期预测常比长期预测更准确。当根据数据随时间变化的趋势预测将来值时，要充分考虑时间因素的特殊性。只有利用现有数据随时间变化的系列值，才能根据挖掘的结果更好地预测将来的趋势，预测规则在一定范围内有效，对一个用户在一种环境下较好，对新用户在新环境下可能完全不适用。在预测之前，可以使用相关分析识别和排除对预测无用或无关的属性或空间对象。

6. 空间序列规则与空间例外

空间序列规则（Spatial Serial Rule）和时间紧密相关，基于时序特征，建模描述空间对象数据随时间变化的规律或趋势。虽然空间序列规则可能包括与时间相关的各种空间规则，但是序列规则挖掘自有特色，如时间序列分析、序列或周期模式匹配等。在空间数据挖掘中，时空数据存有同一地区不同时间的历史空间数据，用户可能不一定对数据库中的所有数据感兴趣，当用户为了得到更精练的信息，而只挖掘某一时期内空间数据中隐含的空间模式时，也是一种空间序列规则挖掘。带有时间约束的空间序列规则称为空间演变规则（Spatial Evolution Rule），通过时间连接空间数据，判断空间事件是否发生，也揭示事件发生的时间。时间约束用时间窗或相邻序列刻画，采用相邻项目集之间的时间间隔约束，可以将序列模式的发现从单层概念扩展到多层概念，自顶向下逐层递进。在数据库变化不大时，渐进式序列规则挖掘能够利用前次结果加速挖掘过程。

空间例外（Spatial Exceptions/Outliers）是大部分空间对象的共性特征之外的偏差或独立点，是与空间数据的一般行为或通用模型不一致的数据特性。例外是异常的表现，如果排除人为的原因，那么异常往往是某种灾变的表现，可作为空间知识。空间例外是关于类比差异的描述，如标准类中的特例、各类边缘外的孤立点、时序关系上单属性值和集合取值的不同、实际观测值和系统预测值间的显著差别等。有的数据挖掘方法把例外看作噪声或异常而丢弃不理，虽然这样剔除可能利于凸显共性，但是有些罕见的空间例外可能比正常出现的空间对象更具有实用价值。例外和噪声的特点相似，均远离数据总体分布，可用处理噪声的方法识别。例如，位移明显很大的滑坡监测点，附近可能发生滑坡，是灾害预报的决定性知识。可以通过数据场的势场、统计实验检测或特征偏差识别发现空间例外。偏差检测是一种启发式挖掘，把使数据序列突然发生大幅度波动的数据认作例外。

2.8.2　空间知识的表示

空间知识的表示是空间数据挖掘中的关键问题。有多种表示方法，常用的有自然语言、语言规则、GIS 关系特征表、谓词逻辑、产生式规则、语义网络、脚本、Petri 网、预测模型、可视化等。在实际空间数据挖掘中，这些方法各有优势和不足，适用于不同情境。例如，广义知识由多个属性历经概念提升获得，用关系表最为直接；分类知识具有因果性，适用产生式规则。对同一知识，一般可以用多种方法表示，它们也可以相互转换。合理的表达思想是，赋有测度的多层次"空间规则＋空间例外"。

1．自然语言

在空间数据挖掘中，最好的知识表达方式应该是自然语言，自然语言比数学语言更明确、更直接、更容易理解。用语言方法把握量的规定性，符合人类的认识规律，比精确数学表达更真实、更具备普适性。要求发现的知识越抽象，准确性要求越低，越是如此。

在知识表示中引入语言方法，是对思维和感知中不精确性的普遍承认。在定量基础上的定性归纳，能深刻地反映事物的本质，能用较少的代价传递足够的信息，对复杂事物做出高效率的判断和推理。但是，怎样反映自然语言中定性概念和定量数据之间的不确定性？怎样用自然语言描述定性知识？云模型就是这样一种定性和定量之间的不确定性转换模型，可作为知识表示的基础。例如，用云模型表示的语言值来表达定性概念，与传统的知识表示方法结合，弥补这些方法在定性知识表示方面的不足。

2．空间知识的测度

空间知识的测度衡量空间数据挖掘的确定性或可信性，反映空间数据支持空间知识的置信水平，可以指导或限制空间数据挖掘的过程，因为并非所有被发现的模式都有意义或有趣，只有测度超过阈值的空间模式才被接受为空间知识。空间知识的测度主要有支持度（Support）、置信度（Confidence）、期望置信度（Expected Confidence）、作用度（Lift）和兴趣度（Interestingness）等。这里以空间关联规则为例，分别说明。

给定挖掘任务，设 D（Data）是与挖掘任务相关的数据集合，T（Transaction）是 D 中的事务子集（$T \subseteq D$），每个事务有一个标识符 TID。$I=\{i_1, i_2, \cdots, i_n\}$ 是项（Item）的集合（$I \subseteq T$）。

若有项集 A，B（$A \subseteq I$，$B \subseteq I$），则关联规则 $A \Rightarrow B$ 可表示为

$$\{(A_1 \wedge A_2 \wedge \cdots \wedge A_m) \Rightarrow (B_1 \wedge B_2 \wedge \cdots \wedge B_n)\} \mid ([s], [c], [ec], [l], [i])$$

其中，A_1，A_2，$\cdots$，A_m 和 B_1，B_2，$\cdots$，B_n 是空间谓词的集合；$[\cdots]$ 表示可选的测度；$[s]$、$[c]$、$[ec]$、$[l]$、$[i]$ 分别表示支持度、置信度、期望置信度、作用度、兴趣度。

（1）支持度

支持度描述项集 A 和项集 B 的并集 $A \cup B$ 出现的概率，是包含 $A \cup B$ 的事务的概率 $P(A \cup B)$，即 Support$(A \Rightarrow B) = P(A \cup B)$。

支持度衡量关联规则的重要性，说明在所有事务中代表性的大小，支持度越大，表示越重要。

（2）置信度

置信度描述项集 A 和项集 B 的交集 $A \cap B$ 出现的概率，即在包含项集 A 的事务中，项集 B 同时出现的条件概率 $P(B|A)$，即 Confidence$(A \Rightarrow B) = P(B|A)$。

置信度衡量关联规则的准确度，有些关联规则的置信度虽然很高，但是支持度很小，说明该关联规则出现的机会很小，实用价值不大。

（3）期望置信度

期望置信度描述在没有任何条件影响下，含有项集 B 的事务在所有事务中出现的概率 $P(B)$，即 ExpectedConfidence$(B) = P(B)$。

（4）作用度

作用度描述项集 A 的出现对项集 B 的出现的影响程度，是置信度与期望置信度的比值，即 Lift$(B|A) = $ Confidence$(A \Rightarrow B) / $ ExpectedConfidence(B)。

作用度越大，说明项集 A 对项集 B 的影响越大，即 A 的出现对 B 的出现有促进作用，表示它们之间具有某种程度的相关性。一般地，有用的关联规则的作用度大于 1，说明置信度大于期望置信度：如果作用度不大于 1，那么该关联规则可能没有意义。

（5）兴趣度

兴趣度描述规则意义的有趣程度。可用支持度和置信度反映规则的有趣度，分别定义一个最小支持度阈值 min_sup 和最小置信度阈值 min_conf，把同时大于 min_sup 和 min_conf 的规则称为有趣的规则，或强规则。阈值一般取经验值，也可以统计得到。合适的阈值，则需要根据具体的情况设定。

在关联规则挖掘中，根据关联规则的定义，任意两个项集之间都存在关联规

则，如果不考虑关联规则的属性值的大小，那么在数据集 D 中可能发现很多规则，但是并不是所有的规则都是有趣的，必须选择恰当的阈值 min_sup、min_conf。如果取值过小，则会发现大量无用的规则，不但影响执行效率、浪费系统资源，而且可能把主要目标淹没；若取值过大，则可能得不到规则，或得到的规则过少，可能会过滤掉想要的有意义规则。

3．空间规则+空间例外

空间数据挖掘是从宏观层的"空间规则+空间例外"到中观层的"空间规则+空间例外"，再到微观层的"空间规则+空间例外"的认识和发现过程。空间知识的实质是揭示不同层次的"空间规则+空间例外"，即"规则性知识"+"非规则性知识"。这些不同层次的空间知识，各有各的用途。不仅在空间分析中识别数据库记录间的联系，为数据库产生摘要，形成预报和分类模型，支撑空间信息专家系统或空间决策支持系统，还支持遥感图像解译中同谱异物、同物异谱现象的约束、辅助和引导，减少分类识别的疑义，提高解译的可靠性、精度和速度。例如，道路和城镇相连、河流和道路的交叉处为桥梁、草地和森林经常同时出现等规则，可以依据规则赋予不同类别的不同权重，提高图像分类的精度和更新空间数据库。

2.9　空间知识表示实例

探索新的技术与方法，更精确、更多地从数据中获取所需的专题信息，一直是空间信息处理亟待解决的关键技术。但空间信息知识的处理需要大量的地学知识参与，从而加大了其知识获取、知识维护及知识匹配推理等一系列问题操作和实现的复杂性。

2.9.1　面向对象的空间知识表示

采用面向对象的方法表示空间信息中的各种地学知识，是因为面向对象的方法用对象表示客观世界模型，这种表示自然，符合表示的语义，使知识处理效率较高。例如，在遥感图像分类提取中，将所要分的各种地物类别表示为对象类，其中的对象就是具体的地物类别，如水域、居民地、交通用地等。面向对象分类方法考虑了遥感影像像元间的基本要素、空间布局及生物学规律，全面、丰富、可靠，而基于像元的分类方法依据的特征只停留在基本要素层，非常有限。在遥感影像中，地物的特征主要为光谱、形状、纹理及上下文联系等特征。地物特征分类如表 2-2 所示。

表 2-2 地物特征分类

特征类别	内涵	
光谱特征	均值、亮度、标准差、比率等	
形状特征	几何	几何特征包括面积、周长、光滑度、紧致度等
	线性、位置	
线性特征	长度、宽度、长宽比	
位置特征	对象中心点坐标，对象最大、最小坐标等	
纹理特征	均值、方差、灰度共生矩阵等	
类相关特征	影像对象与相邻影响对象间的相互依存关系	

面向对象分类方法充分运用分析遥感影像包含的所有信息，包括光谱、空间、极化、时间等特征信息，研究中基于这些特征分辨各类别和物体，这些特征体现了地物之间相互的关系、变化等。阎守邕等把空间信息的地物特征用金字塔进行表示，从顶向底排列，从基本特征色调、颜色开始，到中间空间特征大小、形状、纹理等，底层表示位置、空间关系等动态变化过程，其分布如图 2-6 所示。

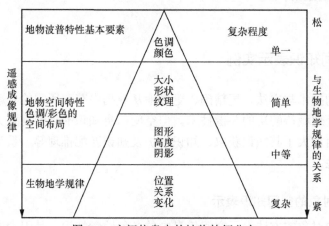

图 2-6 空间信息中的地物特征分布

对象的各种地理学辅助知识主要有纹理、植被指标、高程、坡度、原土地利用类型、邻类、面积、周长、形状指数等，将其用面向对象方法表示，结构如下。

```
Struct Object
{
    CString    Name; //类别
Float      Texture; //纹理分维值
int        Height; //高程
```

```
float      Slope;  //坡度
float      GraMass;  //植被指数
float      Perimeter;  //周长
float      Area;  //面积
float      ShapeIndex;  //形状指数
CString   Neighbor;  //邻类
CString   Landuse;  //土地利用
}
```

2.9.2　基于知识图谱的地质灾害自动问答系统

我国是地质灾害多发的国家，尤其是西部和南部地区，除了地震这种能够造成毁灭性后果的灾害之外，也频发会造成人员伤亡的重力型或降雨型滑坡或其他灾害。在地质环境比较脆弱的川西地区，很容易爆发泥石流或山体滑坡等灾害，住在沟口的人们甚至晚上不敢睡觉，虽然我国已经拥有一套较为完善的预警系统，并且会对不稳定斜坡、危岩体等做灾害评测、勘察和监测等措施，但却没有此领域的问答系统，使用户获取信息的成本较高。基于知识图谱的地质灾害自动问答系统是将网络文本中的信息构建成实体关系三元组"头实体-关系-尾实体"的形式，这种表现形式能够表示文本的核心内容，用这些三元组作为问答系统知识库里面的核心数据，并利用图数据库存储三元组数据，将三元组转换为知识图谱的模式，而前端界面为用户提供搜索服务，即用户在搜索框内输入问题，系统将输入的问题转化为实体关系模式，通过实体关系信息生成查询语句，进而根据此语句在知识图谱中寻找相匹配的答案作为输出呈现给用户，以此对自动问答系统进行可视化展示。此系统的设计旨在提高用户获取地质灾害信息的效率、提高问答系统的人机交互能力，减少用户对于地质灾害信息的获取成本，并以更加专业形象的可视化方法将答案呈现给用户。

1.　系统整体设计

根据地质灾害自动问答系统的应用场景和需求分析，拟采用 B/S 架构系统进行系统搭建，其中服务器端主要负责各个功能模块的实现以及数据存储与交互，浏览器端主要负责用户的输入以及可视化部分，整个系统的业务流程如图 2-7 所示。将系统分为数据交互模块、问答匹配模块和数据存储模块，用户通过浏览器端的数据交互模块将数据发送给服务器端，服务器端将数据输入问答匹配模块，经此模块计算后得到返回结果，并反馈给浏览器端做可视化输出。

数据交互模块主要负责将用户输入的数据和相关操作请求发送给服务器端处理，服务器端处理完上传的数据之后数据交互模块将会把处理结果返回给用户并做可视化呈现。

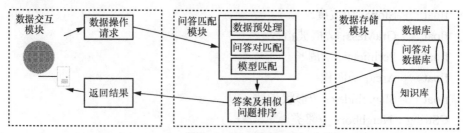

图 2-7　业务流程

问答匹配模块主要包含两个模块：一是处理数据并与数据库进行匹配；二是将匹配结果排序并返回给数据交互模块。第一个模块主要是对数据做分词、词性标注等预处理，之后经过问答对匹配方法进行问题的检索匹配。在经过第一个模块与数据库的匹配计算之后，会得到储备答案以及相似问题的返回结果，选择数据库中与之最相似的问题答案作为答案返回，并按照问题相似度的大小选择相似度较高的几个问题作为相似问题返回。

数据存储模块主要负责帮助问答匹配模块进行问答对和模型匹配等功能，并能够将匹配结果返回给问答匹配模块。数据存储模块中存储的数据包括用于问答对匹配的问答对数据库和用于模型匹配的三元组图数据库，也就是知识库。这两部分数据组成问答系统的数据库。

2．数据交互模块

数据交互模块主要负责对用户输入问题进行答案搜索这一功能模块界面，在用户输入想要搜索的问题并提交后，以文本形式上传用户搜索的自然语句，同时在服务器端检测用户输入是否过于简单模糊，若输入过于简单模糊且数据库中没有相关内容，则会返回提示用户输入详细问题的信息，若用户输入问题有效，则会通过后端服务器的问答匹配模块和数据存储模块得到用户所需答案和相似问题列表，设置返回相似问题数量为 5，最后将结果通过服务器端相应用户请求，在数据交互模块可视化地呈现给用户。

3．问答匹配模块

地质灾害自动问答系统的问答匹配模块主要由数据预处理模块、问答对匹配模块和模型匹配模块三部分组成。其中，数据预处理模块对用户输入的问题进行初步分词并转换为词向量与句向量，再根据问答对匹配模块的结果选择是否进一步对问句进行模型匹配，具体工作流程如图 2-8 所示。当用户输入问句时，具体的处理步骤如下。

第一步：对问句进行预处理，包括中文分词、词性标注、命名实体识别、依存句法分析等 NLP 处理过程以及转化词向量与句向量等向量化处理过程。

第二步：将预处理过的句子输入问答对匹配模块，此模块会与问答对数据库中固有的问题进行匹配，若输入问句能够在问答对数据库中匹配到相似问题，则将与输入问句相似度最高的问题所对应的答案作为返回，并根据句向量计算出与输入问句相似度较高的其他 5 个关联问句作为关联问题返回给用户参考。若输入问句过于简单模糊，如只输入某个词语，那么此模块将会计算含有这个词语的问句模板，并计算与之相似度较高的关联问句作为进一步询问用户意图的答案返回。

第三步：若用户输入的问句清晰明了但问答对数据库中不包含此模板，那么系统将会进入地理关系匹配模块，此模块的运作不再是对问答对进行匹配，而会对问句进行分析理解，包括句子的实体、关系和语义信息等多种知识，通过提取问句中的实体与关系得到句子的关键信息，再将实体和关系与知识库中的节点相匹配，系统以匹配到的实体为中心向外扩展，根据关系选择扩展之后的信息作为答案返回，并将其他扩展信息作为关联问句返回。若用户输入的问句中没有知识库中的实体，则返回提示用户无法找到问题答案的信息。

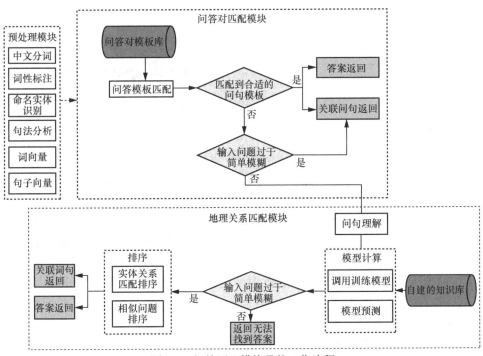

图 2-8　问答匹配模块具体工作流程

4．数据存储模块

数据存储模块包含 MongoDB 数据库和 Neo4j 数据库，前者是一个基于分布式文件存储的开源数据库系统，操作简单明了，主要用于存储问答对模板，即存储非结构化文本数据；而后者是一个图数据库，以图的节点和边的方式来存储数据，是存储知识图谱最常用的一种数据库，所以系统用 Neo4j 来存储实体关系三元组，即系统中的知识库，以用户输入汶川地震问题为例，具体存储样式如图 2-9 所示。

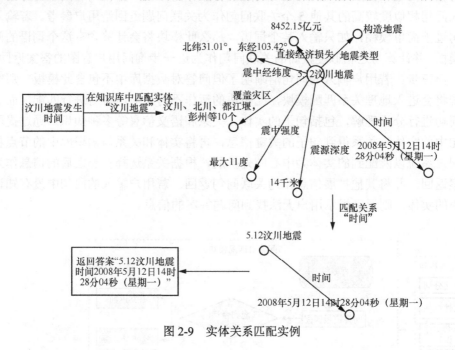

图 2-9　实体关系匹配实例

5. 系统功能

地质灾害自动问答系统功能就是对用户提出的地质灾害性问题进行回答，根据用户输入的自然语言问句按照问答对模板匹配或者知识库匹配得到用户需要的答案，用户在输入问题后单击搜索按钮，系统将会以文本方式返回结果，通过此种形式的问答，用户不仅可以得到当前想了解的问题的答案，还可以看到用户搜索问题的相似问题，增强用户的求知欲，从而引导用户更深入地了解情况，提高了系统应用的深度和广度。

（1）正常返回答案与相似问题页面示例如图 2-10 所示，用户输入的问题经过问答匹配模块后得到正确答案与 5 个相似问题，并可视化展示了返回结果。系统主界面搜索框右方是一个知识图谱，用户可以根据各个节点与线了解它们之间的关系，此图谱是 Neo4j 数据库的可视化展示，搜索框的下方是用户的搜索历史。

（2）进一步询问用户意图页面示例如图 2-11 所示。当用户输入的问题过于简单模糊，系统无法从用户输入的信息中获取到用户想要知道的问题答案，系统将会根据用户的输入，通过返回与用户输入有关的问题来进一步询问用户意图，从而根据更详细的用户意图返回用户所需要的答案。

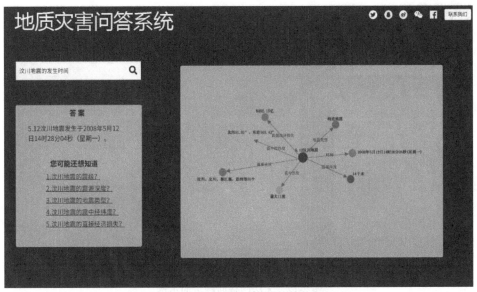

图 2-10　正常返回答案与相似问题页面示例

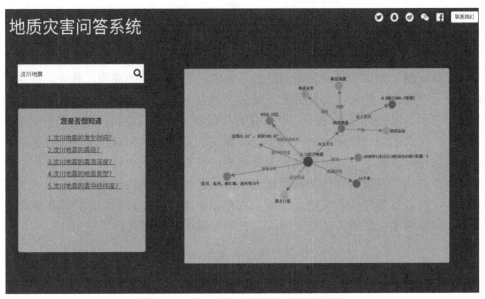

图 2-11　进一步询问用户意图页面示例

（3）无法回答问题页面。由于设计的系统是专业领域的自动问答系统，当用户输入其他无关的问题时，系统可能得不到用户想要的答案，将会出现如图 2-12 所示的页面，提示用户系统无法回答此问题，建议用户输入本问答系统所涉及的领域。

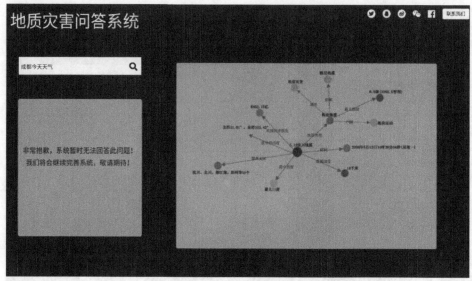

图 2-12　无法回答问题页面示例

2.10　小结

本章介绍了知识的传统表示方法及在空间信息表示中的应用。首先，介绍了知识表示的概念；然后，着重分析了 4 种经典表示方法（逻辑、产生式表示、面向对象表示、语义网络）。其中，逻辑分为命题逻辑和谓词逻辑；产生式表示是基于一组产生式的知识表示方法，利用前向算法、反向算法和双向算法进行推理；语义网络是一种基于三元组的知识表示模型，其推理方法主要有继承和匹配。此外，本章介绍了目前流行的知识图谱表示方法的体系、架构和关键技术，具体细节读者可以自行参考相关文献。最后，本章以遥感影像特征和知识问答的实例，对面向对象和知识图谱方法在空间信息表示领域中的应用进行了介绍。

第3章

空间知识推理

前面讨论了知识表示方法，即把知识用某种模式表示出来存储到计算机中。为使计算机具有智能，仅仅使计算机拥有知识是不够的，还必须使它具有思维能力，即能运用知识求解问题。推理是求解问题的一种重要方法。因此，推理方法成为人工智能的重要研究课题。目前，人们提出多种可在计算机上实现的推理方式。

知识推理方式主要有：演绎推理、归纳推理和默认推理；确定性推理和不确定性推理；单调推理和非单调推理；正向推理、逆向推理和混合推理等。空间信息处理系统中知识多来自于专家经验、常识及充分挖掘的地理学辅助知识等，而这些知识常常是不十分精确的和不完全的，有些甚至是模糊的，因此，处理方法有许多，代表性的有确定性方法、模糊理论、可信度方法等。

🔍 3.1 推理的基本概念

3.1.1 推理的定义

人们在对各种事物进行分析、综合并最后做出决策时，通常是从已知的事实出发，通过运用已掌握的知识，找出其中蕴含的事实，或归纳出新的事实。这一过程通常称为推理，即从初始证据出发，按某种策略不断运用知识库中的已知知识，逐步推出结论。

在人工智能系统中，推理是由程序实现的，称为推理机。已知事实和知识是构成推理的两个基本要素。已知事实又称为证据，用以指出推理的出发点及推理时应该使用的知识；而知识是使推理得以向前推进，并逐步达到最终目标的依据。例如，在医疗诊断专家系统中，专家的经验及医学常识以某种表示形式存储在知识库中。为病人诊治疾病时，推理机就是从存储在综合数据库中的病人症状及化验结果等初始证据出发，按某种搜索策略在知识库中搜寻可与之匹配的知识，推出某些中间结论，再以这些中间结论为证据，在知识库中搜索与之匹配的知识，推出进一步的中间结论，如此反复进行，直到最终推出结论，即病人的病因与治疗方案。

3.1.2 推理方式及其分类

人类的智能活动有多种思维方式。人工智能作为对人类智能的模拟，相应地也有多种推理方式。下面分别从不同的角度对它们进行分类。

1. 演绎推理、归纳推理和默认推理

从推出结论的途径来划分，推理可分为演绎推理（Deductive Reasoning）、归纳推理（Inductive Reasoning）和默认推理。

演绎推理是从全称判断推导出单称判断的过程，即从一般性知识推出适合于某一具体情况的结论，这是一种从一般到个别的推理。

演绎推理是人工智能中一种重要的推理方式。许多智能系统中采用了演绎推理。演绎推理有多种形式，经常用的是三段论式，包括以下几项。

① 大前提：已知的一般性知识或假设。

② 小前提：关于所研究的具体情况或个别事实的判断。

③ 结论：由大前提推出的适合于小前提所示情况的新判断。

下面是一个三段论式推理的例子。

① 大前提：足球运动员的身体都是强壮的。

② 小前提：高波是一名足球运动员。

③ 结论：高波的身体是强壮的。

归纳推理是从足够多的事例中归纳出一般性结论的推理过程，是一种从个别到一般的推理。

若从归纳时所选事例的广泛性来划分，归纳推理可分为完全归纳推理和不完全归纳推理两种。

完全归纳推理是指在进行归纳时考察了相应事物的全部对象，并根据这些对象是否都具有某种属性，从而推出这个事物是否具有这个属性。例如，某厂进行产品质量检查，如果对每一件产品都进行了严格检查，并且都是合格的，则推导出结论"该厂生产的产品是合格的"。不完全归纳推理是指考察了相应事物的部分对象，就得出了结论。例如，检查产品质量时，只是随机地抽查了部分产品，只要它们都合格，就得出了"该厂生产的产品是合格的"的结论。

不完全归纳推理推出的结论不具有必然性，属于非必然性推理，而完全归纳推理是必然性推理。由于要考察事物的所有对象通常比较困难，因而大多数归纳推理是不完全归纳推理。归纳推理是人类思维活动中最基本、最常用的一种推理形式。人们在由个别到一般的思维过程中经常要用到它。

默认推理又称为缺省推理（Default Reasoning），是在知识不完全的情况下假设某些条件已经具备所进行的推理。

　　例如，在条件 A 已成立的情况下，如果没有足够的证据能证明条件 B 不成立，则默认 B 是成立的，并在此默认的前提下进行推理，推导出某个结论。例如，要设计一种鸟笼，但不知道要放的鸟是否会飞，则默认这只鸟会飞，因此，推出这个鸟笼要有盖子的结论。

　　这种推理允许默认某些条件是成立的，所以在知识不完全的情况下也能进行。在默认推理的过程中，如果到某一时刻发现原先所做的默认不正确，则要撤销所做的默认以及由此默认推出的所有结论，重新按新情况进行推理。

2. 确定性推理、不确定性推理

　　按推理时所用知识的确定性来划分，推理可分为确定性推理与不确定性推理。

　　确定性推理是指推理时所用的知识与证据都是确定的，推出的结论也是确定的，其真值或者为真或者为假，没有第三种情况出现。

　　本章将讨论的经典逻辑推理就属于这一类。经典逻辑推理是最先提出的一类推理方法，是根据经典逻辑（命题逻辑及一阶谓词逻辑）的逻辑规则进行的一种推理，主要有自然演绎推理、归结演绎推理及与或形演绎推理等。这种推理是基于经典逻辑的，其真值只有"真"和"假"两种，因此它是一种确定性推理。

　　不确定性推理是指推理时所用的知识与证据不都是确定的，推出的结论也是不确定的。

　　现实世界中的事物和现象大多是不确定的，或者模糊的，很难用精确的数学模型来表示与处理。不确定性推理又分为似然推理与近似推理或模糊推理，前者是基于概率论的推理，后者是基于模糊逻辑的推理。人们经常在知识不完全、不精确的情况下进行推理，因此，要使计算机能模拟人类的思维活动，就必须使它具有不确定性推理的能力。

3. 单调推理、非单调推理

　　按推理过程中推出的结论是否越来越接近最终目标来划分，推理分为单调推理与非单调推理。

　　单调推理是在推理过程中随着推理向前推进及新知识的加入，推出的结论越来越接近最终目标。单调推理的推理过程中不会出现反复的情况，即不会由于新知识的加入而否定前面推出的结论，从而使推理退回到前面的某一步。本章将要介绍的基于经典逻辑的演绎推理属于单调性推理。

　　非单调推理是在推理过程中由于新知识的加入，不仅没有加强已推出的结论，反而要否定它，使推理退回到前面的某一步，然后重新开始。非单调推理一般是在知识不完全的情况下发生的。由于知识不完全，为使推理进行下去，要先做某些假设，并在假设的基础上进行推理。当之后由于新知识的加入发现原先的假设不正确时，就需要推翻该假设以及由此假设推出的所有结论，再用新知识重新进行推理。显然，默认推理是一种非单调推理。

在人们的日常生活及社会实践中，很多情况下进行的推理是非单调推理。

4. 启发式推理、非启发式推理

按推理中是否运用与推理有关的启发性知识来划分，推理可分为启发式推理（Heuristic Inference）与非启发式推理。

如果推理过程中运用与推理有关的启发性知识，则称为启发式推理，否则称为非启发式推理。

启发性知识是指与问题有关且能加快推理过程、求得问题最优解的知识。例如，推理的目标是在脑膜炎、肺炎、流感这 3 种疾病中选择一个，又设有 r_1、r_2、r_3 这三条产生式规则可供使用，其中 r_1 推出的是脑膜炎，r_2 推出的是肺炎，r_3 推出的是流感。如果希望尽早地排除脑膜炎这一危险疾病，应该先选用 r_1；如果本地区目前正在盛行流感，则应考虑首先选择 r_3。这里，"脑膜炎危险"及"目前正在盛行流感"是与问题求解有关的启发性信息。

3.1.3　推理方向

推理过程是求解问题的过程。问题求解的质量与效率不仅依赖于所采用的求解方法（如匹配方法、不确定性的传递算法等），而且依赖于求解问题的策略，即推理的控制策略。推理的控制策略主要包括推理方向、搜索策略、冲突消解策略、求解策略及限制策略等。推理方向分为正向推理、逆向推理、混合推理及双向推理 4 种。

1. 正向推理

正向推理是以已知事实作为出发点的一种推理。正向推理的基本思想：从用户提供的初始已知事实出发，在知识库（KB）中找出当前可适用的知识，构成可适用知识集（KS），然后按某种冲突消解策略从 KS 中选出一条知识进行推理，并将推出的新事实加入数据库中作为下一步推理的已知事实，再在知识库中选取可适用知识进行推理，如此重复这一过程，直到求得问题的解或者知识库中再无可适用的知识为止。

正向推理的推理过程可用如下算法描述。

Step 1　将用户提供的初始已知事实送入数据库（DB）。

Step 2　检查数据库（DB）是否已经包含问题的解，若有，则求解结束，并成功退出；否则，执行下一步。

Step 3　根据数据库（DB）中的已知事实，扫描知识库（KB），检查 KB 中是否有可适用（即可与 DB 中已知事实匹配）的知识，若有，则转向 Step 4，否则转向 Step 6。

Step 4　把 KB 中所有的适用知识都选出来，构成可适用知识集（KS）。

Step 5　若 KS 不空，则按某种冲突消解策略从中选出一条知识进行推理，并将推出的新事实加入 DB 中，然后转向 Step 2；若 KS 空，则转向 Step 6。

Step 6　询问用户是否可进一步补充新的事实，若可补充，则将补充的新事实加入 DB 中，然后转向 Step 3；否则表示求不出解，失败退出。

正向推理示意如图 3-1 所示。

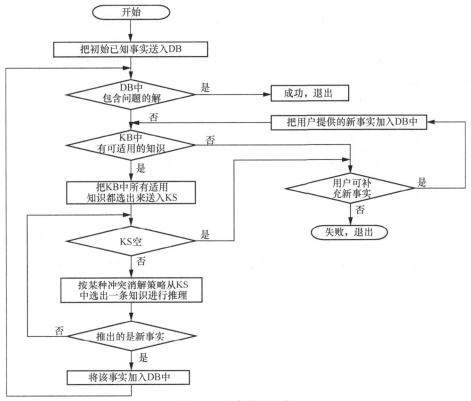

图 3-1　正向推理示意

为了实现正向推理，有许多具体问题需要解决。例如，要从知识库中选出可适用的知识，就要用知识库中的知识与数据库中已知事实进行匹配，为此就需要确定匹配的方法。匹配通常难以做到完全一致，因此还需要解决怎样才算是匹配成功的问题。

2. 逆向推理

逆向推理是以某个假设目标作为出发点的一种推理。逆向推理的基本思想是：首先选定一个假设目标，然后寻找支持该假设的证据，若所需的证据都能找到，则说明原假设是成立的；若无论如何都找不到所需要的证据，则说明原假设是不成立的，需要另做新的假设。

逆向推理过程可用如下算法描述。

Step 1 提出要求证的目标（假设）。

Step 2 检查该目标是否已在数据库中，若在，则该目标成立，退出推理或者对下一个假设目标进行验证；否则，转下一步。

Step 3 判断该目标是否是证据，即它是否为应由用户证实的原始事实，若是，则询问用户；否则，转下一步。

Step 4 在知识库中找出所有能导出该目标的知识，形成适用的知识集（KS），然后转下一步。

Step 5 从 KS 中选出一条知识，并将该知识的运用条件作为新的假设目标，然后转 Step 2。

逆向推理示意如图 3-2 所示。

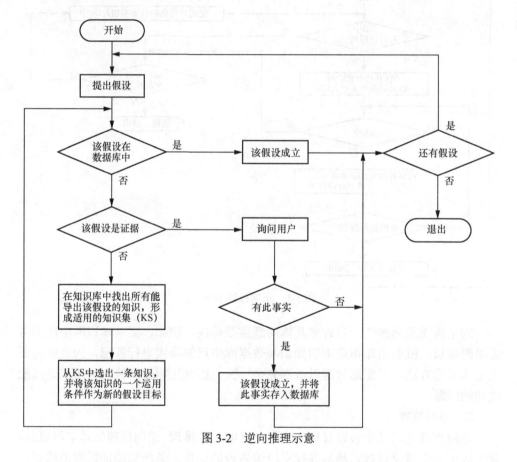

图 3-2　逆向推理示意

与正向推理相比，逆向推理更复杂一些，上述算法只是描述了它的大致过程，许多细节没有反映出来。例如，如何判断一个假设是否是证据？当导出假设的知识有多条时，如何确定先选哪一条？另外，一条知识的运用条件一般有多个，当其中的一个经过验证成立后，如何自动地对另一个运用条件验证？在验证一个运用条件时，需要把它当作新的假设，并查找可导出该假设的知识，这样就会产生一组新的运用条件，形成一个树状结构，当到达叶节点（即数据库中有相应的事实或者用户可肯定相应事实存在等）时，又需逐层向上返回，返回过程中有可能又要下到下一层，这样上上下下重复多次，才会导出原假设是否成立的结论。这是一个比较复杂的推理过程。

逆向推理的主要优点是不必使用与目标无关的知识，目的性强，同时有利于向用户提供解释。它的主要缺点是起始目标的选择有盲目性，若不符合实际，就要多次提出假设，影响系统的效率。

3. 混合推理

正向推理具有盲目、效率低等缺点，推理过程中可能会推出许多与问题无关的子目标。逆向推理中，若提出的假设目标不符合实际，则会降低系统的效率。为解决这些问题，可把正向推理与逆向推理结合起来，使其各自发挥自己的优势，取长补短。这种既有正向又有逆向的推理称为混合推理。在下述几种情况下，通常需要进行混合推理。

（1）已知的事实不充分

当数据库中的已知事实不够充分时，若用这些事实与知识的运用条件相匹配进行正向推理，可能一条适用知识也选不出来，这就使推理无法进行。此时，可通过正向推理先把其运用条件不能完全匹配的知识找出来，并把这些知识可导出的结论作为假设，再分别对这些假设进行逆向推理。在逆向推理中可以向用户询问有关证据，这就使推理有可能进行下去。

（2）正向推理推出的结论可信度不高

用正向推理进行推理时，虽然推出了结论，但可信度可能不高，达不到预定的要求。为了得到一个可信度符合要求的结论，可用这些结论作为假设，进行逆向推理，通过向用户询问进一步的信息，有可能得到一个可信度较高的结论。

（3）希望得到更多的结论

在逆向推理过程中，要与用户进行对话，有针对性地向用户提出询问，这就有可能获得一些原来未掌握的有用信息。这些信息不仅可用于证实要证明的假设，还有助于推出其他结论，因此，在用逆向推理证实某个假设之后，可以再用正向推理推出另外一些结论。例如，在医疗诊断系统中，先用逆向推理证实某病人患有某种病，再利用逆向推理过程中获得的信息进行正向推理，就有可能推出该病人还患有什么其他病。

由以上讨论可以看出，混合推理分为两种情况：一种情况是先进行正向推理，帮助选择某个目标，即从已知事实演绎出部分结果，再用逆向推理证实该目标或提高其可信度；另一种情况是先假设一个目标进行逆向推理，再利用逆向推理中得到的信息进行正向推理，以推出更多的结论。

先正向后逆向混合推理过程如图 3-3 所示。

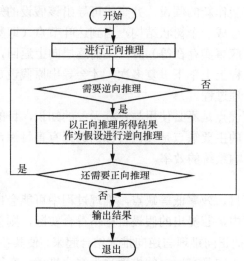

图 3-3　先正向后逆向混合推理过程

先逆向后正向混合推理过程如图 3-4 所示。

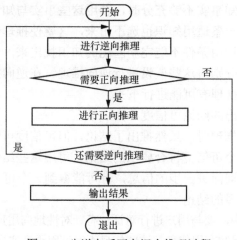

图 3-4　先逆向后正向混合推理过程

4. 双向推理

在定理的机器证明等问题中，经常采用双向推理。双向推理是指正向推理与逆向推理同时进行，且在推理过程中的某一步骤上"碰头"的一种推理，其基本思想是：一方面根据已知事实进行正向推理，但并不推至最终目标；另一方面从某假设目标出发进行逆向推理，但并不推至原始事实，而是让它们在中途相遇，即由正向推理所得到的中间结论恰好是逆向推理此时所要求的证据，这时推理结束，逆向推理时所做的假设就是推理的最终结论。

双向推理的困难在于"碰头"判断。另外，如何权衡正向推理与逆向推理的比重，即如何确定"碰头"的时机也是一个困难问题。

3.1.4 冲突消解策略

在推理过程中，系统要不断地用当前已知的事实与知识库中的知识进行匹配，此时，可能发生如下 3 种情况。

① 已知事实恰好只与知识库中的一个知识匹配成功。

② 已知事实不能与知识库中的任何知识匹配成功。

③ 已知事实可与知识库中的多个知识匹配成功；或者多个（组）已知事实都可与知识库中的某一个知识匹配成功；或者有多个（组）已知事实可与知识库中的多个知识匹配成功。

这里，已知事实与知识库中的知识匹配成功的含义，对正向推理而言，是指产生式规则的前件和已知事实匹配成功；对逆向推理而言，是指产生式规则的后件和假设匹配成功。

对于第一种情况，匹配成功的知识只有一个，所以它就是可应用的知识，可直接把它应用于当前的推理。

当第二种情况发生时，由于找不到可与当前已知事实匹配成功的知识，推理无法继续进行下去。这或者是由于知识库中缺少某些必要的知识，或者是由于要求解的问题超出了系统功能范围等，此时可根据当前的实际情况做相应的处理。

第三种情况与第二种情况相反，推理过程中不仅有知识匹配成功，而且有多个知识匹配成功，称为发生了冲突。按一定的策略从匹配成功的多个知识中挑出一个知识用于当前推理的过程称为冲突消解（Conflict of Resolution）。解决冲突时所用的策略称为冲突消解策略。对正向推理而言，它将决定选择哪一组已知事实来激活哪一条产生式规则，使它用于当前推理，产生其后件指出的结论或执行相应的操作。对逆向推理而言，它将决定哪一个假设与哪一个产生式规则的后件进行匹配，从而推出相应的前件，作为新的假设。目前已有多种消解冲突的策略，其基本思想是对知识进行排序，常用的有以下几种。

1. 按针对性排序

本策略是优先选用针对性较强的产生式规则。如果 r_2 中除了包括 r_1 要求的全部条件外，还包括其他条件，则称 r_2 比 r_1 有更大的针对性，r_1 比 r_2 有更大的通用性。因此，当 r_2 与 r_1 发生冲突时，优先选用 r_2。因为它要求的条件较多，其结论更接近于目标，一旦得到满足，可缩短推理过程。

2. 按已知事实的新鲜性排序

在产生式系统的推理过程中，每应用一条产生式规则，就会得到一个或多个结论或者执行某个操作，数据库就会增加新的事实。另外，在推理时会向用户询问有关的信息，也使数据库的内容发生变化。一般把数据库中后生成的事实称为新鲜的事实，即后生成的事实比先生成的事实具有更大的新鲜性。若一条规则被应用后生成了多个结论，则既可以认为这些结论有相同的新鲜性，也可以认为排在前面（或后面）的结论有较大的新鲜性，根据情况决定。设规则 r_1 可与事实组 A 匹配成功，规则 r_2 可与事实组 B 匹配成功，则 A 与 B 中哪一组新鲜，与它匹配的产生式规则就先被应用。

如何衡量 A 与 B 中哪一组事实更新鲜？常用的方法有以下 3 种。

① 与 B 中的事实逐个比较其新鲜性，若 A 中包含的更新鲜的事实比 B 多，就认为 A 比 B 新鲜。例如，设 A 与 B 中各有 5 个事实，而 A 中有 3 个事实比 B 中的事实更新鲜，则认为 A 比 B 新鲜。

② 以 A 中最新鲜的事实与 B 中最新鲜的事实相比较，哪一个更新鲜，就认为相应的事实组更新鲜。

③ 以 A 中最不新鲜的事实与 B 中最不新鲜的事实相比较，哪一个更不新鲜，就认为相应的事实组有较小的新鲜性。

3．按匹配度排序

在不确定性推理中，需要计算已知事实与知识的匹配度，当其匹配度达到某个预先规定的值时，就认为它们是可匹配的。若产生式规则 r_1 与 r_2 都可匹配成功，则优先选用匹配度较大的产生式规则。

4．按条件个数排序

如果有多条产生式规则生成的结论相同，则优先应用条件少的产生式规则，因为条件少的规则匹配时花费的时间少。

在具体应用时，可对上述几种策略进行组合，尽量减少冲突的发生，使推理有较快的速度和较高的效率。

🔍 3.2　自然演绎推理

从一组已知为真的事实出发，直接运用经典逻辑的推理规则推出结论的过程称为自然演绎推理。其中，基本的推理是 P 规则、T 规则、假言推理、拒取式推理等。

假言推理的一般形式是

$$P, P \to Q \Rightarrow Q$$

它表示：由 $P \to Q$ 为真及 P 为真，可推出 Q 为真。

例如，由"如果 x 是金属，则 x 能导电"及"铜是金属"可推出"铜能导电"的结论。

拒取式推理的一般形式是

$$P \rightarrow Q, \neg Q \Rightarrow \neg P$$

它表示：由 $P \rightarrow Q$ 为真及 Q 为假，可推出 P 为假。

例如，由"如果下雨，则地上就湿"及"地上不湿"可推出"没有下雨"的结论。

这里，注意避免如下两类错误：一种是肯定后件（Q）的错误，另一种是否定前件（P）的错误。

肯定后件是指，当 $P \rightarrow Q$ 为真时，希望通过肯定后件 Q 为真来推出前件 P 为真，这是不允许的。

否定前件是指，当 $P \rightarrow Q$ 为真时，希望通过否定前件 P 来推出后件 Q 为假，这也是不允许的。

事实上，只要仔细分析蕴含 $P \rightarrow Q$ 的定义，就会发现当 $P \rightarrow Q$ 为真时，肯定后件或否定前件所得的结论既可能为真，也可能为假，不能确定。

下面举例说明自然演绎推理方法。

例 3.1　设已知如下事实：

① 凡是容易的课程小王（Wang）都喜欢；

② C 班的课程都是容易的；

③ ds 是 C 班的一门课程。

求证：小王喜欢 ds 这门课程。

证明　首先定义谓词。

EASY(x)：x 是容易的。

LIKE(y,x)：y 喜欢 x。

$C(x)$：x 是 C 班的一门课程。

把上述已知事实及待求证的问题用谓词公式表示出来。

$(\forall x)(\text{EASY}(x) \rightarrow \text{LIKE}(\text{Wang}, x))$　　　凡是容易的课程小王都是喜欢的。

$(\forall x)(C(x) \rightarrow \text{EASY}(x))$　　　　　　　　C 班的课程都是容易的。

$C(\text{ds})$　　　　　　　　　　　　　　ds 是 C 班的课程。

LIKE(Wang, ds)　　　　　　　　　小王喜欢 ds 这门课程，这是待求证的问题。

应用推理规则进行如下推理。

因为

$$(\forall x)(\text{EASY}(x) \rightarrow \text{LIKE}(\text{Wang}, x))$$

所以由全称固化得

$$\text{EASY}(z) \rightarrow \text{LIKE}(\text{Wang}, z)$$

因为

$$(\forall x)(C(x) \rightarrow \text{EASY}(x))$$

所以由全称固化得

$$C(y) \rightarrow \text{EASY}(y)$$

由 P 规则及假言推理得

$$C(\text{ds}), C(y) \rightarrow \text{EASY}(y) \Rightarrow \text{EASY}(\text{ds})$$

$$\text{EASY}(\text{ds}), \text{EASY}(z) \rightarrow \text{LIKE}(\text{Wang}, z)$$

由 T 规则及假言推理得

$$\text{LIKE}(\text{Wang}, \text{ds})$$

即小王喜欢 ds 这门课程。

一般来说，由已知事实推出的结论可能有多个，只要其中包括待证明的结论，就认为问题得到了解决。

自然演绎推理的优点是表达定理证明过程自然，容易理解，而且它拥有丰富的推理规则，推理过程灵活，便于在它的推理规则中嵌入领域启发式知识。其缺点是容易产生组合爆炸，推理过程得到的中间结论一般呈指数形式递增，这对于一个大的推理问题来说是十分不利的。

🔍 3.3 鲁宾孙归结原理

3.3.1 基本概念

在谓词逻辑中，有下述定义。

原子（Atom）谓词公式是一个不能再分解的命题。

原子谓词公式及其否定，统称为文字（Literal）。P 称为正文字，¬P 称为负文字。P 与¬P 为互补文字。

任何文字的析取式称为子句（Clause）。任何文字本身也是子句。

由子句构成的集合称为子句集。

不包含任何文字的子句称为空子句，表示为 NIL。

空子句不含有文字，它不能被任何解满足，所以空子句是永假的、不可满足的。

定理 3.1 谓词公式不可满足的充要条件是其子句集不可满足。

由此定理可知，要证明一个谓词公式是不可满足的，证明相应的子句集是不可满足即可。如何证明一个子句集是不可满足的？下面介绍鲁宾孙归结原理（Robinson Resolution Principle）。

3.3.2 归结原理

在谓词逻辑中，任何一个谓词公式都可以通过应用等价关系及推理规则化成相应的子句集，从而能够比较容易地判定谓词公式的不可满足性。谓词公式的不可满足性分析可以转化为子句集中子句的不可满足性分析。为了判定子句集的不可满足性，需要对子句集中的子句进行判定。而为了判定一个子句的不可满足性，需要对个体域上的一切解释逐个地进行判定，只有当子句对任何非空个体域上的任何一个解释都是不可满足的时候，才能判定该子句是不可满足的，这是一个非常困难的工作，要在计算机上实现其证明过程是很困难的。1965 年，鲁宾孙提出了归结原理，使机器定理证明变为现实。

鲁宾孙归结原理又称为消解原理，是鲁宾孙提出的一种证明子句集不可满足性，从而实现定理证明的理论及方法。它是机器定理证明的基础。

由谓词公式转化为子句集的过程可以看出，在子句集中子句之间是合取关系，其中，只要有一个子句不可满足，则子句集不可满足。由于空子句是不可满足的，若一个子句集中包含空子句，则这个子句集一定是不可满足的。鲁宾孙归结原理就是基于这个思想提出来的，其基本方法是：检查子句集 S 中是否包含空子句，若包含，则 S 不可满足；若不包含，则在子句集中选择合适的子句进行归结，一旦通过归结得到空子句，就说明子句集 S 是不可满足的。

下面对命题逻辑及谓词逻辑分别给出归结的定义。

1. 命题逻辑中的归结原理

定义 3.1　设 C_1 与 C_2 是子句集中的任意两个子句，如果 C_1 中的文字 L_1 与 C_2 中的文字 L_2 互补，那么从 C_1 和 C_2 中分别消去 L_1 和 L_2，并将两个子句中余下的部分析取，构成一个新子句 C_{12}，这一过程称为归结。C_{12} 称为 C_1 和 C_2 的归结式，C_1 和 C_2 称为 C_{12} 的亲本子句。

下面举例说明具体的归结方法。

例如，在子句集中取两个子句 $C_1=P$，$C_2=\neg P$，C_1 和 C_2 是互补文字，则通过归结可得归结式 $C_{12}=$NIL，这里 NIL 代表空子句。

又如，设 $C_1=\neg P \vee Q \vee R$，$C_2=\neg Q \vee S$，这里 $L_1=Q$，$L_2=\neg Q$，通过归结可得归结式 $C_{12}=\neg P \vee R \vee S$。

例如，设 $C_1=\neg P \vee Q$，$C_2=\neg Q \vee R$，$C_3=P$，首先对 C_1 和 C_2 进行归结，得到 $C_{12}=\neg P \vee R$，然后用 C_{12} 与 C_3 进行归结，得到 $C_{123}=R$。

首先对 C_1 和 C_3 进行归结，然后把其归结式与 C_2 进行归结，将得到相同的结果。归结过程可用树形图直观地表示出来。上面归结过程的树形表示如图 3-5 所示。

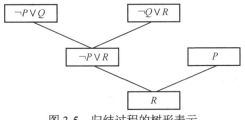

图 3-5　归结过程的树形表示

定理 3.2 归结式 C_{12} 是其亲本子句 C_1 与 C_2 的逻辑结论，即如果 C_1 与 C_2 为真，则 C_{12} 为真。

证明 设 $C_1 = L \wedge C_1'$，$C_2 = \neg L \vee C_2'$，通过归结可以得到 C_1 和 C_2 的归结式 $C_{12} = C_1' \vee C_2'$。

因为

$$C_1' \vee L \Leftrightarrow \neg C_1' \to L$$

$$\neg L \vee C_2' \Leftrightarrow L \to C_2'$$

所以

$$C_1 \wedge C_2 = (\neg C_1' \to L) \wedge (L \to C_2')$$

根据假言三段论得到

$$(\neg C_1' \to L) \wedge (L \to C_2') \Rightarrow \neg C_1' \to C_2'$$

因为

$$\neg C_1' \to C_2' \Leftrightarrow C_1' \vee C_2' = C_{12}$$

所以

$$C_1 \wedge C_2 \Rightarrow C_{12}$$

由逻辑结论的定义，即由 $C_1 \wedge C_2$ 的不可满足性可推出 C_{12} 的不可满足性，可知 C_{12} 是其亲本子句 C_1 和 C_2 的逻辑结论。

（证毕）

这个定理是归结原理中一个很重要的定理，由它可得到如下两个重要的推论。

推论 1 设 C_1 与 C_2 是子句集 S 中的两个子句，C_{12} 是它们的归结式，若用 C_{12} 代替 C_1 和 C_2 后得到新子句集 S_1，则 S_1 不可满足性可推出原子句集 S 的不可满足性，即

$$S_1 \text{ 的不可满足性} \Rightarrow S \text{ 的不可满足性}$$

推论 2 设 C_1 与 C_2 是子句集 S 中的两个子句，C_{12} 是它们的归结式，若把 C_{12} 加入原子句集 S 中，得到新子句集 S_2，则 S 与 S_2 在不可满足的意义上是等价的，即

$$S_2 \text{ 的不可满足性} \Rightarrow S \text{ 的不可满足性}$$

这两个推论说明：为要证明子句集 S 的不可满足性，只要对其中可进行归结的子句进行归结，并把归结式加入子句集 S，或者用归结式替换它的亲本子句，然后对新子句集（S_1 或 S_2）证明不可满足性即可。注意，空子句是不可满足的，如果经过归结能得到空子句，则立即可得到原子句集 S 是不可满足的结论。这就是用归结原理证明子句集不可满足性的基本思想。

2. 谓词逻辑中的归结原理

在谓词逻辑中，子句中含有变元，不像命题逻辑那样可直接消去互补文字，而需要先用最一般合一对变元进行代换，然后才能进行归结。

例如，设有如下两个子句

$$C_1 = P(x) \vee Q(x)$$

$$C_2 = \neg P(a) \vee R(y)$$

由于 $P(x)$ 与 $P(a)$ 不同，C_1 与 C_2 不能直接进行归结，但若用最一般合一

$$\sigma = \{a/x\}$$

对两个子句分别进行代换

$$C_1\sigma = P(a) \vee Q(a)$$

$$C_2\sigma = \neg P(a) \vee R(y)$$

就可对它们进行直接归结，消去 $P(a)$ 与 $\neg P(a)$，得到如下归结式。

$$Q(a) \vee R(y)$$

下面给出谓词逻辑中关于归结的定义。

定义 3.2　设 C_1 与 C_2 是两个没有相同变元的子句，L_1 和 L_2 分别是 C_1 和 C_2 中的文字，若 σ 是 L_1 和 $\neg L_2$ 的最一般合一，则称 $C_{12} = (C_1\sigma - \{L_1\sigma\}) \vee (C_2\sigma - \{L_2\sigma\})$ 为 C_1 和 C_2 的二元归结式。

例 3.2　设 $C_1 = P(a) \vee \neg Q(x) \vee R(x)$，$C_2\sigma = \neg P(y) \vee Q(b)$，求其二元归结式。

解　若选 $L_1 = P(a)$，$L_2 = \neg P(y)$，则 $\sigma = \{a/y\}$ 是 L_1 和 $\neg L_2$ 的最一般合一，因此

$$C_1\sigma = P(a) \vee \neg Q(x) \vee R(x)$$

$$C_2\sigma = \neg P(a) \vee Q(b)$$

根据定义可得

$$
\begin{aligned}
C_{12} &= (C_1\sigma - \{L_1\sigma\}) \vee (C_2\sigma - \{L_2\sigma\}) \\
&= (\{P(a), \neg Q(x)\}, R(x)\} - \{P(a)\}) \vee (\{\neg P(a), Q(b)\} - \{\neg P(a)\}) \\
&= (\{\neg Q(x), R(x)\}) \vee (\{Q(b)\}) \\
&= \{\neg Q(x), R(x), Q(b)\} \\
&= \neg Q(x) \vee R(x) \vee Q(b)
\end{aligned}
$$

若选 $L_1 = \neg Q(x)$，$L_2 = Q(b)$，$\sigma = \{b/x\}$，则可得

$$
\begin{aligned}
C_{12} &= (\{P(a), \neg Q(b)\}, R(b)\} - \{\neg Q(b)\} \vee (\{\neg P(y), Q(b)\} - \{Q(b)\}) \\
&= (\{P(a), R(b)\}) \vee (\{\neg P(y)\}) \\
&= \{P(a), R(b), \neg P(y)\} \\
&= P(a) \vee R(b) \vee \neg P(y)
\end{aligned}
$$

与命题逻辑中的归结原理相同，对于谓词逻辑，归结式是其亲本子句的逻辑结论。用归结式取代它在子句集 S 中的亲本子句所得到的新子句集仍然保持着原子句集 S 的不可满足性。

另外，对于一阶谓词逻辑，从不可满足的意义上说，归结原理也是完备的。即若子句集是不可满足的，则必存在一个从该子句集到空子句的归结演绎；若存在一个从子句集到空子句的演绎，则该子句集是不可满足的。关于归结原理的完备性可用海伯伦的有关理论进行证明，这里不再讨论。

需要指出的是，如果没有归结出空子句，则既不能说 S 不可满足，也不能说 S 是可满足的。因为，有可能 S 是可满足的，而归结不出空子句，也有可能是没有找到合适的归结演绎步骤，而归结不出空子句。但是，如果确定不存在任何方法归结出空子句，则可以确定 S 是可满足的。

3.3.3　归结反演

归结原理给出了证明子句集不可满足性的方法，由前文可知，如欲证明 Q 为 $P_1,P_2,\cdots,P_n$ 的逻辑结论，只需证明 $(P_1 \wedge P_2 \wedge \cdots \wedge P_n) \wedge \neg Q$ 是不可满足的。再根据定理 3.1 可知，在不可满足的意义上，谓词公式的不可满足性与其子句集的不可满足性是等价的。因此，可用归结原理进行定理的自动证明。

应用归结原理证明定理的过程称为归结反演。归结反演的一般步骤如下。

① 将已知前提表示为谓词公式 F。

② 将待证明的结论表示为谓词公式 Q，并否定得到 $\neg Q$。

③ 把谓词公式集 $\{F,Q\}$ 化为子句集 S。

④ 应用归结原理对子句集 S 中的子句进行归结，并把每次归结得到的归结式都并入 S 中。如此反复进行，若出现空子句，则停止归结，此时证明 Q 为真。

例 3.3　某公司招聘工作人员，A、B、C 三人应试，经面试后公司表示如下想法。

① 三人中至少录取一人。

② 如果录取 A 而不录取 B，则一定录取 C。

③ 如果录取 B，则一定录取 C。

求证：公司一定录取 C。

证明　用谓词 $P(x)$ 表示录取 x，则把公司的想法用谓词公式表示如下。

（1）$P(A) \vee P(B) \vee P(C)$

（2）$P(A) \wedge \neg P(B) \rightarrow P(C)$

（3）$P(B) \rightarrow P(C)$

把要求证的结论用谓词公式表示出来并否定，得

（4）$\neg P(C)$

把上述公式化成子句集

（1）$P(A) \lor P(B) \lor P(C)$

（2）$\neg P(A) \lor P(B) \lor P(C)$

（3）$\neg P(B) \lor P(C)$

（4）$\neg P(C)$

应用归结原理进行归结

（5）$P(B) \lor P(C)$　　（1）与（2）归结

（6）$P(C)$　　　　　　（3）与（5）归结

（7）NIL　　　　　　　（4）与（6）归结

所以公司一定录取 C。

例 3.3 的归结树如图 3-6 所示。

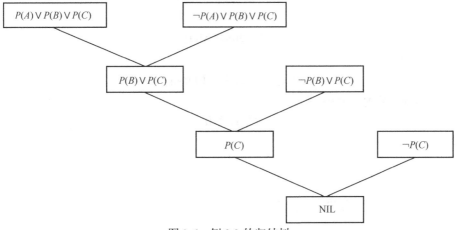

图 3-6　例 3.3 的归结树

例 3.4　已知如下信息。

规则 1：任何人的兄弟不是女性。

规则 2：任何人的姐妹必是女性。

事实：Mary 是 Bill 的姐妹。

求证：Mary 不是 Tom 的兄弟。

解　定义谓词。

brother(x,y)：x 是 y 的兄弟。

sister(x,y)：x 是 y 的姐妹。

woman(x)：x 是女性。

把已知规则与事实表示成谓词公式，得

规则 1：$\forall x \forall y (\text{brother}(x, y) \to \neg \text{woman}(x))$

规则 2：$\forall x \forall y(\text{sister}(x,y) \rightarrow \text{woman}(x))$

事实：sister(Mary,Bill)

把要求证的结论表示成谓词公式，得求证

$$\neg\text{brother}(\text{Mary, Tom})$$

化规则 1 为子句

$$\forall x \forall y(\neg\text{brother}(x,y) \vee \neg\text{woman}(x))$$
$$C_1 = \neg\text{brother}(x,y) \vee \neg\text{woman}(x)$$

化规则 2 为子句

$$\forall x \forall y(\neg\text{sister}(x,y) \vee \text{woman}(x))$$
$$C_2 = \neg\text{sister}(u, v) \vee \text{woman}(u)$$

事实原来就是子句形式

$$C_3 = \text{sister}(\text{Mary, Bill})$$

C_2 与 C_3 归结为

$$C_{23} = \text{woman}(\text{Mary})$$

C_{23} 与 C_1 归结为

$$C_{123} = \neg\text{brother}(\text{Mary}, y)$$

设 C_4=brother(Mary,Tom)，则

$$C_{1234} = \text{NIL}$$

得证。

🔍 3.4 不确定性推理的概念

前面讨论了建立在经典逻辑基础上的确定性推理，这是一种运用确定性知识，从确定的事实或证据进行精确推理得到确定性结论的推理方法。但现实世界中的事物以及事物之间的关系是极其复杂的，由于客观上存在的随机性、模糊性以及某些事物或现象暴露不充分性，人们对它们的认识往往是不精确、不完全的，具有一定程度的不确定性。这种认识上的不确定性反映到知识以及观察所得到的证据上，就分别形成了不确定性的知识及不确定性的证据。人们通常是在信息不完善、不精确的情况下运用不确定性知识进行思维、求解问题的，推出的结论也是不确定的，因而必须对不确定性知识的表示及推理进行研究。

下面首先介绍不确定性推理中的基本问题；然后着重介绍基于概率论的有关理论发展起来的不确定性推理方法，主要介绍可信度方法、证据理论；最后介绍目前在专家系统、信息处理、自动控制等领域广泛应用的依据模糊理论发展起来的模糊推理方法。

　　不确定性推理是从不确定性的初始证据出发，通过运用不确定性的知识，最终推出具有一定限度的不确定性但却是合理或者近乎合理的结论的思维过程。

　　在不确定性推理中，知识和证据都具有某种程度的不确定性，这为推理机的设计与实现增加了复杂性和难度。它除了必须解决推理方向、推理方法、控制策略等基本问题外，还需要解决不确定性的表示与度量、不确定性匹配、不确定性的传递算法以及不确定性的合成等重要问题。

1. 不确定性的表示与度量

　　在不确定性推理中，"不确定性"一般分为两类：一是知识的不确定性，二是证据的不确定性。它们都要求有相应的表示方式和度量标准。

　　（1）知识不确定性的表示

　　知识的表示与推理是密切相关的两个方面，不同的推理方法要求有相应的知识表示模式与之对应。在不确定性推理中，由于要进行不确定性的计算，必须用适当的方法把不确定性及不确定的程度表示出来。

　　在确立不确定性的表示方法时，有两个直接相关的因素需要考虑：一是要能根据领域问题的特征把其不确定性比较准确地描述出来，满足问题求解的需要；二是要便于推理过程中对不确定性的推算。只有把这两个因素结合起来统筹考虑，相应的表示方法才是实用的。

　　目前，在专家系统中知识的不确定性一般是由领域专家给出的，通常是一个数值，它表示相应知识的不确定性程度，称为知识的静态强度。

　　静态强度可以是相应知识在应用中成功的概率，也可以是该条知识的可信程度或其他，其值的大小范围因其意义与使用方法的不同而不同。今后在讨论各种不确定性推理模型时，将具体地给出静态强度的表示方法及其含义。

　　（2）证据不确定性的表示

　　在推理中，有两种来源不同的证据：一种是用户在求解问题时提供的初始证据，如病人的症状、化验结果等；另一种是在推理中用前面推出的结论作为当前推理的证据。对于用户提供的初始证据，由于证据多来源于观察，通常是不精确、不完全的，即具有不确定性。对于后一种情况，所使用的知识及证据都具有不确定性，因而推出的结论具有不确定性，当把它作为后面推理的证据时，它亦是不确定性的证据。

　　一般来说，证据不确定性的表示方法应与知识不确定性的表示方法保持一致，以便于推理过程中对不确定性进行统一的处理。在有些系统中，为便于用户使用，对初始证据的不确定性与知识的不确定性采取不同的表示方法，但这只是形式上的，在系统内部亦做了相应的转换处理。

　　证据的不确定性通常用一个数值表示。它代表相应证据的不确定性程度，称之为动态强度。对于初始证据，其值由用户给出；对于用前面推理所得结论作为当前推理的证据，其值由推理中不确定性的传递算法通过计算得到。

（3）不确定性的度量

对于不同的知识及不同的证据，其不确定性的程度一般是不相同的，需要用不同的数据表示其不确定性的程度，同时需要事先规定它的取值范围，只有这样每个数据才会有确定的意义。例如，在专家系统 MYCIN 中，用可信度表示知识及证据的不确定性，取值范围为[-1, 1]。当可信度取大于零的数值时，其值越大，表示相应的知识或证据越接近于"真"；当可信度的取值小于零时，其值越小，表示相应的知识或证据越接近于"假"。在确定一种度量方法及其范围时，应注意以下几点。

① 度量要能充分表达相应知识及证据不确定性的程度。

② 度量范围的指定应便于领域专家及用户对不确定性的估计。

③ 度量要便于对不确定性的传递进行计算，而且对结论算出的不确定性度量不能超出度量规定的范围。

④ 度量的确定应当是直观的，同时应有相应的理论依据。

2．不确定性匹配算法及阈值

推理是一个不断运用知识的过程。在这一过程中，为了找到所需的知识，需要用知识的前提条件与数据库中已知的证据进行匹配，只有匹配成功的知识才有可能被应用。

对于不确定性推理，知识和证据都具有不确定性，而且知识所要求的不确定性程度与证据实际具有的不确定性程度不一定相同，因而出现了"怎样才算匹配成功"的问题。对于这个问题，目前常用的解决方法是，设计一个算法用来计算匹配双方相似的程度，另外，指定一个相似的"限度"，用来衡量匹配双方相似的程度是否落在指定的限度内。如果落在指定的限度内，则称它们是可匹配的，相应知识可被应用，否则称它们是不可匹配的，相应知识不可应用。上述用来计算匹配双方相似程度的算法称为不确定性匹配算法，用来指出相似的"限度"称为阈值。

3．组合证据不确定性的算法

在基于产生式规则的系统中，知识的前提条件既可以是简单条件，也可以是用 AND 或 OR 把多个简单条件连接起来构成的复合条件。进行匹配时，一个简单条件对应于一个单一的证据，一个复合条件对应于一组证据，称这一组证据为组合证据。在不确定性推理中，结论的不确定性通常是通过对证据及知识的不确定性进行某种运算得到的，因而需要有合适的算法计算组合证据的不确定性。目前，关于组合证据不确定性的计算提出了多种方法，如最大最小方法、Hamacher 方法、概率方法、有界方法、Einstein 方法等。每种方法都有相应的适应范围和使用条件，如概率方法只能在事件之间完全独立时使用。

4．不确定性的传递算法

不确定性推理的根本目的是根据用户提供的初始证据，通过运用不确定性知识，最终推出不确定性的结论，并推算出结论的不确定性程度。因此，需要解决下面两个问题：

① 在每一步推理中，如何把证据及知识的不确定性传递给结论；

② 在多步推理中，如何把初始证据的不确定性传递给最终结论。

对于第一个问题，在不同的不确定性推理方法中所采用的处理方法各不相同。对于第二个问题，各种方法所采用的处理方法基本相同，即把当前推出的结论及其不确定性度量作为证据放入数据库中，供以后推理使用。由于最初那一步推理的结论是用初始证据推出的，其不确定性包含初始证据的不确定性对它所产生的影响，因而当它又用作证据推出进一步的结论时，其结论的不确定性仍然会受到初始证据的影响。由此一步步地进行推理，必然会把初始证据的不确定性传递给最终结论。

5．结论不确定性的合成

推理中有时会出现这样一种情况：用不同知识进行推理得到了相同的结论，但不确定性的程度却不相同。此时，需要用合适的算法对它们进行合成。在不同的不确定性推理方法中所采用的合成方法各不相同。

以上简要地列出了不确定性推理中应该考虑的一些基本问题，但这并不是说任何一个不确定性推理都必须包括上述各项内容。

长期以来，概率论的有关理论和方法被用作度量不确定性的重要手段，它不仅有完善的理论，而且为不确定性的合成与传递提供了现成的公式，因而被最早用于不确定性知识的表示与处理，这样纯粹用概率模型来表示和处理不确定性的方法称为纯概率方法或概率方法。

纯概率方法虽然有严密的理论依据，但它通常要求给出事件的先验概率和条件概率，而这些数据又不易获得，因此其应用受到限制。为了解决这个问题，人们在概率理论的基础上发展起来了一些新的方法及理论，主要有主观 Bayes 方法、可信度方法、证据理论等。

基于概率的方法虽然可以表示和处理现实世界中存在的某些不确定性，在人工智能的不确定性推理方面占有重要地位，但它们没有把事物自身所具有的模糊性反映出来，也不能对其客观存在的模糊性进行有效处理。美国著名学者扎德（L.A.Zadeh）等提出的模糊集理论及其在此基础上发展起来的模糊逻辑，对由模糊性引起的不确定性的表示及处理开辟了一种新途径，得到了广泛应用。

下面详细讨论几种常见的不确定性推理方法。

🔍 3.5 可信度方法

可信度方法是肖特里菲（E. H. Shortliffe）等在确定性理论（Theory of Confirmation）的基础上，结合概率论等提出的一种不确定性推理方法。它首先在专家系统 MYCIN 中得到成功应用。该方法比较直观、简单，而且效果比较好，受到人们的重视。目前，许多专家系统是基于这一方法建造起来的。

人们在长期的实践活动中，对客观世界的认识积累了大量经验，当面临一个新事物或新情况时，可用这些经验对问题的真、假或为真的程度做出判断。这种根据经验对一个事物或现象为真的相信程度称为可信度（Certainty）。

可信度带有较大的主观性和经验性，其准确性难以把握。但人工智能所面向的多是结构不良的复杂问题，难以给出精确的数学模型，先验概率及条件概率的确定又比较困难，用可信度来表示知识及证据的不确定性仍不失为一种可行的方法。另外，领域专家有丰富的专业知识及实践经验，不难对领域内的知识给出其可信度。

C-F 模型是基于可信度表示的不确定性推理的基本方法，其他可信度方法是在此基础上发展起来的。

1. 知识不确定性的表示

在 C-F 模型中，知识是用产生式规则表示的，其一般形式为

IF　　　　E　　　　THEN　　　　H　　　　(CF(H, E))

其中，CF(H, E)是该条知识的可信度，称为可信度因子（Certainly Factor）。

CF(H, E)反映了前提条件与结论的联系强度。它指出当前提条件 E 所对应的证据为真时，其对结论 H 为真的支持程度，CF(H, E)的值越大，越支持结论 H 为真。

例如

IF　　头痛　　AND　　流涕　　THEN　　感冒　　(0.7)

表示当病人确实有"头痛"及"流涕"的症状时，有七成的把握认为他患了感冒。

CF(H, E)在[−1, 1]上取值，CF(H, E)的值要求领域专家直接给出。其原则是：若相应证据的出现增加结论 H 为真的可信度，则取 CF(H, E)> 0，证据的出现越是支持 H 为真，就使 CF(H, E)的值越大；反之，取 CF(H, E)< 0，证据的出现越是支持 H 为假，就使CF(H, E)的值越小；若证据的出现与否与 H 无关，则取 CF(H, E)=0。

2. 证据不确定性的表示

在 C-F 模型中，证据的不确定性是用可信度因子表示的。例如，CF(E)=0.6 表示 E 的可信度为 0.6。

证据可信度值的来源分两种情况：对于初始证据，其可信度的值由提供证据的用户给出；对于用先前推出的结论作为当前推理的证据，其可信度的值在推出该结论时通过不确定性传递算法计算得到。

证据 E 的可信度 $CF(E)$ 也是在[-1, 1]上取值的。对于初始证据，若对它的所有观察 S 能肯定它为真，则取 $CF(E)=1$；若肯定它为假，则取 $CF(E)=-1$；若它以某种程度为真，则取 $CF(E)$ 为(0, 1)中的某一个值，即 $0<CF(E)<1$；若它以某种程度为假，则取 $CF(E)$ 为(-1, 0)中的某一个值，即 $-1<CF(E)<0$；若它还未获得任何相关的观察，此时可看作观察 S 与它无关，则取 $CF(E)=0$。

在该模型中，尽管知识的静态强度与证据的动态强度都是用可信度因子 CF 表示的，但它们所表示的意义不相同。静态强度 $CF(H, E)$ 表示的是知识的强度，即当所对应的证据为真时对 H 的影响程度，而动态强度 $CF(E)$ 表示的是证据当前的不确定性程度。

3. 组合证据不确定性的算法

当组合证据是多个单一证据的合取时，即

$$E=E_1 \quad AND \quad E_2 \quad AND \quad \cdots \quad AND \quad E_n$$

若已知 $CF(E_1),CF(E_2),\cdots,CF(E_n)$，则

$$CF(E)=\min\{CF(E_1),CF(E_2),\cdots,CF(E_n)\} \tag{3-1}$$

当组合证据是多个单一证据的析取时，即

$$E=E_1 \quad OR \quad E_2 \quad OR \quad \cdots \quad OR \quad E_n$$

若已知 $CF(E_1),CF(E_2),\cdots,CF(E_n)$，则

$$CF(E)=\max\{CF(E_1),CF(E_2),\cdots,CF(E_n)\} \tag{3-2}$$

4. 不确定性的传递算法

C-F 模型中的不确定性推理从不确定的初始证据出发，通过运用相关的不确定性知识，最终推出结论并求出结论的可信度值。其中，结论的可信度由下式计算。

$$CF(H)=CF(H, E)\times\max\{0, CF(E)\} \tag{3-3}$$

由上式可以看出，当相应证据以某种程度为假，即 $CF(E)<0$ 时，则

$$CF(H)=0$$

这说明在该模型中没有考虑证据为假时对结论所产生的影响。另外，当证据为真，即 $CF(E)=1$ 时，由上式可推出

$$CF(H)=CF(H, E)$$

这说明知识中的规则强度 $CF(H, E)$ 实际上就是在前提条件对应的证据为真时结论 H 的可信度。

或者说，当知识的前提条件所对应的证据存在且为真时，结论 H 有 $CF(H, E)$ 大小的可信度。

5. 结论不确定性的合成算法

若由多条不同知识推出相同的结论，但可信度不同，则可用合成算法求出综合可信度。由于对多条知识的综合可通过两两合成实现，下面只考虑两条知识的情况。

设有如下知识 $CF(H, E)$

$$IF \quad E_1 \quad THEN \quad H \quad (CF(H, E_1))$$
$$IF \quad E_2 \quad THEN \quad H \quad (CF(H, E_2))$$

则结论 H 的综合可信度可分为如下两步算出。

（1）分别对每一条知识求出

$$CF_1(H) = CF(H, E_1) \times \max\{0, CF(E_1)\}$$
$$CF_2(H) = CF(H, E_2) \times \max\{0, CF(E_2)\}$$

（2）用以下计算式求出 E_1 与 E_2 对 H 的综合影响所形成的可信度 $CF_{1,2}(H)$。

$$CF_{1,2}(H) = \begin{cases} CF_1(H) + CF_2(H) - CF_1(H)CF_2(H) & ,若CF_1(H) \geqslant 0, \quad CF_2(H) \geqslant 0 \\ CF_1(H) + CF_2(H) + CF_1(H)CF_2(H) & ,若 CF_1(H) < 0, \quad CF_2(H) < 0 \\ \dfrac{CF_1(H) + CF_2(H)}{1 - \min\{|CF_1(H)|, |CF_2(H)|\}} & ,若 CF_1(H)CF_2(H) < 0 \end{cases} \quad (3\text{-}4)$$

例3.5 设有如下一组知识。

r_1: IF E_1 THEN H (0.8)
r_2: IF E_2 THEN H (0.6)
r_3: IF E_3 THEN H (−0.5)
r_4: IF E_4 AND $(E_5$ OR $E_6)$ THEN E_1 (0.7)
r_5: IF E_7 AND E_8 THEN E_3 (0.9)

已知 $CF(E_2)=0.8$，$CF(E_4)=0.5$，$CF(E_5)=0.6$，$CF(E_6)=0.7$，$CF(E_7)=0.6$，$CF(E_8)=0.9$，求 $CF(H)$。

解 第一步：对每一条规则求出 $CF(H)$。

由 r_4 得到

$$CF(E_1) = 0.7 \times \max\{0, CF[E_4 \text{ AND } (E_5 \text{ OR } E_6)]\}$$
$$= 0.7 \times \max\{0, \min\{CF(E_4), CF(E_5 \text{ OR } E_6)\}\}$$
$$= 0.7 \times \max\{0, \min\{CF(E_4), \max\{CF(E_5), \cdots, CF(E_6)\}\}\}$$
$$= 0.7 \times \max\{0, \min\{0.5, \max\{0.6, \cdots, 0.7\}$$
$$= 0.7 \times \max\{0, 0.5\}$$
$$= 0.35$$

由 r_5 得到

$$CF(E_3)=0.9\times\max\{0,CF(E_7 \text{ AND } E_8)]\}$$
$$=0.9\times\max\{0,\min\{CF(E_7),CF(E_8)\}\}$$
$$=0.9\times\max\{0,\min\{0.6, 0.9\}\}$$
$$=0.9\times\max\{0, 0.6\}$$
$$=0.54$$

由 r_1 得到

$$CF_1(H)=0.8\times\max\{0,CF(E_1)\}$$
$$=0.8\times\max\{0, 0.35\}$$
$$=0.28$$

由 r_2 得到

$$CF_2(H)=0.6\times\max\{0,CF(E_2)\}$$
$$=0.6\times\max\{0, 0.8\}$$
$$=0.48$$

由 r_3 得到

$$CF_3(H)=-0.5\times\max\{0,CF(E_3)\}$$
$$=-0.5\times\max\{0, 0.54\}$$
$$=-0.27$$

第二步：根据结论不确定性的合成算法得到

$$CF_{1,2}(H)=CF_1(H)+CF_2(H)-CF_1(H)\times CF_2(H)$$
$$=0.28+0.48-0.28\times0.48=0.63$$

$$CF_{1,2}(H)=\frac{CF_{1,2}(H)+CF_3(H)}{1-\min\{|CF_{1,2}(H)|,|CF_3(H)|\}}=\frac{0.63+0.27}{1-\min\{0.63,0.27\}}=\frac{0.36}{0.73}=0.49$$

即综合可信度为

$$CF(H)=0.49$$

3.6　模糊理论

3.6.1　模糊逻辑的提出与发展

"模糊"是人类感知万物，获取知识，思维推理，决策实施的重要特征。"模糊"比"清晰"所拥有的信息容量更大，内涵更丰富，更符合客观世界。为了用数学方法描述和处理自然界出现的不精确、不完整的信息，如人类语言信息和图像信息，1965 年，加利福尼亚大学教授扎德（L. A. Zadeh）发表了关于"Fuzzy Set"的论文，首先提出了模糊理论。

在模糊理论刚被提出的年代，由于科学技术尤其是计算机技术发展的限制，以及科技界对"模糊"含义的误解，模糊理论没有得到应有的发展。虽然理论文章发表了约 5 000 篇，但实际应用却寥寥无几。

模糊理论成功的应用首先是在自动控制领域。1974 年，英国伦敦大学教授 Mamdani 首次将模糊理论应用于热电厂的蒸汽机控制，揭开了模糊理论在控制领域应用的新篇章，充分展示了模糊控制技术的应用前景。1976 年，Mamdani 又将模糊理论应用于水泥旋转炉的控制。在此之后的十多年内，模糊控制技术应用尽管取得了很好的效果，然而没有取得根本上的突破。

20 世纪 80 年代，随着计算机技术的发展，日本科学家将模糊理论成功地运用于工业控制和消费品控制，在世界范围内掀起了模糊控制应用高潮。1983 年，日本 Fuji Electric 公司实现了饮水处理装置的模糊控制。1987 年，日本 Hitachi 公司研制出地铁的模糊控制系统。1987—1990 年，在日本申报的模糊产品专利达 319 种，分布在过程控制、汽车电子、图像识别、图像数据处理、测量技术、传感器、机器人、诊断、家用电器控制等领域。

目前，各种模糊产品充满市场，如模糊洗衣机、模糊吸尘器、模糊电冰箱和模糊摄像机等。各国都将模糊技术作为重点发展的关键技术。

在日常生活中，人们往往用"较少""较多""小一些""很小"等模糊语言来进行控制。例如，当拧开水阀向水桶放水时，有这样的经验：桶里没有水或水较少时，水阀应开大一些；桶里的水比较多时，水阀应开小一些；水桶快满时应把阀门开得很小；水桶里的水满时，应迅速关掉水阀。这里的水阀开"大一些""小一些"，水桶水"比较多""快满""比较少"等都是模糊概念。

模糊控制是以模糊数学为基础，运用语言规则知识表示方法和先进的计算机技术，由模糊推理进行决策的一种高级控制策略。它属于智能控制范畴，发展至今已成为人工智能领域中的一个重要分支。

常规控制一般要求系统有精确的数学模型。但大多数的工业过程的参数呈现极强的时变非线性特性，一般很难建立数学模型，所以对于不确定性系统，采用常规控制很难实现有效控制，而模糊控制可以利用语言信息却不需要精确的数学模型，从而可以实现对不确定性系统较好的控制。模糊控制技术是由模糊数学、计算机科学、人工智能、知识工程等多门学科相互渗透，且理论性很强的科学技术。

在人工智能领域中，特别是在知识表示方面，模糊逻辑有相当广阔的应用前景。目前，在自动控制、模式识别、自然语言理解、机器人及专家系统研制等方面，应用模糊逻辑取得了一定成果，引起了本领域越来越多专家学者的关注。

3.6.2 模糊集合

1. 模糊集合的定义

模糊集合（Fuzzy Set）是经典集合的扩充。下面首先介绍集合论中的几个名词。

论域：所讨论的全体对象称为论域。一般用 U、E 等大写字母表示论域。

元素：论域中的每个对象。一般用 a，b，c，x，y，z 等小写字母表示集合中的元素。

集合：论域中具有某种相同属性的、确定的、可以彼此区别的元素的全体。常用 A，B，C，X，Y，Z 等表示集合，如 $A=\{x|f(x)>0\}$。

在经典集合中，元素 a 和集合 A 的关系只有两种（a 属于 A 或 a 不属于 A），即只有两个真值（"真"和"假"）。

例如，若定义 18 岁以上的人为"成年人"集合，则一位超过 18 岁的人属于"成年人"集合，而另外一位不足 18 岁的人，不属于该集合。

经典集合可用特征函数表示。例如，"成年人"集合可以表示为

$$\mu_{成年人}(x)=\begin{cases}1, x\geqslant18\\0, x<18\end{cases}$$

如图 3-7 所示，这是一种对事物的二值描述，即二值逻辑。

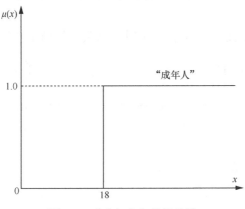

图 3-7 "成年人"特征函数

经典集合只能描述确定性的概念，而不能描述现实世界中模糊的概念，如"天气很热"等概念。模糊逻辑模仿人类的智慧，引入隶属度（Degree of Membership）的概念，描述介于"真"与"假"的过程。

模糊集合中每一个元素被赋予一个介于 0 和 1 的实数，描述其元素属于这个模糊集合的强度，该实数称为元素属于这个模糊集合的隶属度。如上述例子中，一个人变成"成年人"的过程可用连续曲线表示，如图 3-8 所示。

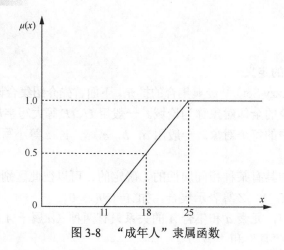

图 3-8 "成年人"隶属函数

2. 模糊集合的表示方法

与经典集合不同的是，模糊集合中不仅要列出属于这个集合的元素，而且要注明这个元素属于这个集合的隶属度。

当论域中元素数目有限时，模糊集合 A 的数学描述为

$$A=\{x, \mu_A(x)), x \in X\} \tag{3-5}$$

其中，$\mu_A(x)$ 为元素 x 属于模糊集 A 的隶属度，X 是元素 x 的论域。

（1）Zadeh 表示法

① 当论域是离散且元素数目有限时，常采用模糊集合的 Zadeh 表示法。

$$A = \mu_A(x_1)/x_1 + \mu_A(x_2)/x_2 + \cdots + \mu_A(x_n)/x_n = \sum_{i=1}^{n} \mu_A(x_i)/x_i \tag{3-6}$$

其中，x_i 表示模糊集合所对应论域中的元素，$\mu_A(x_i)$ 表示相应的隶属度，"/"只是一个分隔符号，并不表示分数的意思。符号"+"或者"Σ"不表示求和，而是表示模糊集合在论域上的整体。

上式可以等价地表示为

$$A=\{\mu_A(x_1)/x_1, \mu_A(x_2)/x_2, \cdots, \mu_A(x_n)/x_n\} \tag{3-7}$$

② 当论域是连续的或者其中元素数目无限时，Zadeh 将模糊集 A 表示为

$$A = \int_{x \in U} \mu_A(x)/x \tag{3-8}$$

这里的"∫"不是数学中的积分符号，只是表示论域中各元素与其隶属度对应关系的总括，是一个记号。

（2）序偶表示法

$$A=\{(\mu_A(x_1), x_1), (\mu_A(x_2), x_2), \cdots, (\mu_A(x_n), x_n)\} \tag{3-9}$$

（3）向量表示法

$$A=[\mu_A(x_1), \mu_A(x_2), \cdots, \mu_A(x_n)] \tag{3-10}$$

在向量表示法中，默认模糊集合中的元素依次是 $x_1, x_2, \cdots, x_n$，所以隶属度为 0 的项不能省略。

3．隶属函数

模糊集合中所有元素的隶属度全体构成模糊集合的隶属函数（Membership Function）。正确地确定隶属函数是运用模糊集合理论解决实际问题的基础。隶属函数是对模糊概念的定量描述。

隶属函数的确定过程，本质上说是客观的，但每个人对于同一个模糊概念的认识理解有差异，因此，隶属函数的确定又带有主观性。实际上，引入隶属度后，人们对事物认识的模糊性转化为隶属度确定的主观性。隶属函数一般根据经验或统计进行确定，也可由专家给出。对于同一个模糊概念，不同的人会建立不完全相同的隶属函数，尽管形式不完全相同，只要能反映同一模糊概念，仍然能够较好地解决和处理实际模糊信息的问题。

例如，以年龄作论域，取 $U=[0, 200]$，扎德给出"年老" O 与"年轻" Y 两个模糊集合的隶属函数为

$$\mu_O(u)=\begin{cases} 0 & ,0 \leqslant u \leqslant 50 \\ \left[1+\left(\dfrac{5}{u-50}\right)^2\right]^{-1} & ,50 < u \leqslant 200 \end{cases}$$

$$\mu_Y(u)=\begin{cases} 1 & ,0 \leqslant u \leqslant 25 \\ \left[1+\left(\dfrac{u-25}{5}\right)^2\right]^{-1} & ,25 < u \leqslant 200 \end{cases}$$

采用 Zadeh 表示法，"年老" O 与"年青" Y 两个模糊集合可以表示为

$$O = \int_{50 < u \leqslant 200} \left[1+\left(\frac{u-50}{5}\right)^{-2}\right]^{-1} \bigg/ u$$

$$Y = \int_{0 \leqslant u \leqslant 25} 1/u + \int_{25 < u \leqslant 200} \left[1+\left(\frac{u-25}{5}\right)^2\right]^{-1} \bigg/ u$$

常见模糊隶属函数有正态分布、三角分布、梯形分布等。

3.6.3　模糊集合的运算

模糊集合是经典集合的推广，所以经典集合的运算可以推广到模糊集合。但

模糊集合由它的隶属函数加以确定，所以需要重新定义模糊集合的基本运算。

（1）模糊集合的包含关系

若 $\mu_A(x) \geqslant \mu_B(x)$，则称 A 包含 B，记作 $A \supseteq B$。

（2）模糊集合的相等关系

若 $\mu_A(x) = \mu_B(x)$，则称 A 与 B 相等，记作 $A = B$。

（3）模糊集合的交并补运算

设 A、B 是论域 U 中的两个模糊集。

① 交运算（Intersection）$A \cap B$。

$$\mu_{A \cap B}(x) = \min\{\mu_A(x), \mu_B(x)|\} = \mu_A(x) \wedge \mu_B(x) \tag{3-11}$$

② 并运算（Union）$A \cup B$。

$$\mu_{A \cup B}(x) = \min\{\mu_A(x), \mu_B(x)|\} = \mu_A(x) \vee \mu_B(x) \tag{3-12}$$

③ 补运算（Complement）$\overline{A}$ 或者 A^C。

$$\mu_A(x) = 1 - \mu_A(x) \tag{3-13}$$

其中，$\wedge$ 表示取小运算；$\vee$ 表示取大运算。

例 3.6 设论域 $U = \{x_1, x_2, x_3, x_4\}$，$A$ 及 B 是论域 U 上的两个模糊集合，已知

$$A = 0.3/x_1 + 0.5/x_2 + 0.7/x_3 + 0.4/x_4$$

$$B = 0.5/x_1 + 1/x_2 + 0.8/x_3$$

求 $\overline{A}$，$\overline{B}$，$A \cap B$，$A \cup B$。

解

$$\overline{A} = 0.7/x_1 + 0.5/x_2 + 0.3/x_3 + 0.6/x_4$$

$$\overline{B} = 0.5/x_1 + 0.2/x_3 + 1/x_4$$

$$A \cap B = \frac{0.3 \wedge 0.5}{x_1} + \frac{0.5 \wedge 1}{x_2} + \frac{0.7 \wedge 0.8}{x_3} + \frac{0.4 \wedge 0}{x_4} = 0.3/x_1 + 0.5/x_2 + 0.7/x_3$$

$$A \cup B = \frac{0.3 \vee 0.5}{x_1} + \frac{0.5 \vee 1}{x_2} + \frac{0.7 \vee 0.8}{x_3} + \frac{0.4 \vee 0}{x_4} = 0.5/x_1 + 1/x_2 + 0.8/x_3 + 0.4/x_4$$

（4）模糊集合的代数运算

设 A、B 是论域 U 中两个模糊集。

① 代数积：

$$\mu_{A \cdot B}(x) = \mu_A(x)\mu_B(x)$$

② 代数和：

$$\mu_{A+B}(x) = \mu_A(x) + \mu_B(x) - \mu_{A \cdot B}(x)$$

③ 有界和：

$$\mu_{A\oplus B}(x) = \min\{1,\mu_A(x)+\mu_B(x)\}=1 \wedge [\mu_A(x)+\mu_B(x)]$$

④ 有界积：

$$\mu_{A\otimes B}(x) = \max\{0,\mu_A(x)+\mu_B(x)-1\}=0 \vee [\mu_A(x)+\mu_B(x)-1]$$

例 3.7　设论域 $U = \{x_1,x_2,x_3,x_4,x_5\}$，$A$ 及 B 是论域上的两个模糊集合，已知

$$A=0.2/x_1+0.4/x_2+0.9/x_3+0.5/x_5$$
$$B=0.1/x_1+0.7/x_3+1.0/x_4+0.3/x_5$$

求 $A\cdot B$、$A+B$、$A\oplus B$、$A\otimes B$。

解　　　　　$A\cdot B=0.02/x_1+0.63/x_3+0.15/x_5$
$$A+B=0.28/x_1+0.4/x_2+0.97/x_3+1.0/x_4+0.65/x_5$$
$$A\oplus B=0.3/x_1+0.4/x_2+1.0/x_3+1.0/x_4+0.8/x_5$$
$$A\otimes B=0.6/x_3$$

🔍 3.7　粗糙集理论

粗糙集（Rough Set, RS）是由波兰数学家 Z.Pawlak 于 1982 提出的一种处理含糊概念的数学工具。它不需要任何附加或额外条件，就可以直接由数据构成的决策表进行推理，具有很多独特的优越性。目前，粗糙集已被成功应用在数据挖掘、机器学习、决策支持系统、模式识别和故障检测等众多领域。

3.7.1　粗糙集概述

1904 年，谓词逻辑的创始人 G. Frege 提出了"含糊（Vague）"一词，并把它归类到边界上，即在全域上存在一些个体，它们既不在某个子集上，也不在该子集的补集上。前面讨论了模糊计算，但模糊集并没有给出对"含糊"这一概念的数学描述，即无法计算出具体的含糊元素数目。因此，模糊逻辑未能真正解决"含糊"问题。

1982 年，Z.Pawlak 根据边界思想提出了粗糙集的概念。在粗糙集中，Frege 提出的边界区域被定义为上近似集与下近似集之间的差集。它具有确定的数学公式描述，因此含糊元素的数目是可计算的。与其他处理不确定性问题的方法相比，粗糙集的最大优势是不需要任何附加的或额外的信息，如统计学中的概率分布、证据理论中的基本概率赋值、模糊集中的隶属度等。1991 年，Z. Pawlak 教授关于粗糙集理论及应用的专著出版，极大地推动了国际上对粗糙集理论与应用的深入研究。1992 年，第一届国际粗糙集会议在波兰召开。自此，国际粗糙集会议每年召开一次。目前，国内外对粗糙集的研究十分活跃。

3.7.2 粗糙集的基本理论

粗糙集理论的基础是首先定义一种简单的等价关系，并利用等价关系将样本集合划分为等价类，然后通过"下近似"和"上近似"引入关于概念（对象类）的不确定边界区域，最后定义相应的粗糙集。

1. 信息系统

在粗糙集理论中，研究的主体和出发点是以数据表形式表示的信息，这种数据表通常被称为信息系统或知识表达系统。

定义 3.3 信息系统是一个四元组

$$IS=(U, A, V, f)$$

其中，U 是对象的有限非空集合，也称为域；A 为属性的有限非空集合；V 是属性的值域集合；f 是映射函数，即 $f:U×A→V$。有时，信息系统可以简化为 $IS=(U,A)$。

属性集合 A 可分为条件属性集合 C 和决策属性集合 D 两部分，且满足 $A=C∪D$，$C∩D=∅$。这种具有条件属性和决策属性的信息系统也被称为决策表，记为 $T=(U, A, C, D)$，或简称 CD 决策表。

在决策表中，列表示属性，包括条件属性和决策属性；行表示对象，如状态、过程等。并且，每一行表示一条信息。决策表中的数据往往是通过观察或测量等方式得到的。例如，表 3-1 是一张决策表示例。在该决策表中，$U=\{u_1,u_2,u_3,u_4,u_5,u_6\}$，$A=\{a_1,a_2,a_3,a_4\}$，$V=\{1,2\}$，并且 $C=\{a_1,a_2,a_3\}$，映射函数可将对象的属性映射到其阈值，如 $f_{a1}(u_1)=2$。

表 3-1　决策表示例

U \ A	C			D
	a_1	a_2	a_3	a_4
u_1	2	2	2	2
u_2	2	1	1	2
u_3	2	1	1	2
u_4	1	2	2	1
u_5	2	2	2	1
u_6	1	1	2	1

2. 不分明关系

在粗糙集理论中，Z.Pawlak 将等价关系称为不分明（Indiscernibility）关系，或称不可区分关系。不分明关系是粗糙集理论的重要基础。

定义 3.4 信息系统 $IS=(U,A,V,f)$，任意属性集 $B⊆A$，关于 B 的不分明关系为

$$IND(B)=\{(x, y)∈U×U| f_b(x)=f_b(y), b∈B\}$$

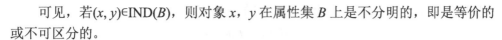

可见，若$(x,y) \in \text{IND}(B)$，则对象 x，y 在属性集 B 上是不分明的，即是等价的或不可区分的。

3. 等价类和等价划分

依据上述不分明关系的定义，$\text{IND}(B)$ 将 U 划分为若干不同的类，依此可以建立任意对象 x 关于 B 的等价类$[x]_B$。

定义 3.5　设 $B \subseteq A$，对任意对象 $x \in U$，关于 B 的等价类

$$[x]_B = \{y \in U \mid (x,y) \in \text{IND}(B)\}$$

依据等价类 $\text{IND}(B)$ 的定义，可将对象集合 U 划分为若干等价类，这些等价类的集合又被称为等价划分，记为 $U/\text{IND}(B)$，或简记为 U/B。

例 3.8　求出表 3-1 所示的信息系统的等价类和等价划分。

解　在表 3-1 所示的信息系统中，$U = \{u_1, u_2, u_3, u_4, u_5, u_6\}$，$C = \{a_1, a_2, a_3\}$，由其条件属性集 C 的不分明关系 $\text{IND}(C)$ 导出以下 4 个等价类。

$$[u_1]_C = \{u_1, u_5\}, \quad [u_2]_C = \{u_2, u_3\}, \quad [u_4]_C = \{u_4\}, \quad [u_6]_C = \{u_6\}$$

从而得到如下等价划分。

$$U/C = (\{u_1, u_5\}, \{u_2, u_3\}, \{u_4\}, \{u_6\})$$

4. 上近似和下近似

在现实世界中，有很多不能精确表示的概念，往往是由其边界不能清晰确定所引起的。例如，模糊逻辑中提到的"高"和"低"、"冷"和"热"等概念，它们都没有清晰的边界。如何解决这些问题？粗糙集通过上近似和下近似所确定的边界区域来定义相关概念。

定义 3.6　设 $X \subseteq U$，$B \subseteq A$，则

X 对 B 的下近似 $B\_(X)$ 定义为 X 所包含的关于 B 的所有等价类的并集

$$B\_(X) = \cup \{[x]_B \mid [x]_B \subseteq X\}, \quad \text{即 } B\_(X) = \{x \in U \mid [x]_B \subseteq X\}。$$

X 对 B 的上近似 $B^-(X)$ 定义为与 X 交集非空的关于 B 的所有等价类的并集

$$B^-(X) = \cup \{[x]_B \mid [x]_B \cap X \neq \varnothing\}, \quad \text{即 } B^-(X) = \{x \in U \mid [x]_B \cap X \neq \varnothing\}。$$

例 3.9　对表 3-1 所示的信息系统，令 $X = \{u_1, u_2, u_3\}$，求关于条件属性集 C 的上近似和下近似。

解　对表 3-1 所示的信息系统，例 3.8 已由其条件属性集 $C = \{a_1, a_2, a_3\}$ 的不分明关系 $\text{IND}(C)$，导出以下 4 个等价类

$$\{u_1, u_5\}, \{u_2, u_3\}, \{u_4\}, \{u_6\}$$

及如下等价划分

$$U/C = (\{u_1, u_5\}, \{u_2, u_3\}, \{u_4\}, \{u_6\})$$

但由于可被 X 包含的等价类$[u]_C$ 仅有 $\{u_2, u_3\}$，因此 X 关于 C 的下近似为

$$C\_(X) = \{u_2, u_3\}$$

又由于 $\{u_1, u_5\} \cap \{u_1, u_2, u_3\} \neq \varnothing$，$\{u_2, u_3\} \cap \{u_1, u_2, u_3\} \neq \varnothing$，即与 X 交集非空的等价

类$[u]_C$有$\{u_1,u_5\}$和$\{u_2,u_3\}$，因此X关于C的上近似为

$$C^-(X)=\{u_1,u_2,u_3,u_5\}$$

5. 边界区域和粗糙集

由上近似和下近似的定义，可以定义边界区域和粗糙集。

定义 3.7 设$X\subseteq U$，$B\subseteq A$，对象集X关于属性集B的边界区域定义为

$$\mathrm{BN}_B(x)=B^-(X)-B\_(X)$$

定义 3.8 设$X\subseteq U$，$B\subseteq A$，由对象集X关于属性集B的边界区域的定义，若$\mathrm{BN}_B(x)\neq\varnothing$，则称$\mathrm{BN}_B(x)$是对象集$X$关于属性集$B$的粗糙集。

例 3.10 对表 3-1 所示的信息系统，令$X=\{u_1,u_2,u_3\}$，求X关于条件属性C的边界区域及其粗糙集。

解 由例 3.9 可得到X关于C的边界区域为

$$\mathrm{BN}_C=C^-(X)-C\_(X)=\{u_1,u_2,u_3,u_5\}-\{u_2,u_3\}=\{u_1,u_5\}$$

由于$\mathrm{BN}_C=\{u_1,u_5\}$非空，得到对象集$X$关于条件属性集$C$的粗糙集为

$$\{u_1,u_5\}$$

3.7.3 决策表的约简

在利用决策表进行决策时，首先需要考虑的是决策表中的所有条件属性是否都是需要的？如果有些条件属性不需要，那么能否将其删除？怎样删除？这就是决策表的约简问题。

决策表约简是指化简决策表中的条件属性和属性值，使决策表在保持原有决策能力的同时，具有较少的条件属性和属性值。这里所说的决策能力，实际上是指分类能力，即依据条件属性值判别对象的类属的能力。由于可将决策表看作分类知识，因此决策表约简就是知识约简，即对知识的过滤、压缩和提炼。通常，决策表约简的过程可分为一致性检查、属性约简和属性值约简 3 个阶段。

1. 一致性检查

决策表中的数据往往来自观察或测量，因此很可能出现一些不一致的表项。不一致的表项是指这些表项的所有条件属性值都相同，但它们的决策属性值却不同。事实上，如果不同表项的所有条件属性值都相同，说明它们描述的实际上是同一对象；但如果它们的决策属性值不同，则意味着它们指定了不同的类属。也就是说，同样的条件得出了不同的结果，这样的表项是不一致的。只有删除这些不一致的表项，才能保证决策表所包含的分类知识是一致的。

例如，在表 3-1 所示的信息系统中，对象u_1的属性a_1，a_2，a_3的属性值分别为 2，2，2；对象u_5的属性a_1，a_2，a_3的属性值也分别为 2，2，2，它们应为同一个对象。但它们的决策属性的属性值a_4却分别为 2 和 1，显然出现了矛盾，所以这两个表项为不一致表项。

对决策表的一致性检查，就是把 u_1 和 u_5 中的一个删除，以保持决策表（即信息系统）的一致性。例如，删除 u_5 后所得到的决策表如表 3-2 所示。

表 3-2　删除 u_5 后所得到的决策表

A U	C			D
	a_1	a_2	a_3	a_4
u_1	2	2	2	2
u_2	2	1	1	2
u_3	2	1	1	2
u_4	1	2	2	1
u_6	1	1	2	1

2. 属性约简

属性约简实际上就是消除决策表中某些不必要的列，即对不必要的属性进行过滤。下面从概念、工具、方法的角度讨论属性约简，并给出一个简单实例。

（1）属性约简的基本概念

这些概念主要包括属性的必要性、属性集的约简、约简核、分明矩阵等。对这些概念，下面通过相应的定义来描述。

定义 3.9　设 B 为属性集，对于某一属性 $b \in B$，如果有

$$IND(B)=IND(B-\{b\})$$

则称 b 在 B 中是不必要的，否则称 b 在 B 中是必要的。

定义 3.10　设 $B \subset A$，若满足以下两个条件：

① $IND(B)=IND(A)$

② 对任意的 $b \in B$，$IND(B) \neq IND(B-\{b\})$

则称 B 是属性集 A 的约简。

定义 3.11　若令 $RED(A)$ 为 A 的所有约简的集合，则属性 A 的约简核定义为

$$CORE(A)=\cap RED(A)$$

即 A 的约简核由 A 的所有约简集合的交集构成。

定义 3.12　对信息系统 $IS=(U,A,V,f)$，令 $U=\{u_1,u_2,\cdots,u_n\}$，$n=|U|$ 为 U 中元素个数，则 IS 关于属性集 A 的分明矩阵 $M_A(IS)$ 是一个 $n \times n$ 阶矩阵，且矩阵元素定义为

$$m_{ij}=\{a \in A | f_a(u_i) \neq f_a(u_j)\} \quad (i,j=1,2,\cdots,n)$$

可见，矩阵元素 m_{ij} 就是 U 中个体对象 u_i 和 u_j 有区别的所有属性的集合。并且，$M_A(IS)$ 必定是一个对称矩阵。

例 3.11　对表 3-2 所示的删除 u_5 后的信息系统 IS，求属性集 A 的分明矩阵。

解　由表 3-2 可知，u_5 已在决策表一致性检查中被删除，关于属性集 A 的分明矩阵 $M_A(IS)$ 如表 3-3 所示。

表 3-3　信息系统 IS 关于属性集 A 的分明矩阵

U	u_1	u_2	u_3	u_4	u_6
u_1		$\{a_2,\ a_3\}$	$\{a_2,\ a_3\}$	$\{a_1,\ a_4\}$	$\{a_1,\ a_2,\ a_4\}$
u_2			$\varnothing$	$\{a_1,\ a_2,\ a_3,\ a_4\}$	$\{a_1,\ a_2,\ a_4\}$
u_3				$\{a_1,\ a_2,\ a_3,\ a_4\}$	$\{a_1,\ a_2,\ a_4\}$
u_4					$\{a_2\}$
u_6					

下面以矩阵元素 m_{13}，即矩阵元素 $\{a_2,a_3\}$ 为例，给出其求法如下。

对属性 a_1，由表 3-2 有，$f_{a_1}(u_1)=2$，$f_{a_1}(u_3)=2$，$f_{a_1}(u_1)=f_{a_1}(u_3)$，没有区别，因此 a_1 不是 m_{13} 中的元素。

对属性 a_2，由表 3-2 有，$f_{a_2}(u_1)=2$，$f_{a_2}(u_3)=1$，$f_{a_2}(u_1)\neq f_{a_2}(u_3)$，有区别，因此 a_2 是 m_{13} 中的元素。

对属性 a_3，由表 3-2 有，$f_{a_3}(u_1)=2$，$f_{a_3}(u_3)=1$，$f_{a_3}(u_1)\neq f_{a_3}(u_3)$，有区别，因此 a_3 是 m_{13} 中的元素。

对属性 a_4，由表 3-2 有，$f_{a_4}(u_1)=2$，$f_{a_4}(u_3)=2$，$f_{a_4}(u_1)=f_{a_4}(u_3)$，没有区别，因此 a_4 不是 m_{13} 中的元素。

因此 $m_{13}=\{a_2,\ a_3\}$。

对此分明矩阵说明如下：①由于分明矩阵是对称矩阵，为表达简明，仅给出该矩阵的上半部分；②该矩阵对角线上的元素均为空集。

（2）约简核的构造

利用分明矩阵，可以很方便地求出属性集 A 的约简核。将约简核定义为分明矩阵中所有只包含单一属性元素的矩阵项的集合，即

$$\text{CORE}(A)=\{a\in A\mid m_{ij}=\{a\},i,j=1,2,\cdots,n\}$$

可见，若某个 m_{ij} 是单属性元素，则 m_{ij} 中的单一属性是必要的。如果缺少，必定会引起信息系统中两个本来可以区分的第 i，j 个对象为不可区分的。

例如，在表 3-3 所示的属性集 A 的分明矩阵 $M_A(\text{IS})$ 中，只含有单一属性元素的矩阵项仅有 m_{13}，故属性集 A 的约简核

$$\text{CORE}(A)=\{a_2\}$$

可以看出，约简核的生成过程往往会丢失一些来自单属性元素的必要属性。即这种约简核本身不是相应属性集的约简，因此必须对上述约简核进行适当扩充，才能生成约简。

（3）约简核的扩充

对属性集 A，通过扩充约简核来构造其约简的方法如下。

① 从分明矩阵中找出所有与约简核不相交的非空元素 m_{ij}，它必定包含多个属性，且这些属性中至少有一个是必要的，否则会导致

$$IND(A) \neq IND(A-m_{ij})$$

即 m_{ij} 中全部属性的缺失会引起信息系统中两个本来可区分的第 i,j 对象不可分，也即 A 与 $A-m_{ij}$ 的不分明关系不同。

② 令 M_k 为 $\boldsymbol{M}_A(IS)$ 中第 k 个与约简核不相交的非空元素 m_{ij} 所包含的所有属性的析取。即若假设 $m_{ij}=\{a_1,a_2,\cdots,a_l\}$，$l \leqslant |A|$，则

$$M_k = a_1 \lor a_2 \lor \cdots \lor a_l$$

对所有 M_k 进行合取，并将该合取式改写成谓词逻辑中的析取范式。

③ 从析取范式中选取某个合适的析取项（该析取项应是属性的合取），将其包含的属性加入约简核，就可得到属性集 A 的一个约简。

例 3.12 对表 3-3 所示的关于属性集 A 的分明矩阵，求关于属性集 A 的约简。

解 在表 3-3 所示的属性集 A 的分明矩阵 $\boldsymbol{M}_A(IS)$ 中，与约简核交集为空的有

$$\{a_1,a_4\}, \quad \{a_1,a_3,a_4\}$$

令

$$M_1 = a_1 \lor a_4, \quad M_2 = a_1 \lor a_3 \lor a_4$$

取 M_1 和 M_2 的合取

$$M_1 \land M_2 = (a_1 \lor a_4) \land (a_1 \lor a_3 \lor a_4)$$
$$= (a_1 \lor a_4) \land ((a_1 \lor a_3) \lor a_4) = a_1 \lor a_4$$

这样可得到一个析取式 $a_1 \lor a_4$，将其第一个析取项包含的单一元素 a_1 加入约简核 $\{a_2\}$，就得到决策表的一个约简 $\{a_1,a_2\}$。

同样地，若将析取式 $a_1 \lor a_4$ 中的第二个析取项包含的单一元素 a_4 加入约简核 $\{a_2\}$，可以得到决策表的另一个约简 $\{a_2,a_4\}$。

以第一个约简 $\{a_1,a_2\}$ 为例，表 3-2 可化简为表 3-4。它相当于删除了条件属性 a_3。

（4）属性约简的说明

对上述约简方法，理论上可以求出所有可能的约简，但当讨论的对象（决策表的行）和属性（决策表的列）规模较大时，矩阵将占用大量的存储空间，受计算开销和计算机时空限制，上述约简方法仅适用于数据规模较小的情况。当数据规模较大时，可采用基于广义决策逻辑公式的演绎算法。

另外，对上述约简方法，在众多可选的析取项中，究竟选用由哪个析取项指定的必要属性集才能使所建立的析取项为最优，只能根据需要而定。

3. 属性值约简

在完成决策表属性约简后，还应对属性值进行约简。决策表的每一行都可看作一条决策规则，因此属性值约简就是约简决策规则。属性值约简可分三步进行，首先消除重复行，然后确定每行条件属性的核值，最后约简每一行。

（1）消除重复行

在完成属性约简后，某些条件属性可能会被删除，它相当于减少了决策表中

每行的条件，因此有可能出现重复行。对这些重复行，它们的条件属性和决策属性都相同，因此它们表示同一条决策规则，应该消除这种冗余。至于消除这些冗余行中的哪一行或哪些行，是可以任意选择的，原因是决策规则在决策表中的顺序不影响决策表的决策能力。

例如，表 3-4 所示是一个约简后的决策表，u_2 和 u_3 是两个重复行，假设把 u_3 行删除，所得到的决策表如表 3-5 所示。

表 3-4　利用约简$\{a_1,a_2\}$化简后的决策表

A	C			D
U	a_1	a_2	a_4	
u_1	2	2	2	
u_2	2	1	2	
u_3	2	1	2	
u_4	1	2	1	
u_6	1	1	1	

（2）确定每行条件属性的核值

每行条件属性的核值是指能够唯一地确定该行决策属性值的那些条件属性的值。

表 3-5　消除行 u_3 后的决策表

A	C			D
U	a_1	a_2	a_4	
u_1	2	2	2	
u_2	2	1	2	
u_4	1	2	1	
u_6	1	1	1	

对每一行，逐个消去该行中每个条件属性的值，并在此前提下检查该行的其他属性能否唯一地确定该行的决策属性值。若能，说明消去的条件属性值是该行的非核值；若不能，则说明消去的条件属性值是该行条件属性的核值。

重复以上过程，确定每一行的核值。

例如，表 3-5 是一个约简后的决策表，其核值表如表 3-6 所示。在该表中，u_1 行和 u_2 行的核值是 $a_1=2$，u_4 行和 u_6 行的核值是 $a_1=1$。

（3）约简每一行

对每一行，根据已经确定的该行的核值和非核值，从该行中删去非核值，仅留下核值，以实现对该行的约简。需要说明的是，在利用行的核值约简某一行时，可能会出现该行没有唯一核值确定其决策属性值的情况。对这样的行，可通过恢复该行的非核属性值来实现其唯一性。

此外，对每一行约简后，应逐行进行一次附加检查，看有无因某些非核值的消去而导致的重复行。若有，则删去重复行。例如，对表 3-6 所示的核值表，u_1 行和 u_2 行是重复行，它们的核值都是 $a_1=2$，这里把 u_2 行删除。同样，u_4 行和 u_6 行也是重复行，它们的核值都是 $a_1=1$，这里把 u_6 行删除。最后得到如表 3-7 所示的约简表。

表 3-6　表 3-5 的核值表

A / U	C		D
	a_1	a_2	a_4
u_1	2	×	2
u_2	2	×	2
u_4	1	×	1
u_6	1	×	1

表 3-7　表 3-6 的约简表

A / U	C		D
	a_1	a_2	a_4
u_1	2	×	2
u_4	1	×	1

该约简表对应的决策规则为

$$\text{IF} \quad a_1=2 \quad \text{THEN} \quad a_4=2$$
$$\text{IF} \quad a_1=1 \quad \text{THEN} \quad a_4=1$$

3.8　推理理论在空间信息处理中的应用

本节主要介绍遥感影像地物分类问题时引入模糊逻辑的方法和思想，解决地物模糊特征的问题。

3.8.1　模糊特征和模糊分类

1. 模糊特征

模糊特征是指根据一定的模糊化规则（通常根据具体应用领域的专业知识人为确定或经过试算确定）把原来的一个或者几个特征变量分成多个模糊变量，使每个模糊变量表达原特征的某一局部特征，用这些新的模糊特征代替原来的特征进行模式识别。例如，在某个问题中，人的体重本来作为一个特征使用，现在根据需要可以把特种特征分为"偏轻""中等"和"偏重"3 个模糊特征，每个模糊特征的取值实际上是一个新的连续变量，它们表示的不再是体重的数值，而是关于这个人的体重状况的描述，即分别属于偏轻、中等和偏重的程度，如图 3-9 所示。这种做法通常被称作 1-of-N 编码（N 分之一编码）。在模糊神经网络系统中也经常应用。

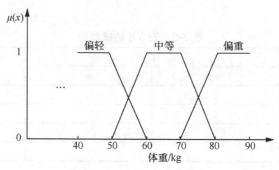

图 3-9　体重的 1-of-N 编码

把原来的一个特征变为若干模糊特征的目的在于使新特征更好地反映问题的本质。在很多情况下，用一个特征（如体重）参与分类（如判断是否患有某种可能导致体重变化的病），正确分类结果与这个特征之间可能是复杂的非线性关系；而如果根据有关知识适当地提取模糊特征，虽然特征数增多，但却可能使分类结果与特征之间的关系线性化，从而大大化简后面分类器的设计和提升分类器性能。如果对所提取的特征与要研究的分类问题之间的关系有一定的先验认识，则采用这种方法往往能取得很好的结果。

2．结果的模糊化

模式识别中的分类就是把样本空间（或者样本集）分成若干个子集，当然，可以用模糊子集的概念代替确定子集，从而得到模糊的分类结果，或者说使分类结果模糊化。

在模糊化的分类结果中，一个样本将不再属于每个确定的类别，而是以不同的程度属于各个类别，这种结果与原来明确的分类结果相比有两个显著的优点：一是在分类结果中可以反映出分类过程中的不确定性，有利于用户根据结果进行决策；二是如果分类是多级的，即本系统的分类结果将与其他系统分类结果一起作为下一级分类决策的依据，则模糊化的分类结果通常更有利于下一级分类，因为模糊化的分类结果比明确的分类结果中包含更多的信息。

如果训练样本中已知的类别标号是以模糊类的隶属度函数的形式给出的，那么需要对原有的模式识别方法进行改变，以适应这种模糊类别划分。这里介绍的结果的模糊化，专指训练样本和分类器仍是确定性的，只是根据后续的需要把最终的输出分类结果进行模糊化。结果的模糊化并没有固定的方法，通常需要结合

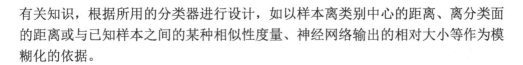

有关知识，根据所用的分类器进行设计，如以样本离类别中心的距离、离分类面的距离或与已知样本之间的某种相似性度量、神经网络输出的相对大小等作为模糊化的依据。

3.8.2　基于模糊集理论的森林过火区遥感制图

森林过火区监测对灾后重建和温室气体定量评估都非常重要。卫星遥感技术已成为森林过火区识别的一种重要技术手段。环境减灾一号小卫星 B 星（HJ-1B）中分辨率多光谱 CCD 相机数据具有 3 个可见光波段和 1 个近红外波段，正常植被在近红外波段反射率较高，在可见光部分主要吸收红光；而在燃烧过后，由于叶片组织的破坏，植被被裸露的木炭和土壤代替，近红外波段的反射率降低，而可见光波段反射率上升。因此，在多时相的森林过火区识别中，近红外和可见光是非常有效的波段。

然而，多时相卫星数据获取难度大，物候、时相上的差异需要更精确的大气校正和几何配准，计算量较单时相也会更大，因此，尝试利用单时相遥感数据进行过火区识别。但是，单时相较多时相而言，遥感图像中的水体、阴影等与过火区易混淆的区域难以区分，为解决这个问题，先将 HJ-1B IRS（红外多光谱相机）数据重采样成 30 m 空间分辨率，然后对过火区进行识别。HJ-1B IRS 数据具有短波红外和热红外波段，短波红外对植被水分含量非常敏感，由于火后植被水分大量减少，木炭和土壤的部分裸露会导致短波红外反射率上升，因此短波红外波段数据对水体和阴影等与过火区在可见光近红外波段易混淆的区域具有一定的识别能力。另外，过火区的地表温度（Land Surface Temperature, LST）会有所上升，加入 LST 参数，对过火区进行评估。

采用模糊分类法进行森林过火区制图，其优点在于使用所有可用的光谱指数，自适应地突出不同指数的优势和抑制冗余信息、增强过火区信息，而不需要对光谱指数进行优选；在跨区域遥感制图中，该方法更加强健。此外，利用软分类法，不硬性设定阈值，使用多指数隶属度函数生成"正面信息"和"负面信息"来减少误判，提高了识别精度。该方法基于一个区域生长的过程，而该过程需要一个初始"种子"像元和一个限制生长准则。基于模糊集理论的森林过火区遥感制图流程如图 3-10 所示。

通过定义一系列隶属度函数，对所有使用的光谱指数 SI_i 和 LST 进行归一化处理，生成突出过火区的"正面信息"（PE_i）和"负面信息"（NE_i），每个像元的 PE_i 和 NE_i 都是在[0, 1]范围内。对于 PE_i，像元值越接近 1，表示它是过火区的可能性越大；而对于 NE_i，像元值越接近 1，表示它是非过火区的可能性越大。利用模糊集理论中不同的算子对这些 PE_i 和 NE_i 进行聚合，生成聚合后的正面信息 PE'_i（即候选"种子"和候选边界）；然后利用聚合后的负面信息 NE'_i 对候选"种子"

和候选边界进行修正，提高"种子"像元选取和限制生长准则边界的精度；最后利用最终修正过的"种子"像元和生长边界进行区域生长，得到森林过火区的提取结果。

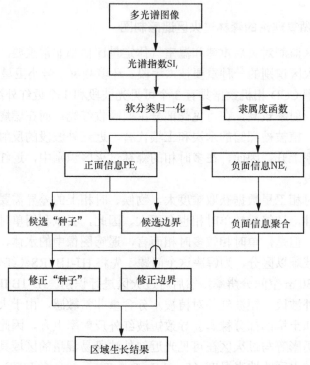

图 3-10　基于模糊集理论的森林过火区遥感制图流程

1. 采用隶属度函数提取过火区信息

采用隶属度函数对过火区的正面信息 PE_i 及负面信息 NE_i 进行有效提取。隶属度函数的定义为：设 Z 为一个集合，$Z=\{z\}$；给定一个映射 $\mu_A:Z\rightarrow[0, 1]$，使 Z 中的每一个元素 z 都有一个 $A(z)\in[0, 1]$ 与之对应，则确定了 Z 中的一个模糊集合 A，μ_A 称为模糊集合 A 的隶属度函数，μ_A 在 $z\in Z$ 点处的值 $\mu_A(z)$ 称为 z 对 A 的隶属度。μ_A 的值越接近 1，则 z 对 A 的隶属度越高，即

$$A=\{z,\mu_A(z),z\in Z\} \tag{3-14}$$

通过定义一系列隶属度函数，将常用的光谱参数转化为值为[0, 1]的 PE_i 和 NE_i 图层，用于增强过火区的信息或非过火区的信息。PE_i 的定义采用归一化差值植被指数 NDVI，增强型植被指数 EVI，土壤调节植被指数 SAVI 和烧焦土壤指数 CSI；NE_i 的定义采用归一化燃烧率 NBR 和 LST。定义隶属度函数有多种方法，这里采用数据统计驱动的方式，对每个类别选取大量样本，根据类别的直方图进行隶属

度函数的定义。训练样本的选择是综合 4 个训练区域完成的，而类别包括过火区、阴影、水体和植被，并且选取不同区域和不同燃烧程度的过火区训练样本，以增强隶属度函数的强健性。

2．模糊聚类

通过一些模糊聚类算法分别将一系列 PE_i 和 NE_i 图层进行聚类，形成所需要的候选"种子"像元、候选边界和负面修正图层。

① 对候选"种子"和候选边界的聚合。采用基于模糊的有序加权平均（Ordered Weighting Averaging, OWA）算子，其定义如下。

设 OWA：$R^n \rightarrow R$，即

$$OWA(a_1, a_2, \cdots, a_n) = \sum_{j=1}^{n} w_j b_j \qquad (3\text{-}15)$$

式中，$w=(w_1, w_2, \cdots, w_n)$ 为与函数 OWA 相关联的加权向量，$w_j \in [0, 1]$，$j=1,2,\cdots,n$；$\sum_{j=1}^{n} w_i = 1$；b_j 为 $(a_1, a_2, \cdots, a_n)$ 中第 j 个大的元素，即对 $(a_1, a_2, \cdots, a_n)$ 从大到小进行排序，而 a_i 与 w_i 没有任何关联（w_i 只与集合中第 i 个位置有关）。

有序加权向量 $w=(w_1, w_2, \cdots, w_n)$ 可确定为

$$w_i = \mu_Q\left(\frac{i}{n}\right) - \mu_Q\left(\frac{i-1}{n}\right) \qquad (3\text{-}16)$$

式中，μ_Q 为模糊语义量化算子；Q 为通过非递减函数 μ_Q 得出的一个语义量化模糊集，可用来对聚合策略进行语义上的定义。

图 3-11 给出了"most"语义的量化函数。这些函数从"most50%"到"most90%"，表示对 Q 中有效元素的满意程度；这些函数都是分段函数，满足 3 个基点：(0,0)、(x%, 0)和(1,1)。x%表示提供有效正面信息的最低百分比，x 值越大，聚合的语义越严格。为了得到满意结果，需要更多的图层对过火区具有正面增强。

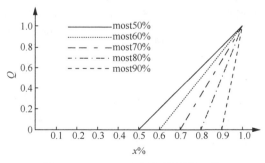

图 3-11　"most"语义的量化函数

对"种子"像元选取的要求是尽量减少误判。因此，选用非常严格的算子"most90%"，要求一个像元的 90%信息是增强过火区的正面信息时，才认为这个像元是过火区；而对于限制生长准则的边界，则选用较为宽松的聚合算子"most50%"，即只要一个像元的 50%信息是增强过火区的正面信息，就将这个像元归并。

② 对负面信息的聚合。为了突出非过火区像元（主要是水体和阴影），需对正面信息进行修正从而减少误判。这里采用另一种模糊算子"Max"，因为只有最大化地突出非过火像元进而生成负面信息，通过负面信息修正剔除水体和阴影等易与过火像元混淆的类别，才能有效地减少误判。"Max"算子加权向量 W 的定义为

$$W=[1,0,\cdots,0]^{\mathrm{T}} \tag{3-17}$$

比较式（3-15）和式（3-17）可以看出

$$\mathrm{NE}=\mathrm{Max}(a_i) \tag{3-18}$$

式中 NE（Negative Evidence）为负面信息。

进而可通过下式计算出修正后的"种子"像元和限制生长准则边界图层，即

$$r\mathrm{PE_{SEED}}=c\mathrm{PE_{SEED}}-\mathrm{NE} \tag{3-19}$$

$$r\mathrm{PE_{GROW}}=c\mathrm{PE_{GROW}}-\mathrm{NE} \tag{3-20}$$

式中，$c\mathrm{PE_{SEED}}$ 和 $c\mathrm{PE_{GROW}}$ 分别为候选"种子"和候选边界；$r\mathrm{PE_{SEED}}$ 和 $r\mathrm{PE_{GROW}}$ 分别为修正后的"种子"和限制生长准则边界图层。

通过设定阈值在 $r\mathrm{PE_{SEED}}$ 图层中选取过火"种子"像元，在 $r\mathrm{PE_{GROW}}$ 图层中进行区域生长。生长准则为只要 $r\mathrm{PE_{GROW}}$ 像元的值大于 0，就将其归并入过火像元，直到没有邻域像元可以加入。

隶属度函数的定义是通过不同类别的光谱指数直方图获取的。经过分析发现，过火区和水体阴影在基于可见光和近红外的 NDVI 和 EVI 的直方图中难以区分，而 NBR 和 nLST 对于水体阴影等都具有很好的可分性。基于可见光和近红外的光谱指数对过火区和植被具有一定的可分性，但水体和阴影等类别使用这些波段的数据却难以区分。因此，在对负面信息修正时，本文采用 NBR 和 nLST 这两个参数。NBR 应用于过火区识别具有很长的历史，植被燃烧后叶片的损毁导致水分减少，使过火区的短波红外反射率比水体和阴影高；而近红外波段的反射率相近，因而过火区的 NBR 值小于水体和阴影。而火后过火区温度会有所上升，因此加入 nLST 对正面信息进行修正，火区的 nLST 比除裸地外的其他类别高。

3．"种子"像元阈值和语义量化函数选择

对训练样本区域用不同语义量化函数（包括未经过负面信息修正的和经过负面信息修正的语义量化函数）和不同阈值提取的"种子"像元进行误判评价，选择的阈值包括[0, 1]区间内每间隔 0.1 的值。通过目视解译，在原图像中选取过火像元和非过火像元样本作为分类参考数据，与提取的"种子"像元对比，得到误差矩阵，从而找出误判像元。

3 个训练区域在经过负面信息修正前，"种子"像元的整体误判率较高；随着阈值的增大，误判率显著降低；阈值不变时，随着语义量化函数从"most60%"到"most90%"，算子越来越严格，误判率也显著降低。

定量地看，未修正的算子无法满足"种子"像元误判率要很低的要求；经过修正的算子误判率与修正前的算子相比显著降低，而阈值对经过修正的算子影响很小（阈值即使在最宽松的 0.1 处，误判率也小于 10%）。对修正后的"most90%"而言，在阈值为 0.5 处的误判率已经在 1%以下，因此选择语义量化函数"most90%"和阈值 0.5 作为选取"种子"像元的准则。修正的算子是 NBR 和 LST 隶属度函数的聚合，这也证明了短波红外和温度信息对过火区提取的重要性（这两个波段大大减少了对于水体和阴影的误判率，提高了过火区提取的精度）。

对于"种子"像元，采用"most90%"这个函数和 0.5 的阈值；而区域生长的生长准则应相对宽松，才能形成过火区的边界，减少漏判。这里的生长准则利用量化函数"most50%"，阈值为 0，即只要经过函数"most50%"聚合并经负面信息修正后的像元值大于 0，就将其纳入过火区，并作为新的"种子"像元继续生长，直到生长结束。

4．精度验证

因为缺少现场实测的过火区边界数据，得到过火区提取结果后，在原始卫星图像上通过目视解译选取样本点进行精度验证（分别选取了过火区和未过火区样本各大约 1 700 个样本点，对得到的过火区提取结果进行精度验证）。

在所提取的过火区中，误判非常少；而由于在"种子"像元提取阶段采用了比较严格的语义量化函数和阈值，少量燃烧程度较轻的小面积过火区的孤立像元群被漏判。但从总体上看，大部分过火区通过上述算法被成功地识别出来。表 3-8 给出了两个验证样本的过火区制图精度。

表 3-8　过火区制图精度

验证样本	误判率	漏判率	过火区用户精度	总体精度
样本 1	11.2%	13.4%	88.8%	87.9%
样本 2	14.2%	17.3%	85.8%	86.6%

从表 3-8 可以看出，使用本文算法可以有效地对火烧迹地进行提取，其漏判

率和误判率都较低，过火区用户精度和总体精度都在 85%以上。该方法解决了光谱指数的优选问题，因为没有一个光谱指数对所有区域或一个区域的所有像元都是最优的；在"种子"像元选取时，采用模糊分类的算法，逐像元、自适应地对光谱指数进行优选聚合，当只有 90%的光谱指数是突出过火区信息时，才认为这个像元是"种子"像元，从而提高在不同区域的适用性和强健性；模糊分类没有采用一个简单的阈值进行硬性分类，而是通过对每个像元与类别属性的相似度进行分类，从而降低使用硬性阈值划分类别带来的误判或漏判。

本文算法逐像元地对光谱指数进行聚合，对不同区域的像元能够自适应地突出森林过火区信息并抑制冗余信息；模糊分类对每个像元的归属不采用硬性的阈值，不仅解决了不同区域参数优选的问题，而且在一定限度上解决了阈值设置的问题。从单时相制图的角度看，本文方法能够满足快速、跨区域森林过火区遥感制图的适用性和精度。

3.9 小结

推理是智能行为的基本特征之一，是人工智能的核心问题之一。人类有多种思维方式，相应地人工智能中也有很多种推理方式。本章主要介绍了推理的基本概念和推理的逻辑基础、自然演绎推理和归结演绎推理。经典逻辑主要是指命题逻辑与一阶谓词逻辑，由于其值只有"真"与"假"这两个，经典逻辑推理中的已知事实以及推出的结论都是精确的，或者为"真"，或者为"假"，所以又称经典逻辑为精确推理或确定性推理。非经典逻辑推理是指除经典逻辑外的那些逻辑，如多值逻辑、模糊逻辑、概率逻辑等。基于这些逻辑的推理称为非经典逻辑推理，它是一种不确定性推理。本章讨论了确定性和不确定性推理的基本概念，以及研究的主要问题和主要研究方法，并通过实例介绍了空间知识推理的过程。

第 4 章
智能优化与空间信息处理

在诸多空间信息研究领域中普遍存在优化问题。例如，物理模型中，怎样选择参数，使对自然过程的描述结果既能满足要求又能降低计算成本；资源规划决策中，合理分配有限资源，使分配方案既满足各方面的基本要求，又能获得好的经济效益等。因此，优化是空间信息科学中的重要研究对象。而优化技术是一种以数学为基础，用于求解各种实际问题优化解的应用技术。本章主要介绍常见的基于数学和物理方法的智能优化方法及其在空间信处理中的应用。

4.1 智能优化搜索

由于实际问题的复杂性，优化问题的最优解的求解十分困难。20 世纪 80 年代以来，一系列现代优化算法应运而生，这些算法在求解复杂问题中取得成功应用，使它们越来越受到科技工作者的重视和广泛应用。这类算法通常以人类、生物的行为方式或物质的运动形态为背景，经过数学抽象建立算法模型，通过计算机的计算来求解最优化问题，因此这些算法称为智能优化算法。

近年来，对智能优化算法的研究异常活跃，新的优化算法不断出现。例如，1975 年，Holland 提出了模仿生物种群中优胜劣汰机制的遗传算法（Genetic Algorithms, GA）；1983 年，Kirk-Patrick 基于对热力学中固体物质退火机制的模拟，提出了模拟退火（Simulated Annealing, SA）算法；1986 年，Glover 通过将记忆功能引入最优解的搜索过程，提出了禁忌搜索（Tahu Search, TS）算法；1991 年，Dorigo 等借鉴自然界中蚂蚁群体的觅食行为，提出了蚁群优化（Ant Cotony Algorithms, ACA）算法；1995 年，Kennedy 和 Eberhart 受鸟群觅食行为启发，提出了粒子群优化（Particle Swarm Optimization, PSO）算法。另外，免疫复制选择算法（Clonal Selection Algorithm, CSA）、量子计算（Quantum Computing, QC）以及国内学者李晓磊等提出的鱼群算法是较为常用的智能优化算法。

4.1.1 优化问题的分类

优化问题分为函数优化和组合优化两大类。为便于测评各种优化算法的性能，人们提出了一些典型的测试函数和组合优化问题。常用的函数优化测试函数如下。

$$F_1=100(x_1^2-x_2)^2+(1-x_1)^2 \quad -2.028 \leqslant x_i \leqslant 2.048 \tag{4-1}$$

$$F_2=[1+(x_1+x_2+1)^2(19-14x_1+3x_1^2-14x_2+6x_1x_2+3x_2^2)]\times$$
$$[30+(2x_1-3x_2)^2(18-32x_1+12x_1^2+48x_2-36x_1x_2+27x_2^2)] \quad -2 \leqslant x_i \leqslant 2 \tag{4-2}$$

$$F_3=\left[\frac{1}{500}+\sum_{j=1}^{25}\frac{1}{j+\sum_{i=1}^{2}(x_i-a_{ij})^6}\right]^{-1} \quad -65536 < x_i < 65536 \tag{4-3}$$

其中，$[a_{ij}]=\begin{pmatrix} -32 & -16 & 0 & 16 & 32 & -32 & -16 & \cdots & 0 & 16 & 32 \\ -32 & -32 & -32 & -32 & -32 & -16 & -16 & \cdots & 32 & 32 & 32 \end{pmatrix}$。

$$F_4=\left[\frac{\sin^2\sqrt{x_1^2+x_2^2}-0.5}{(1+0.001(x_1^2+x_2^2))^2}\right]-0.5 \quad -100 < x_i < 100 \tag{4-4}$$

$$F_5=(4-2.1x_1^2+\frac{x_1^4}{3})x_1^2+x_1x_2+(-4+4x_2^2)x_2^2 \quad -100 < x_i < 100 \tag{4-5}$$

$$F_6=(x_1^2+x_2^2)^{0.25}[\sin^2(50(x_1^2+x_2^2)^{0.1})+1.0]-100 < x_i < 100 \tag{4-6}$$

组合优化问题是通过数学方法的研究寻找离散事件的最优编排、分组、次序或筛选等，涉及信息技术、经济管理、工业工程、交通运输和通信网络等许多方面，其数学模型描述如下。

目标函数：$\min f(x)$。

约束函数：$\text{s.t.} g(x) \geqslant 0$。

有限点集，决策变量：$x \in D$。

典型的组合优化问题如下。

① 0-1 背包问题：设背包容积为 b，第 i 件物品单位体积为 a_1 且第 i 件物品单位价值为 c_i，其中 $i=1, 2, \cdots, n$，求如何以最大价值装包。

② 旅行商问题：一位商人去 n 个城市销货，所有城市走一遍再回到起点，使所走路程最短。

③ 装箱问题：尺寸为 1 的箱子有若干个，怎样用最少的箱子装下 n 个尺寸不超过 1 的物品，物品集合为 $\{a_1, a_2, \cdots, a_n\}$。

④ N 皇后问题：在 $N \times N$ 格的棋盘上，放置 N 个皇后。要求每行每列放一个

皇后，而且每一条对角线和每一条反对角线上最多只能有一个皇后，即对同时放置在棋盘的任意两个皇后(i_1, j_1)和(i_2, j_2)不允许$(i_1,i_2)=(j_1,j_2)$或者$(i_1+j_1)=(i_2+j_2)$的情况出现。

⑤ 可满足性问题：对于一个命题逻辑公式，是否存在对其变元的一个真值赋值公式使之成立。

⑥ 地图填色问题：4 种颜色可以为任意的地块涂上颜色，而任何相邻的地块颜色都不相同，这就是著名的四色定理。

最简单的一维情况的状态空间地形图如图 4-1 所示。

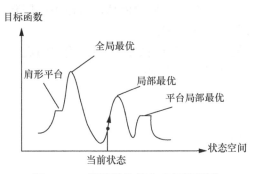

图 4-1　一维情况的状态空间地形图

4.1.2　优化算法分类

目前优化算法的种类众多，按照寻优机制，可分为串行优化算法和并行优化算法。

串行优化算法是指算法在每次优化迭代计算中，仅搜索解空间中的一个点（或状态）。这类方法每次迭代运算量小，运算时间短，通常为完成优化问题的求解，所需迭代次数较多，且对复杂的优化问题求解能力有限。通常适用于中小规模的组合优化问题或不十分复杂的函数优化问题的求解，并可用较短的时间以较高的质量完成优化问题的求解。

并行优化算法是指算法的寻优机制通常采用类似于种群或群体的方式，在每次迭代计算中可同时完成对解空间的多点搜索，并提供多个备选可行解，如遗传算法、蚁群算法等。这类方法每次的迭代运算盘较大，通常与种群的规模直接相关，但完成优化所需的迭代次数较少，且具有较强的全局寻优能力。通常适用于大规模或较大规模的组合优化问题或较复杂的函数优化问题的求解。

另外有一些优化算法，如混沌优化算法，在刚刚提出时属于串行搜索算法，但人们为了应用其求解复杂优化问题，在算法中结合并行搜索机制对其进行改进，从而发展出并行优化算法。将一般优化搜索方法分为以下三类。

（1）基于导数的方法：包括直接法（如爬山法等）和间接法（即求导数为零

的点）。首先，这类方法要求导数存在并容易得到；其次，这类方法是一种局部搜索方法，而不是一种全局搜索方法。

（2）枚举法：包括完全枚举法、隐式枚举法（分校定界法）、动态规划法等。

（3）随机搜索方法：在问题空间中随机选定一定数量的点，从中选优。

具有鲁棒性的优化方法与一般方法相比具有以下几个特点。

（1）对问题的整个参数空间给出一种编码方案，而不是直接对问题的具体参数进行处理。

（2）从一组初始点开始搜索，而不是从某个单一的初始点开始搜索。

（3）搜索中用到的是目标函数值的信息，可以不必用到目标函数的导数信息或其他与具体问题有关的特殊知识。

（4）搜索中用到的是随机交换规则，而不是确定的规则。

下面对各种优化算法做较为详细的介绍。

4.2 局部搜索算法

常用的智能优化算法有：梯度下降法、Powell 算法、模拟退火算法、粒子群算法、蚁群算法等。其中，梯度下降法和 Powell 算法为局部寻优，这类方法搜索速度快，但对初始点的依赖性较大，初始点的选择会对结果产生质的改变。而模拟退火算法、粒子群算法和蚁群算法属于全局搜索算法，有属于自己的一套跳出局部最优的机制，但是收敛速度慢，极有可能得不到最优解。

除了求解局部搜索问题，局部搜索算法对于解决纯粹的最优化问题是很有用的，其目标是根据一个目标函数找到最佳状态。局部搜索算法从某个当前状态（而不是多条路径）出发，通常只移动到与之相邻的状态。在典型情况下，搜索的路径是不保留的。虽然局部搜索算法不是系统化的，但是它们有两个关键的优点：

① 只使用很少的内存——通常内存容量是一个常数；

② 能在状态空间很大或者无限的（连续的）问题中，找到合理的解，而这样的问题用系统化全局搜索算法很难求解。

这里简述两种简单的优化算法：梯度下降法和 Powell 算法。它们都是对于某个准则函数寻优的算法，即将寻优过程中的准则函数看作最优化技术中的目标函数，因此它们都是最优化技术中的一些算法。

4.2.1 梯度下降法

梯度下降法又称最速下降法，从数学分析中可知，函数 $J(a)$ 在某点 a_k 的梯度 $J(a_k)$ 是一个向量，其方向是 $J(a)$ 增长最快的方向。显然，负梯度方向则是 $J(a)$ 下降最快的方向。因此，在求某函数极大值时，若沿梯度方向走，则可以最快地到达极大点；反之，沿负梯度方向走，则可以最快地到达极小点。

对于求准则函数 $J(a)$ 极小值的问题，可以选择任意初始点 a_0，从 a_0 出发沿负梯度 $s^{(0)}=-\nabla J(a_0)$ 方向走，可使 $J(a)$ 下降最快，$s^{(0)}$ 称作 a_0 点的搜索方向。

对于任意点 a_k，可定义在 a_k 点的负梯度搜索方向的单位向量为

$$\hat{S}^{(k)} = -\frac{\nabla J(a_k)}{\|\nabla J(a_k)\|} \tag{4-7}$$

从 a_k 出发，沿 $\hat{S}^{(k)}$ 方向走一步，步长为 ρ_k，得到新点 a_{k+1}，表示为

$$a_{k+1} = a_k + \rho_k \hat{S}^{(k)} \tag{4-8}$$

因此 a_{k+1} 点的准则函数值为

$$J(a_{k+1}) = J(a_k + \rho_k \hat{s}^{(k)}) \tag{4-9}$$

式（4-8）建立了一种迭代算法，从 a_0 可得到序列

$$a_0, a_1, a_2, \cdots, a_k, a_{k+1}, \cdots$$

可以证明，在一定的限制条件下，它将收敛于使 $J(a)$ 极小的解 a^*。式（4-8）就是梯度下降法的迭代算法公式。在算法中，一个关键问题是 ρ_k 的选择。式（4-8）中 ρ_k 称步长，在梯度下降法中它有多种选择方式，如 ρ_k 选为常数，或逐渐减小的序列等。若 ρ_k 选得太小，则算法收敛很慢；若 ρ_k 选得太大，则会使修正过分，甚至引起发散。显然最好的选择应是在 a_k 点恰恰走到沿 $\hat{S}^{(k)}$ 方向上 $J(a)$ 的极小点。在数学上就是取使 $J(a)$ 对 ρ_k 的导数为零的 ρ_k，这称为沿 $\hat{S}^{(k)}$ 方向进行一维搜索。最佳 ρ_k 可由下式得到。

$$\rho_k^* = \frac{\|\nabla J\|^3}{\nabla J^{\mathrm{T}} D \nabla J} \tag{4-10}$$

其中，D 为 $J(a)$ 的二次偏导数矩阵。下面给出梯度下降法的实现步骤。

Step 1　选取初始点 a_0，给定允许误差 $\varepsilon > 0$，$\eta > 0$，并令 $k=0$。

Step 2　计算负梯度 $s^{(k)}=-\nabla J(a_k)$ 及其单位向量 $\hat{S}^{(k)}$。

Step 3　检验是否满足 $\|s^{(k)}\| \leqslant \varepsilon$，若满足，则转 Step 8，否则继续。

Step 4　利用式（4-10）求最佳步长 ρ_k^*。

Step 5　令 $a_{k+1} = a_k + \rho_k^* \hat{s}^{(k)}$。

Step 6　计算并检验是否满足另一判据 $J(a_{k+1})-J(a_k) \leqslant \eta$，若满足，则转到 Step 8，否则继续。

Step 7　令 $k=k+1$，转 Step 2。

Step 8 输出结果并终止迭代。

4.2.2 Powell 算法

Powell 算法也是常用的一种典型的多参数局部优化算法，其优化效果取决于初始点的选取，其基本步骤如下。

Step 1 设定初始点 $x^{(0)}$，允许误差 ε，n 个线性无关的方向 $d^{(1,1)}, d^{(1,2)}, \cdots, d^{(1,n)}$。

Step 2 $x^{(k,0)}=x^{(k,1)}$，从 $x^{(k,0)}$ 出发，沿着方向 $d^{(1,1)}, d^{(1,2)}, \cdots, d^{(1,n)}$ 进行一维搜索，得到 $x^{(k,1)}, x^{(k,2)}, \cdots, x^{(k,n)}$ 后，再从 $x^{(k,n)}$ 出发，沿着方向 $d^{(k,n)}=x^{(k,n)}-x^{(k,0)}$ 做一维搜索，得到点 $x^{(k)}$。

Step 3 计算 $\| x^{(k)}-x^{(k-1)} \| < \varepsilon$，则搜索终止；反之则返回到 Step 2。

原始的 Powell 算法随着优化问题的不断复杂，迭代次数不断增加，尤其是在目标参数较多情况下，原始 Powell 算法的搜索方向容易朝着线性方向发展，从而不能保证 n 个搜索方向是线性无关的，陷入局部极致。在随后的研究中，很多专家学者对 Powell 算法进行了改进，主要是在替换方向的规则上进行了改进。原始 Powell 算法中，产生的新方向可以无条件地将原来搜索方向进行替换，改进的 Powell 算法是在充分考虑线性无关性的条件下改变搜索方向，具体步骤如下。

Step 1 设定初始点 $x^{(0)}$，允许误差 ε，n 个线性无关的方向 $d^{(1,1)}, d^{(1,2)}, \cdots, d^{(1,n)}$。

Step 2 $x^{(k,0)}=x^{(k,1)}$，从 $x^{(k,0)}$ 出发，沿着方向 $d^{(1,1)}, d^{(1,2)}, \cdots, d^{(1,n)}$ 进行一维搜索，得到 $x^{(k,1)}, x^{(k,2)}, \cdots, x^{(k,n)}$ 后，计算 m，使

$$f(x^{(k,m-1)}) - f(x^{(k,m)}) = \max_{j=1,2,\cdots,m} \left\{ f(x^{(k,j-1)}) - f(x^{(k,j)}) \right\} \tag{4-11}$$

Step 3 令 $d^{(k,n+1)}=d^{(k,n)}+d^{(k,0)}$，$\| x^{(k)}-x^{(k-1)} \| < \varepsilon$，则搜索终止，反之则返回到 Step 2。

Step 4 调整搜索方向，计算目标数值下降最大方向。令 $f_0=f(x^{(k,0)})$，$f_N=f(x^{(k,n)}-x^{(k,0)})$，$f_e=f(2 \cdot x^{(k,n)}-x^{(k,0)})$，同时定义 Δf 为此轮函数值下降最大量，如果满足 $f_e \leqslant f_0$ 或者 $2(f_0-2f_N+f_e)[(f_0-f_N)-\Delta f]^2 \geqslant (f_0-f_e)^2 \cdot \Delta f$，则保持方向不变，转到 Step 2；否则改变方向，转到 Step 2。

🔍 4.3 模拟退火算法

模拟退火（Simulated Annealing, SA）算法得益于材料的统计力学的研究成果。统计力学表明材料中粒子的不同结构对应于粒子的不同能量水平。在高温条件下，粒子的能量较高，可以自由运动和重新排序。在低温条件下，粒子能量较低，如果从高温开始，非常缓慢地降温（这个过程被称作退火），粒子就可以在每个温度下达到热平衡。当系统完全被冷却时，最终形成处于低能状态的晶体。

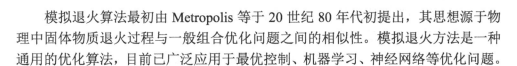

模拟退火算法最初由 Metropolis 等于 20 世纪 80 年代初提出，其思想源于物理中固体物质退火过程与一般组合优化问题之间的相似性。模拟退火方法是一种通用的优化算法，目前已广泛应用于最优控制、机器学习、神经网络等优化问题。

4.3.1　物理退火过程

模拟退火算法源于物理中固体物质退火过程，整个过程由以下三部分组成。

（1）升温过程

升温的目的是增强物体中粒子的热运动，使其偏离平衡位置变为无序状态。当温度足够高时，固体将溶解为液体，从而消除系统原先可能存在的非均匀态，使随后的冷却过程以某一平衡态为起点。升温过程与系统的熵增过程相关，系统能量随温度升高而增大。

（2）等温过程

在物理学中，对于与周围环境交换热量而温度不变的封闭系统，系统状态的自发变化总是朝向自由能减小的方向进行，当自由能达到最小时，系统达到平衡态。

（3）冷却过程

与升温过程相反，使物体中粒子的热运动减弱并渐趋有序，系统能量随温度降低而下降，最终得到低能量的晶体结构。

4.3.2　模拟退火算法的基本原理

模拟退火算法的基本思想是指将固体加温至充分高，再让其徐徐冷却，加温时，固体内部粒子随温度升高变为无序状，内能增大，而徐徐冷却时粒子渐趋有序，在每个温度都达到平衡态，最后在常温时达到基态，内能减为最小。

根据 Metropolis 准则，粒子在温度 T 时趋于平衡的概率为 $e^{-\Delta E/(KT)}$，其中 E 为温度 T 时的内能，ΔE 为其改变量，K 为 Boltzmann 常数。用固体退火模拟组合优化问题，将内能 E 模拟为目标函数值 f，温度 T 演化成控制参数 t，即得到解组合优化问题的模拟退火算法：由初始解和控制参数初值开始，对当前解重复"产生新解→计算目标函数差→判断是否接受→接受或舍弃"的迭代，并逐步衰减 t 值，算法终止时的当前解即所得近似最优解，这是蒙特卡罗迭代求解法的一种启发式随机搜索过程。

假设材料在状态 i 下的能量为 $E(i)$，那么材料在温度 T 时从状态 i 进入状态 j 遵循如下规律。

如果 $E(j) \leq E(i)$，则接收该状态被转换；

如果 $E(j) > E(i)$，则状态转换以如下概率被接收。

$$p = e^{(E(i)-E(j))/(KT)}$$

（4-12）

式中，K 为物理学中的常数；T 为材料的温度。

（1）模拟退火算法的组成

模拟退火算法由解空间、目标函数和初始解三部分组成。

① 解空间：对所有可能解均为可行解的问题定义为可能解的集合，对存在不可行解的问题，或限定解空间为所有可行解的集合，或允许包含不可行解但在目标函数中用罚函数（Penalty Function）惩罚以致最终完全排除不可行解。

② 目标函数：对优化目标的量化描述，是解空间到某个数集的一个映射，通常表示为若干优化目标的一个和式，应正确体现问题的整体优化要求且较易计算，当解空间包含不可行解时还应包括罚函数项。

③ 初始解：算法迭代的起点，实验表明，模拟退火算法是健壮的（Robust），即最终解的求得不十分依赖初始解的选取，从而可任意选取一个初始解。

（2）模拟退火算法的基本过程

Step 1　初始化，给定初始温度 T_0 及初始解 ω，计算解对应的目标函数值 $f(\omega)$，这里 ω 代表一种聚类划分。

Step 2　模型扰动产生新解 ω' 及对应的目标函数值 $f(\omega')$。

Step 3　计算函数差值 $\Delta f = f(\omega') - f(\omega)$。

Step 4　如果 $\Delta f \leq 0$，则接受新解作为当前解。

Step 5　如果 $\Delta f > 0$，则以概率 p 接受新解。

$$p = e^{-(f(\omega') - f(\omega))/(KT)} \tag{4-13}$$

Step 6　对当前 T 值降温，对 Step2～Step5 迭代 N 次。

Step 7　如果满足终止条件，输出当前解为最优解，结束算法，否则降低温度，继续迭代。

模拟退火算法流程如图 4-2 所示。算法中包含 1 个内循环和 1 个外循环，内循环就是在同一温度下的多次扰动产生不同模型状态，并按照 Metropolis 准则接受新模型，因此是用模型扰动次数控制的；外循环包括温度下降的模拟退火算法的迭代次数的递增和算法停止的条件，因此是用迭代次数控制的。

4.3.3　退火方式

模拟退火算法中，退火方式对算法有很大的影响。如果温度下降过慢，算法的收敛速度会大大降低。如果温度下降过快，可能会丢失极值点。为了提高模拟退火算法的性能，许多学者提出了退火方式，比较有代表性的几种退火方式如下。

①
$$T(t) = \frac{T_0}{\ln(1+t)} \tag{4-14}$$

t 代表图 4-2 中的最外层当前循环次数。其特点是温度下降缓慢，算法收敛速度也较慢。

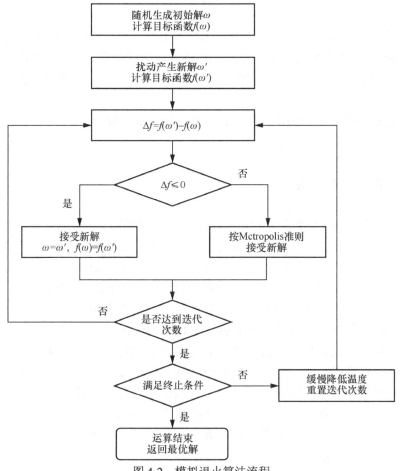

图 4-2 模拟退火算法流程

② $$T(t) = \frac{T_0}{\ln(1+at)} \qquad (4-15)$$

a 为可调参数，可以改善退火曲线的形态。其特点是高温区温度下降较快，低温区温度下降较慢，即主要在低温区进行寻优。

③ $$T(t) = T_0 \cdot a^t \qquad (4-16)$$

a 为可调参数。其特点是温度下降较快，算法收敛速度快。

在上面算法中应注意以下问题。

① 理论上，降温过程要足够缓慢，使在每一温度下达到热量平衡。但在计算机实现中，如果降温速度过缓，所得到解的性能较为令人满意，但是算法太慢，相对于简单的搜索算法不具有明显优势。如果降温速度过快，很可能最终得不到

全局最优解。因此，使用时要综合考虑解的性能和算法速度，在两者之间采取一种折中。

② 要确定在每一温度下状态转换的结束准则。实际操作可以考虑当连续 m 次的转换过程没有使状态发生变化时结束该温度下的状态转换。最终温度的确定可以提前定为一个较小始值 T_e，或连续几个温度下转换过程没有使状态发生变化算法就结束。

③ 选择初始温度和确定某个可行解的邻域的方法要恰当。

4.4 禁忌搜索算法

工程领域内存在大量的优化问题，对于优化算法的研究一直是计算机领域内的热点问题。优化算法主要分为全局优化算法和局部邻域搜索算法。全局优化算法不依赖问题的性质，按一定规则搜索解空间，直到搜索到近似最优解或最优解，属于智能随机算法，其代表有遗传算法、模拟退火算法、粒子群算法等。

局部邻域搜索是基于贪婪思想持续地在当前解的邻域中进行搜索，通常可描述为：从一个初始解出发，利用邻域函数持续地在当前解的邻域中搜索比它好的解，若能够找到如此的解，就以其成为新的当前解，然后重复上述过程；否则结束搜索过程，并以当前解作为最终解。局部搜索算法性能依赖于邻域结构和初始解，若邻域函数设计不当或初值选取不合适，则算法最终的性能会很差。局部邻域搜索算法依赖对问题性质的认识，易陷入局部极小而无法保证全局优化性，但是该算法属于启发式搜索，容易理解，通用且易实现。同时，贪婪思想无疑将使算法丧失全局优化能力，即算法在搜索过程中无法避免陷入局部极小。因此，若不在搜索策略上进行改进，实现全局优化，那么局部搜索算法采用的邻域函数必须是"完全的"，即邻域函数将导致解的完全枚举。而这在大多数情况下无法实现，且穷举的方法对于大规模问题在搜索时间上是不允许的。为了实现全局优化，可尝试的途径有扩大邻域搜索结构、多点并行搜索，如进化计算、变结构邻域搜索等。

禁忌搜索（Tabu Search/Taboo Search, TS）算法是对局部邻域搜索的一种扩展，搜索过程中采用禁忌准则，即不考虑处于禁忌状态的解，标记对应已搜索的局部最优解的一些对象，在进一步的迭代搜索中尽量避开这些对象（而不是绝对禁止循环），避免迂回搜索，从而保证对不同的有效搜索途径的探索，是一种局部极小突跳的全局逐步寻优算法，最早由 Glover 提出。TS 算法是对人类智力过程的一种模拟，人工智能的一种体现。TS 算法在函数全局优化、组合优化、生产调度、机器学习等领域取得了很大的成功。

4.4.1　禁忌搜索算法的基本原理

禁忌搜索算法的基本思想是：给定一个初始解（随机的），作为当前最优解，给定一个状态"best so far"，作为全局最优解。给定初始解的一个邻域，然后在此初始解的邻域中确定若干解作为算法的候选解；利用适配值函数评价这些候选解，选出最佳候选解；若最佳候选解所对应的目标值优于"best so far"状态，则忽视它的禁忌特性，用这个最佳候选解替代当前解和"best so far"状态，并将相应的解加入禁忌表中，同时修改禁忌表中各个解的任期；若候选解达不到以上条件，则在候选解中选择非禁忌的最佳状态作为新的当前解，并且不管它与当前解的优劣，将相应的解加入禁忌表中，同时修改禁忌表中各对象的任期；重复上述搜索过程，直至满足停止准则。

简单的禁忌搜索算法是在邻域搜索的基础上，通过引入一个灵活的存储结构和相应的禁忌准则来避免迂回搜索，存储结构存放禁忌表，记录一些已经历的禁忌操作，并利用藐视准则来奖励赦免一些被禁忌的优良状态，进而保证多样化的有效探索以最终实现全局优化。

简单禁忌搜索的算法步骤可描述如下。

Step 1　给定算法参数，包括候选解（Candidate）的选取个数、禁忌表长度（Tabu Length）等。

Step 2　随机产生初始解 x，置禁忌表为空。

Step 3　判断算法终止条件是否满足，若是，则结束算法并输出优化结果；否则，继续以下步骤。

Step 4　利用当前解的邻域函数产生其所有（或若干）邻域解，并从中确定若干候选解。

Step 5　对候选解判断藐视准则是否满足，若是，则用满足藐视准则的最佳状态 y 替代 x 成为新的当前解，并用与 y 对应的禁忌对象替换最早进入禁忌表的禁忌对象，同时用 y 替换"best so far"状态，转 Step 7；否则，继续以下步骤。

Step 6　判断候选解对应的各对象的禁忌属性，选择候选解集中非禁忌对象对应的最佳状态为新的当前解，同时用与之对应的禁忌对象替换最早进入禁忌表的禁忌对象元素。

Step 7　转 Step 3。

禁忌搜索算法基本流程如图 4-3 所示。

上述算法仅是一种简单的禁忌搜索框架，邻域函数、禁忌对象、禁忌表和藐视准则，构成禁忌搜索算法的关键，对各关键环节复杂和多样化的设计可构造出各种禁忌搜索算法。

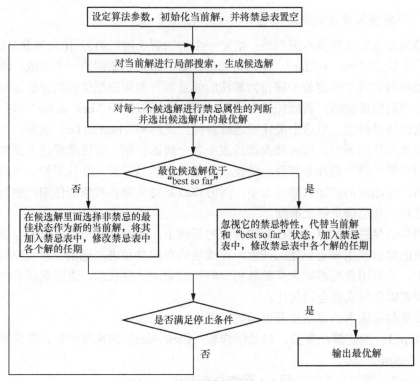

图 4-3　禁忌搜索算法基本流程

4.4.2　禁忌搜索算法的优缺点

禁忌搜索算法具有灵活的记忆功能和藐视准则，并且在搜索过程中可以接受劣解，具有较强的"爬山"能力，搜索时能够跳出局部最优解，转向解空间的其他区域，从而增加获得全局最优解的概率，所以禁忌搜索算法是一种局部搜索能力很强的全局迭代寻优算法。

区别于传统的优化算法，禁忌搜索算法的主要特点是搜索过程中可以接受劣解，因此具有较强的"爬山"能力，新解不是在当前解的邻域中随机产生，而是优于"best so far"的解，或是非禁忌的最佳解，因此选取优良解的概率远远大于其他解。

尽管禁忌搜索算法在许多领域得到了成功应用，但禁忌搜索也有明显不足：对初始解的依赖性较强，好的初始解有助于搜索很快达到最优解，而较坏的初始解往往会使搜索很难或不能达到最优解，因此有先验知识指导下的初始解更容易让算法找到最优解；迭代搜索过程是串行的，仅是单一状态的移动，而非并行搜索。

🔍 4.5　智能优化方法在空间信息领域中的应用

农业生产与人类生活息息相关，准确、动态、及时的农作物长势监测对于指导和调控农业生产，实现"高产、优质、高效"的目标，以及促进农业可持续发展具有非常重要的意义。运用遥感技术进行农作物长势监测具有宏观、快速等优点，但遥感信息反映的是地表或作物群体表面的瞬时状况，且受到遥感影像时空分辨率等因素的限制，因此，对作物生长状况的描述缺乏机理性和连续性。作物生长模型综合考虑气象、土壤、作物品种、作物种植因素等影响，连续模拟作物每日生长发育状况，但其基于单点尺度建模，扩展到区域时，由于地表、近地表环境非均匀性问题，模型中一些宏观资料的获取和参数的区域化方面遇到困难。数据同化可以将测量数据特别是遥感数据与选择的动态模型预测值结合，能够实现对空间分布的环境参数提供物理意义上一致的估计。

基于遥感技术和作物模型各自的优缺点，利用同化方法将二者结合越来越广泛地被应用到作物长势监测、品质产量预报等方面，成为地球表层科学一个活跃的研究方向。同化方法通过调整作物生长模型中与作物生长发育密切相关的初始条件或输入参数，来不断缩小遥感反演值或观测值与模型模拟值的差距，进而达到估计模型初始值或参数值的目的。在遥感信息与作物生长模型的同化研究中，采用的同化策略总结起来包括以下两种：

① 利用遥感反演得到的作物冠层状态变量作为外部同化变量，调整作物生长模型的输入参数或初始条件，减小模型模拟值与遥感观测反演值的差异，实现模拟过程的优化；

② 将作物生长模型与辐射传输模型相耦合，直接利用遥感观测辐射数据作为外部同化变量，与耦合模型模拟结果进行比较，确定作物生长模型的参数或初始条件，达到优化作物生长模型模拟过程的目的。

遥感数据和作物模型同化作为一种新的方法，涉及农业遥感、数学、气象、栽培、计算机等众多学科，这里结合遥感数据与作物模型的同化方法，将陆面数据同化中应用较广的极快速模拟退火（Very Fast Simulated Annealing, VFSA）算法引入遥感数据与常用的 CERES-Wheat 小麦生长模型的同化体系，设计并构建了能将遥感数据、作物模型、同化算法无缝集成，且具备可移植性与可扩展性的作物模型同化原型系统；同时，利用地面高光谱作为遥感数据，针对反映作物长势的关键参数——叶面积指数（Leaf Area Index, LAI），通过同化小麦 LAI 实现作物长势的监测，并进行了检验和初步应用。

4.5.1　VFSA 时空数据同化算法

极快速模拟退火算法相比传统模拟退火算法采用了指数型退火策略及满足 Cauchy 分布的随机变量搜索策略，因此具有效率高和真遍历等特性。VFSA 算法需 4 个基本要素，如下。

① 目标函数（能量函数）

$$E(x) = \frac{1}{2} \sum_{i=1}^{n} [y_i - H_i M_i(x)]^T R_i^{-1} [y_i - H_i M_i(x)] + \frac{1}{2}(x - x^b)^T B^{-1}(x - x^b) \quad (4\text{-}17)$$

式中，E 被称为目标函数；下标 i 是离散后的数值模型积分步长，n 表示总观测次数；x 是状态变量矩阵，即待同化变量矩阵；x^b 是 x 的背景场；y_i 是一个同化时间窗口内第 i 时刻的观测；M_i 被称为模型算子；H_i 被称为观测算子；R_i 是观测误差的协方差矩阵；B 是背景场误差的协方差矩阵。

② 状态矢量

即式（4-17）中的 x。

③ 退火进程

$$T_k = T_0 \exp\left(-K \times k^{\frac{1}{N}}\right) \quad (4\text{-}18)$$

上式中 $T_0(K)$ 表示初始温度，N 表示状态变量的维数，k 表示极小化时的迭代次数，$K(J/K)$ 为玻尔兹曼常数。

④ x 的随机增量产生器

x 的随机增量 δx，产生自一个均匀分布的随机变量 u。

$$\delta x_j = \mathrm{sgn}\left(u_j - \frac{1}{2}\right) T_k \left[\left(1 + \frac{1}{T_k}\right)^{|2u_j - 1|} - 1\right], \quad u_j \sim U[0,1] \quad (4\text{-}19)$$

上式中 j 代表 N 维状态矢量的第 j 个元素，$U[0, 1]$ 表示 0～1 区间的均匀分布，$T_k(K)$ 为某一迭代时刻的温度，sgn 表示符号函数，如下式所示。

$$\mathrm{sgn}(x) = \begin{cases} 1, & x > 0 \\ 0, & x = 0 \\ -1, & x < 0 \end{cases} \quad (4\text{-}20)$$

然后，状态矢量被更新为

$$x_{i+1} = x_i + \delta x(R_h - R_l), \quad x \in [R_l, R_h] \quad (4\text{-}21)$$

上式中 R_h 和 R_l 分别是 x 的物理上限和下限的矢量。

其中，VFSA 算法参数值如表 4-1 所示。

表 4-1　VFSA 算法参数值

N 待同化变量维数	T_0 退火初始温度（K）	K 玻尔兹曼常数（J·K^{-1}）	x_1 播种日期（年积日）	x_2 播种密度（株·m^{-2}）	x_3 追肥日期（年积日）	x_4 施氮量（kg·hm^{-2}）
4	100	0.8	[263, 299]	[300, 500]	[79, 122]	[0, 150]

VFSA 算法的基本过程如下。

Step 1　初始化：初始温度 T_0（充分大），初始待同化变量 x_0（算法迭代的起点），每个 T 值的迭代次数 L。

Step 2　对 $k=1,\cdots,L$ 做 Step 3 至 Step 6。

Step 3　产生新解 x'。

Step 4　计算增量，$\Delta E=E(x')-E(x)$，其中 E 为目标函数。

Step 5　若 $\Delta E<0$，则接受 x' 作为新的当前解，否则以概率 $\exp(-\Delta E/E)$ 接受 x' 作为新的当前解。

Step 6　如果满足终止条件，则输出当前解作为最优解，结束程序。终止条件通常取连续若干个新解都没有被接受时。

Step 7　T 逐渐减少，且 T 趋近于 0，然后转 Step 2。

设定代价函数值最小的判定条件 $E<0.001$，调整模型 4 个关键参数，直至代价函数值满足最小条件，此时得到的作物模型参数值即参数最优值，最终 VFSA 同化算法模块将调整后得到的作物模型参数最优值输出到主程序。VFSA 同化模块流程如图 4-4 所示。

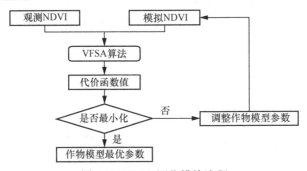

图 4-4　VFSA 同化模块流程

4.5.2　时空数据同化实例

本节利用地面高光谱作为遥感数据，通过运行所构建的同化系统估算小麦 LAI，并对同化结果进行检验。

1．时空数据

研究所需的实验数据主要用于同化系统的运行及模拟结果验证，包括作物种植信息、气象和土壤数据以及地面高光谱遥感数据 3 部分。本研究采用北京昌平区国家农业科技园区（试点）（40°10′31″N～40°11′18″N，116°26′10″E～116°27′05″E）获取的两年冬小麦生长季内的实验数据。

本研究供试品种为在北京种植面积很大且具有代表性的冬小麦品种京冬 8 号，研究选取实验区内相同播种日期（某年 9 月 28 日）、播种量（150 kg/hm^2）条件下两种梯度的肥处理（返青期和拔节期各追肥尿素 50 kg/hm^2，200 kg/hm^2）和两种梯度的水处理（灌溉量 225 m^3/hm^2，450 m^3/hm^2）共 4 个小区的小麦种植管理信息、理化数据以及光谱数据，小区面积为（32.4 m×30 m）。实验获取数据主要包括：播种日期、种植密度、主要生育期、叶面积指数、灌溉日期、灌溉量、施肥日期、施肥量、冠层光谱等。其中，叶面积指数采用比叶质量法测得，光谱数据测量仪器选用 ASD Field Spec Pro FR 光谱仪，其测量波段范围为 350～2500 nm，采样间隔为 1 nm。在小麦关键生育期开展了 8 次田间实验，时间分别为：3 月 25 日（返青期），4 月 2 日（返青期），4 月 10 日（拔节期），4 月 18 日（拔节期），5 月 6 日（抽穗期），5 月 17 日（灌浆初期），5 月 24 日（灌浆中期），5 月 31 日（灌浆末期）。需要收集的气象数据包括日最高气温（℃）、日最低气温（℃）、每日太阳总辐射量（MJ/m^2）和日降水量（mm）。主要气象资料来自北京昌平区国家农业科技园区（试点）的 DAVIS 气象站点，其中太阳总辐射量不能直接测得，由日照时数计算得到。实验所需各种土壤数据采用分层取土测试的方法获取并在实验室进行测试。

2．小麦 LAI 同化结果

构建的遥感数据与 CERES-Wheat 模型的同化系统对北京昌平区国家农业科技园区（试点）两年冬小麦生长季内不同水肥条件下的 4 个小区的小麦叶面积指数进行了同化，并利用田间实验数据对同化系统的模拟结果进行了验证、评价和分析。小麦叶面积指数同化结果如图 4-5 所示。

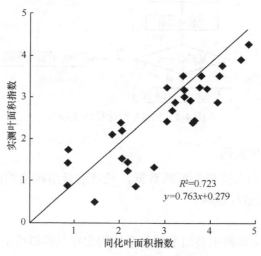

图 4-5　小麦叶面积指数同化结果

根据同化结果可以看出，同化系统得到的叶面积指数与实测结果比较吻合，决定系数为 0.723，总体均方根误差为 0.678，表明基于极快速模拟退火算法的遥感数据与 CERES-Wheat 作物生长模型的同化模型是可行的。而模拟退火法作为一种启发式优化算法，其核心思想与热力学的原理颇为相似，是对固体退火过程中热平衡状态的模拟，模拟退火算法具有较好的"健壮性"，对初始解的选取无特殊要求，因此有利于在参数值未知的情况下进行最优解的确定，可以有效地解决模型区域应用时参数获取困难的问题，提高同化模型的可行性。

4.6　小结

本章主要介绍基本智能优化方法及在空间信息处理中的应用。局部优化搜索方法简单快速，但容易陷入局部极值。基于模拟退火思想的优化算法和禁忌搜索算法属于启发式方法，是对局部邻域搜索扩展后的一种全局逐步寻优算法，在单个解基础上产生新解，模拟退火算法每次产生一个新的候选解。而禁忌搜索算法在单个解的基础上产生多个新的候选解，模拟退火算法对新产生的候选解评价，若优于当前解，则直接采用；而禁忌搜索算法采用禁忌准则，即不考虑处于禁忌状态的解，避免迂回搜索，从而保证对不同有效搜索途径的探索。

第5章
进化计算与空间信息处理

计算智能（Computational Intelligence, CI）的主要研究领域包括进化计算、自然计算和神经计算等。这些研究领域体现出生命科学与信息科学的紧密结合，也是广义人工智能力图研究和模仿人类和动物智能（主要是人类的思维过程和智力行为）的重要进展。

进化计算遵循自然界优胜劣汰、适者生存的进化准则，模仿生物群体的进化机制，并被用于处理复杂系统的优化问题。本章介绍了进化算法的基本流程和特点，并依次介绍了遗传算法、免疫算法的基本原理和应用实例，对其理论依据和使用的基本技术进行了阐述。进化算法的核心思想源于这样的基本认识，生物进化过程（从简单到复杂，从低级向高级）本身是一个自然的、并行发生的、稳健的优化过程。这一优化过程的目标是对环境的自适应性，生物种群通过"优胜劣汰"及遗传变异来达到进化的目的。依达尔文（Darwin）的自然选择与孟德尔（Mendel）的遗传变异理论，生物的进化是通过繁殖、变异、竞争和选择这 4 种基本形式实现的。因而，如果把待解决的问题理解为对某个目标函数的全局优化，则进化计算即建立在模拟上述生物进化过程基础上的随机搜索优化技术。根据这一观点，遗传算法、免疫算法等均可解释为进化计算的不同执行策略，而它们分别从基因的层次和种群的层次实现对生物进化的模拟。

🔍 5.1 计算智能概述

计算智能是信息科学与生命科学、认知科学等不同学科相互交叉的产物。它主要借鉴仿生学的思想，基于人们对生物体智能机理的认识，采用数值计算的方法模拟和实现人类的智能。作为计算智能的概述，本节主要就该学科的现状和它与人工智能科学的关系做一些概括性的说明。

5.1.1　计算智能的概念

计算智能目前还没有统一的形式化的定义，人们使用较多的是科学家贝兹德克（J. C. Bezdek）从计算智能系统角度所给出的定义。他认为：如果一个系统仅处理低层的数值数据，含有模式识别部件，没有使用人工智能意义上的知识，且具有计算适应性、计算容错力、接近人的计算速度和近似于人的误差率这 4 个特性，则它是计算智能的。

从学科范畴看，计算智能是在神经网络（Neural Networks, NN）、进化计算（Evolutionary Computation, EC）及模糊系统（Fuzzy System, FS）这 3 个领域发展相对成熟的基础上形成的一个统一的学科概念。其中，神经网络是一种对人类智能的结构模拟方法，它是用人工神经网络系统去模拟生物神经系统的智能机理；模糊计算是一种对人类智能的逻辑模拟方法，它是用模糊逻辑去模拟人类的智能行为；进化计算是一种对人类智能的演化模拟方法，它是用进化算法去模拟人类智能的进化规律。

从贝兹德克对计算智能的定义和上述计算智能学科范畴的分析，可以看出以下两点：第一，计算智能借鉴仿生学的思想，基于生物神经系统的结构、进化和认知，对自然智能进行模拟；第二，计算智能是一种以模型（计算模型、数学模型）为基础，以分布、并行计算为特征的自然智能模拟方法。

综上所述，可以对计算智能作如下解释：计算智能是借鉴仿生学的思想，基于对生物体的结构、进化、行为等机理的认识，以模型（计算模型、数学模型）为基础，以分布、并行、仿生计算为特征去模拟生物体和人类的智能。

5.1.2　计算智能的研究发展历程

1992 年，贝兹德克在 *Approximate Reasoning* 学报上首次提出了"计算智能"的概念。

1994 年 6 月底至 7 月初，IEEE 在美国佛罗里达州奥兰多市召开了首届计算智能国际会议（Word Congress on Computational Intelligence, WCCI '94）。会议第一次将神经网络、模糊系统和进化计算这 3 个领域合并在一起，形成了"计算智能"这个统一的学科范畴。

在此之后，WCCI 成了 IEEE 的一个系列性学术会议，每四年举办一次。1998 年 5 月，IEEE 在美国阿拉斯加州安克雷奇市召开了第二届计算智能国际会议（WCCI '98）。2002 年 5 月，IEEE 在美国夏威夷州火奴鲁鲁市召开了第三届计算智能国际会议（WCCI '02）。

目前，计算智能的发展得到了众多学术组织和研究机构的高度重视，并已成为智能科学技术一个重要的研究领域。

5.1.3　计算智能与人工智能的关系

在计算智能与人工智能的关系方面有两种不同的观点：一种观点认为计算智

能是人工智能的一个子集，另一种观点认为计算智能和人工智能是不同的范畴。

第一种观点的代表人物是贝兹德克。他把智能（Intelligence, I）和神经网络（NN）都分为计算的（Computational, C）、人工的（Artificial, A）和生物的（Biological, B）3 个层次，并以模式识别（Pattern Recognition, PR）为例，给出了如图 5-1 所示的智能的 3 个层次结构。在图 5-1 中，底层是计算智能（CI），它是通过数值计算来实现的，其基础是计算神经网络（CNN）；中间层是人工智能（AI），它是通过人造的符号系统实现的，其基础是人工神经网络（ANN）；顶层是生物智能（BI），它是通过生物神经系统来实现的，其基础是生物神经网络（BNN）。按照贝兹德克的观点，CNN 是指按生物激励模型构造的 NN，ANN 是指 CNN+知识，BNN 是指人脑，即 ANN 包含 CNN，BNN 又包含 ANN。对智能也一样，贝兹德克认为 AI 包含 CI，BI 又包含 AI，即计算智能是人工智能的一个子集。

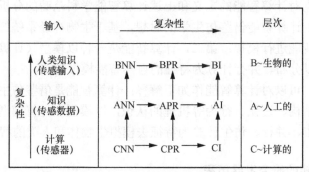

图 5-1　智能的 3 个层次结构

第二种观点是大多数学者所持有的观点，其代表人物是文伯哈特（R. C. Eberhard）。他们认为：虽然人工智能与计算智能之间有重合，但计算智能是一个全新的学科领域，无论是生物智能还是机器智能，计算智能都是最核心的部分，而人工智能则是外层。

事实上，CI 和传统的 AI 只是智能的两个不同层次，都有自身的优势和局限性，相互之间只能互补，而不能取代。大量实践证明，只有把 AI 和 CI 很好地结合起来，才能更好地模拟人类智能，才是智能科学技术发展的正确方向。

5.2　进化计算

5.2.1　什么是进化计算？

进化计算是以达尔文的进化论思想为基础，通过模拟生物进化过程与机制的求解问题的自组织、自适应的人工智能技术，是经典的受生物启发的计算技术。

　　进化计算实际是 4 类典型生物启发计算算法的统称。这 4 类算法包括遗传算法（Genetic Algorithm, GA）、遗传规划（Genetic Programming, GP）、进化规划（Evolution Programming, EP）和进化策略（Evolution Strategies, ES）。

　　遗传算法是在 20 世纪 70 年代由美国密西根大学的 Holland 教授等发展起来的，Holland 提出的"模式定理"（Schema Theorem, ST）一般认为是"遗传算法的基本定理"。

　　遗传算法被广泛应用到各种复杂系统的自适应控制以及复杂的优化问题中，并逐渐演化出了遗传规划算法，用于最优计算机程序（即最优控制策略）的设计。

　　进化规划是由 Fogel 于 20 世纪 60 年代提出来的。在研究人工智能的过程中，他借鉴了自然界生物进化的思想"智能行为必须包括预测环境的能力，以及在一定目标指导下对环境做出合理响应的能力"，提出一种随机的优化方法：采用"有限字符集上的符号序列"表示模拟的环境，采用有限状态机表示智能系统。

　　进化策略的思想与进化规划的思想有很多相似之处，它是独立于遗传算法和进化规划而发展起来的。1963 年，德国的 Rechenberg 和 Schwefel 提出按照自然突变和自然选择的生物进化思想，对物体的外形参数进行随机变化并尝试其效果，由此产生了最早的进化策略的思想。

　　遗传算法和遗传规划作为最早被业界接受，也最早投入应用的方法，其发展比较成熟，已被广泛应用于各种计算和工程领域；随着受生物启发计算的广泛推广，进化策略和进化规划在科研和实际问题中的应用也越来越广泛。虽然这 4 种算法都受到生物进化过程的启发，但彼此工作原理仍存在显著差异。遗传算法和遗传规划的主要基因操作是选种、交配和突变，而在进化规则、进化策略中，进化机制源于选种和突变。就适应度的角度来说，遗传算法用于选择优秀的父代（优秀的父代产生优秀的子代），而进化规则和进化策略则用于选择子代（优秀的子代才能存在）。遗传算法与遗传规划强调的是父代对子代的遗传链，而进化规则和进化策略则着重于子代本身的行为特性，即行为链。进化规则和进化策略一般不采用二进制编码，省去了运作过程中的编码–解码手续，更适用于连续优化的问题。进化策略可以确定机制产生出用于繁殖的父代，而遗传算法和进化规则强调对个体适应度和概率的依赖。此外，进化规则把编码结构抽象为种群之间的相似，而进化策略抽象为个体之间的相似。进化策略和进化规则已应用于连续函数优化、模式识别、机器学习、神经网络训练、系统辨识和智能控制等众多领域。

　　遗传算法、遗传规划、进化规划和进化策略是不同领域的研究人员分别独立提出的，在相当长的时期相互之间没有正式沟通，直到 1990 年，遗传算法和遗传规划研究者才开始与进化规划和进化策略研究者有所交流，通过深入交流，他们发现彼此在研究中所依赖的基本思想是基于生物界的自然遗传和自然选择等进化思想，具有惊人的相似之处。于是他们提出将这类方法统称为"进化计算"，而将相应的算法统称为"进化算法"或"进化程序"。1993 年，进化计算这一专业领域的第一份国际性杂志《进化计算》问世。1994 年，IEEE 神经网络委员会主持召开了第一届进化计算国际会议，之后每年举行一次，此会每 3 年与 IEEE 神经网络国际会议、IEEE 模糊系统国际会议在同一地点先后连续举行，共同称为 IEEE 计算智能（Computational Intelligence, CI）国际会议。至此，进化计算正式成为受生物启发的计算领域的重要研究方向，并蓬勃发展起来。

进化计算可以看作由遗传算法、遗传规划、进化规划和进化策略共同构成的一个"算法簇"，尽管它有很多的变化，有不同的遗传基因表达方式，不同的交叉和变异算子，特殊算子的引用，以及不同的再生和选择方法，但它们产生的灵感都来自于大自然的生物进化。其计算元素均遵循以下基本的三元组。

① 一组问题的候选解集合：这些候选解决方案可能是一组蛋白质共有的氨基酸序列，一组计算机程序，一些为某些工程设计的编码集，或是一些在生产系统中的规则集。

② 一个用于评估候选解"优异"程度的合适的度量标准：给定测试情况下，度量标准应该能够给出当前评估解与某一既定合理的参考解之间的标准误差，程序可以以这一误差作为参考，对候选解进行评估，并以尽量减少这种误差为目标来优化最终解。

③ 一种或一组可以帮助不同候选解进行修正的调节机制：根据度量标准提供的参考值或外界引入的某些随机机理，对不同的候选解决方案通过调节机制进行随机或特定的部分调节。

当具备这 3 个基本组件之后，一个进化过程就能够产生和发展。接下来，将就进化计算的基本框架、主要特点、分类及其主要运行要素进行分析。

5.2.2 进化计算的基本框架和主要特点

在科学研究和工程技术中，许多问题可以归结为（或包含）求最优解的问题（优化问题），如最优设计问题、最优控制问题等。当进化计算用于求解优化问题时，往往能比较突出地体现进化计算的优点，因此下面主要以优化问题为背景介绍进化计算的基本框架和主要特点。这是目前进化计算研究和应用的重点，有时也称为"进化优化"（Evolutionary Optimization, EO）或模拟进化（Simulated Evolution, SE）。

进化计算包含的算法可以看成基于自然选择和自然遗传等生物进化机制的一类搜索算法。与普通的搜索算法（如梯度算法）一样，进化算法也是一种迭代算法，即从给定的初始解通过不断地迭代，逐步改进收敛到最优解。在进化计算中，每一次迭代被看成一代生物个体的繁殖，因此又称为"代"（Generation）。

一般来说，进化计算的求解过程应包括以下几个步骤。

Step 1 给定一组初始解（三元组之一）。

Step 2　评价当前这组解的性能（即对目标满足的优劣程度如何）（三元组之二）。

Step 3　按 Step 2 计算得到解的性能，从当前这组解中选择一定数量的解作为迭代后的解的基础。

Step 4　对 Step 3 所得到的解进行操作（如基因重组和突变），作为迭代后的解（三元组之三）。

Step 5　若得到的解已满足要求，则停止；否则，将这些迭代得到的解作为当前解，返回 Step 2。

与普通的优化搜索算法相比，进化计算存在其特有的计算特征，具体如下。

首先，普通的优化算法在搜索过程中，一般只是从一个解出发改进到另一个较好的解，再从这个改进的解出发进一步改进；而进化计算在最优解的搜索过程中，一般是从原问题的一组解出发改进到另一组较好的解，再从这组改进的解出发进一步改进。在进化计算中，每一组解称为"解群"（Population），而每一个解称为一个"个体"（Individual）。

其次，在普通的优化算法中，解的表达可以采用任意的形式，一般不需要进行任何特殊的处理；但在进化计算中，原问题的每一个解被看成一个生物个体，因此一般要求用一条染色体（Chromosome）来表示，也就是用一组有序排列的基因（Gene）来表示。这就要求当原问题的优化模型建立之后，必须对原问题的解（即决策变量，如优化参数等）进行编码。

此外，普通的优化算法在搜索过程中一般采用确定性的搜索策略，而进化计算在搜索过程中则利用结构化和随机性的信息，使最满足目标的决策获得最大的生存可能（相当于生物界的"适者生存"规律），可以被看成一种概率型的算法（Probability Algorithm）。

进化计算作为一种成熟的、具有高鲁棒性和广泛适用性的全局优化方法，具有自组织、自适应、自学习的特性，能够不受问题性质的限制，有效地处理传统优化算法难以解决的复杂问题。这里，可以将进化算法视为一种理想的鲁棒方法。不同优化搜索方法的效果比较如图 5-2 所示。

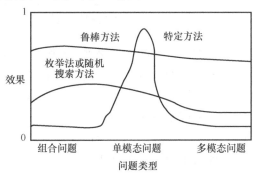

图 5-2　不同优化搜索方法的效果比较

作为一种最优的鲁棒算法，进化算法因为其三元组的固有特性，还具有以下优点。

① 应用的广泛性：非常易于构建一个通用算法，以求解许多不同的优化问题。

② 非线性性：现行的大多数优化算法是基于线性、凸性、可微性等，但进化算法可不必有这些假定，它只需要评价目标值的优劣，具有高度的非线性。

③ 易修改性：即使对原问题进行很小的修改，现行的大多数优化算法也可能完全不能使用，而进化算法只需进行很小的修改即可适应新的问题。

④ 可并行性：进化算法非常适合于并行计算。

5.2.3　进化计算的分类

进化计算所包含的四大经典算法在其具体实现方法上是相对独立提出的，相互之间有一定的区别（见 5.2.1 小节中的叙述）。从发展历史上看，进化计算主要是以下面 3 种形式出现的：遗传算法、进化规划和进化策略。进化规划和进化策略在许多实施细节上具有相似之处，研究者有时会把二者认为是同一类方法。分类系统实际上是利用遗传算法进行学习和分类（如故障的实时诊断和系统的实时监控等）的一种方法；遗传规划则可认为是采用动态的树结构对计算机程序进行编码的一种遗传算法。图 5-3 给出了进化计算基于其发展历程的分类。

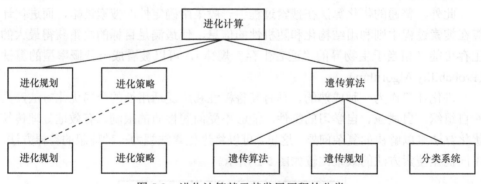

图 5-3　进化计算基于其发展历程的分类

从进化算法对决策变量编码方案的不同来看，有固定长度的编码（静态编码）和可变长度的编码（动态编码）两种方案。遗传算法和分类系统的典型编码方案是用固定长度的二进制向量或固定长度的顺序对决策变量进行编码的；进化策略的典型编码方案是用固定长度的十进制向量（实数向量）对决策变量进行编码；在进化规划中，原问题的每一个解一般用一个广义图来表示；在遗传规划中，原问题的每一个解一般用一棵树来表示。图 5-4 给出了进化计算基于其编码方案的分类。

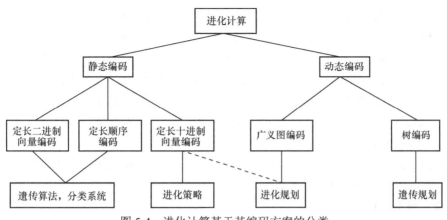

图 5-4　进化计算基于其编码方案的分类

5.2.4　进化计算的若干关键问题

1. 进化计算的适用领域

至今为止，研究者仍不能对一个进化计算方法是否能够非常适应一个既定问题，并成功地解决该问题给出准确的评估。尽管进化计算理论已经逐渐发展完善，其基本三元组及相关理论的若干元素已经基本形成完整定义，但对于整个进化计算理论的适用领域仍然没有明确的界定。

问题的描述、遗传算子以及目标函数三者之间关系的定义是一个进化算法性能优良与否的主要决定因素。对于任何优化问题，人工智能研究者认为，总能找到一个问题描述方式或一个遗传算子，使进化算法能够找到问题的最优解。进化算法在广义问题空间的普适性表现与其他任何优化搜索算法类似。因此，针对特定的问题，进化算法必须明确或隐含地引入特定的先验知识，指导其获取更优解。作为一个动态的系统，进化算法中的每一个相关性能（算子）必须被准确定义，以保证系统运行性能的良好。

尽管如此，现阶段进化计算研究者仍然无法准确解答最初提出的问题：在何时、通过何种方式，关于给定问题的背景知识和先验条件能够被转化为问题描述和遗传算子，进而构建成为一个能够给出该问题最优解的进化算法。

由于进化计算理论在这一关键环节上定性原理的缺乏，算法研究者和设计者在解答这一问题时普遍诉诸实证：设计，尝试运行，观察结论是否优异，进而判断是否适用。而进化计算方法的"进化"性能使其具有其他优化方法所不具有的巨大优势：在求解问题答案时，不需要首先确定构建最优解的主要原理。也就是说，进化计算方法可以提出近似的、模糊的问题答案，然后通过逐渐细化变化和测试，逼近真实最优解。这为某些"难逆问题"的解答提供了一种可行性解决方案（难逆是指难以推测和确定产生问题的系统所需的输入和输出）。

进化计算技术同样非常适用于需要涉及相对较大的解搜索空间和较多不易表达和理解的变量的问题。进化算法能够构建复杂的神经网络，用于解答难于分析或无法使用反向推导算法进行解答的问题。相比之下，涉及较小搜索空间，或者变量确定的特定问题，往往可以使用传统启发式的优化算法进行解答。

进化计算方法可能更适用于处理包含较多噪声数据的问题或者具有大量初始解决方案的问题。进化算法在处理这类问题时，能够追踪环境的变化，并较为迅速地产生近似解。例如，需要在动态在线的环境中学习的机器人系统，其需要解决的问题随时间变化而变化，这时进化计算方法将能够快速地提取条件变量，并调用不同的适应度函数进行求解。

2．解的正确性

进化计算最具有挑战性的研究领域之一就是如何通过进化手段评估进化算法得出的最优解的正确性。进化计算所获取的解具有累积性，也就是说最终获取的最优解都是在若干解的不断进化演变基础上获得的，这一求解过程使最终获得的最优解并不能通过任何一个原始解对应的基本原理来简单解释。因此，无法将原始解的评估标准套用于最终解。现阶段对进化算法的最终解的正确性的唯一评估方法就是将其通过实证进行检验。

虽然任何大型的计算工程都需要通过大规模的测试来证明其可行性和正确性，然而，受到进化系统逐渐增加的复杂性的限制，越来越多进化计算的解测试趋向于应用图灵测试类似的方法（图灵测试是指在测试过程中，将同一组问题的人类回答的结果和计算系统回答的结果，交由一个外部观察者来进行区分，如果外部观察者无法区分这两组结果，则认为计算系统通过测试）。

3．解的描述形式

在生物体中，DNA 遗传密码的变化（如突变），将会在其分裂生殖过程中转化为新的突变代码，并显性表现出来。也就是说，一个生物体的特定 DNA 序列，可以被看成生物体适应进化选择压力后所获得的一组特定解的描述方式。

受到生物进化过程启发而出现的进化技术，在解决给定问题时，会存在和 DNA 表达相似的问题，简而言之，就是如何准确表示进化计算中一组特定问题的"解决方案"或者"解"？

在一般情况下，一个计算问题的解通常表现为一种算法。然而，一种算法可以通过不同方式进行表示。例如，计算程序可以表示为人类可读的源代码，也可以表示为由原始二进制表达构成的对象代码。

如果进化计算的解是计算程序，其机器语言表示可以看成一个可行的解描述方式。进化计算将在求解过程中对候选解进行随机变异调节，而对机器语言程序随机地进行任何微小调整，都有可能引起灾难性的变化（由有效代码变为无效代码，由可编译程序变为无法编译程序）。这将造成无效解，也使解无法通过任何有效方式进行评估。因此，将二进制代码或源代码作为进化计算的解的表达形式将导致进化算法的进化速率非常缓慢（面临大量无效解）。

解决这一问题的一种有效方法就是增加约束条件——进化后的代码或程序必须是可执行的。然而，这一限制仍然不能满足解的真正有效性，因为一个程序在变异后，其语法可能是正确的，但是没有任何限制确定其语义的正确性。例如，一个解的程序表现为若干判定的功能性方程的组合，进化计算对解的有效性原则设定为每个方程具有正确的判定数目，对程序的进化变异操作可以通过改变程序中方程的功能或者方程中特定的判定来实现。根据之前的设定，经过进化过程，一个程序有可能在语法上完全有效，可以编译运行，而其实际运行功能却被彻底改变，变为并非针对给定问题进行解答（实际无效解）。因此，针对进化计算解的描述形式的研究，仍然处于研究阶段，缺乏确定性的解答。

4．基元的选择

与解的描述形式问题存在密切相关性的就是合理的基元语义的选择问题。基元，可以看成在进化计算过程中可以改变的最小的存在实际意义的单元。这里要强调的是，并非在计算过程中出现的可改变的最小单元就是基元，这一最小单元必须是存在实际解析意义的。例如，在解析树这一具体问题描述中，其相关的最小基元就是包含判定的功能方程，而不是功能方程中的各个判定。使用一个遗传算法解决解析树问题的效率将直接依赖于其进化过程可控的一组特定的功能方程（基元）。

为了更好地解释基元选择原理，以建立任何计算函数都需要使用的布尔算子（AND, OR, NOT）为例。布尔算子可以通过适当的组合构成各种计算函数，但是这些由布尔算子构成的函数运行水平较低，无法构建能够解决复杂问题的有效的运算层次结构，由此催生了高级程序语言（高级程序语言并非直接建立在布尔算子的运算组合上）。高级程序语言可以有效地适应各种环境并通过构建复杂层次结构来实现复杂运算功能。在进化算法中，作为基元的应该是具有有效运算层次构建功能的高级程序语言函数，而不是等级较低的布尔算子函数。

需要强调的是，进化计算方法设计过程中需要考虑的最重要的原则之一就是为进化算法赋予产生可以持续使用的新算子或新功能函数（基元）。在某些情况下，在进化过程中基元自发重组形成的新结构的频率可能会过于频繁，也可能缺乏稳定性。在设计进化计算过程时有必要插入确定的规则，对这类重组进化的发生进行限制。而新基元的形成在算法完成其初始定义之后是可以自发进行的，进化环境为作为基元的函数提供生存空间并具有调用这些基元的能力。

5．进化过程的行为参数

现阶段进化计算过程中存在着大量无法被预设的行为参数。例如，进化算法需要多久才能收敛得出一些合理的解；初始候选解集合到底应该设定为多大；突变的发生应该多快；或者遗传交叉发生的频率应该多高。显然，上述行为参数都将对进化速度和进化算法获取的最优解的效果产生潜在的影响。然而，在实际计算过程中，这些参数应该如何设置，以及这些参数与给定问题求解过程的关联程度都是未知的（即使现阶段进化计算中已有一些关于参数设定方面的假设存在）。

对于现有进化计算方法对其进化过程所涉及的行为参数的选择和判定，可以通过一个典型例子进行说明。在生物进化过程中，种群的变异是由突变（单个基因组随机变化）和交叉（已有多个基因组不同部分之间的交换）引发的。在生物学中有一个经典的假设：交叉引发的物种变异比突变引发的物种变异迅速和频繁。这一假设在某种程度上是合理的：因为遗传交换能够在某种意义上帮助物体建立更稳定的生理结构。如果遵循这一假设，那么在进行进化算法参数设置时，就需要对进化过程中交叉参数在变异中的比例设置有所偏向。

近年来，国际上掀起了进化计算的研究和应用热潮，各种研究结果和应用实例不断涌现。一些更新的算法相继提出，如"文化算法"（Cultural Algorithms, CA）等。目前已经出现一门内容包括进化计算但比进化计算更为广泛的科学，这一科学被称为"自然计算"（Natural Computation, NC)。

🔍5.3 遗传算法

遗传算法（Genetic Algorithm, GA）是一类借鉴生物界自然选择和自然遗传机制的随机搜索算法，非常适用于处理传统搜索方法难以解决的复杂和非线性优化问题。遗传算法可广泛应用于组合优化、机器学习、自适应控制、规划设计和人工生命等领域，是 21 世纪有关智能计算中的重要技术之一。本章详细介绍遗传算法的基本算法，在此基础上，读者可以进一步学习遗传算法以及其他进化算法的内容。

5.3.1 遗传算法的生物学背景

遗传算法类似于生物进化，需要经过长时间的成长演化，最后收敛到最优化问题的一个或者多个解。因此，了解生物进化过程，有助于理解遗传算法的工作过程。

"适者生存"揭示了大自然生物进化过程中的一个规律：最适合自然环境的群体往往产生更大的后代群体。生物进化的基本过程如图 5-5 所示。

生物的遗传物质的主要载体是染色体，DNA 是其中最主要的遗传物质，而基因（Gene）又是扩展生物性状的遗传物质的功能单元和结构单位。染色体中基因的位置称作基因座（Locus），而基因所取的值又叫作等位基因（Alleles）。基因和基因座决定了染色体的特征，也决定了生物个体的性状，如头发的颜色是黑色、棕色或者金黄色等。

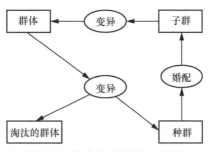

图 5-5　生物进化的基本过程

以一个初始生物群体（Population）为起点，经过竞争后，一部分群体被淘汰而无法再进入这个循环圈，而另一部分则成为种群。竞争过程遵循生物进化中"适者生存，优胜劣汰"的基本规律，所以有一个竞争标准，或者生物适应环境的评价标准。适应程度高的并不一定进入种群，只是进入种群的可能性比较大。而适应程度低的并不一定被淘汰，只是进入种群的可能性比较小。这一重要特性保证了种群的多样性。

生物进化中种群经过婚配产生子代群体（简称子群）。在进化的过程中，可能会因为变异而产生新的个体。每个基因编码了生物机体的某种特征，如头发的颜色、耳朵的形状等。综合变异的作用，子群成长为新的群体而取代旧群体。在新的一个循环过程中，新的群体代替旧的群体而成为循环的开始。

5.3.2　遗传算法的基本思想

遗传算法模拟上述生物进化过程求解优化问题。在遗传算法中，染色体对应的是优化问题的解，通常是由一维的串结构数据来表示的。串上各个位置对应上述的基因座，而各位置上所取的值对应上述的等位基因。遗传算法处理的是染色体，或者称为基因型个体。一定数量的个体组成群体。各个个体对环境的适应程度叫适应度。适应度大的个体被选择进行遗传操作产生新个体，体现了生物遗传中适者生存的原理。选择两个染色体进行交叉产生一组新的染色体的过程，类似生物遗传中的婚配。编码的某一个分量发生变化的过程，类似生物遗传中的变异。

遗传算法包含两个数据转换操作：一个是从表现型到基因型的转换，将搜索空间中的参数或解转换成遗传空间中的染色体或个体，这个过程称为编码（Coding）；另一个是从基因型到表现型的转换，即将个体转换成搜索空间中的参数，这个过程称为译码（Decode）。

遗传算法在求解问题时从多个解开始，通过一定的法则进行逐步迭代以产生新的解。这多个解的集合称为一个种群，记为 $p(t)$。这里 t 表示迭代步，称为演化

153

代。一般情况下，$p(t)$中元素的个数在整个演化过程中是不变的，可将群体的规模记为 N。$p(t)$的元素称为个体或染色体，依次记为 $x_1(t), x_2(t), \cdots, x_N(t)$。在进行演化时，要选择当前解进行交叉以产生新解。这些当前解称为新解的父解（Parent），产生的新解称为后代解（Offspring）。

5.3.3 遗传算法的设计原则

① 编码方案

遗传算法求解问题不是直接作用在问题的解空间上，而是作用于解的某种编码。因此，编码表示方式对算法的性能、效率等会产生很大影响。

② 适应度函数

适应值是对解的质量的一种度量。它通常依赖于解的行为与环境（即种群）的关系，一般以目标函数的形式来表示。解的适应性是进化过程中进行选择的唯一依据。

③ 选择策略

优胜劣汰的选择机制使适应值大的解有较高的存活概率。这是遗传算法与一般搜索算法的主要区别之一。不同的选择策略对算法的性能也有较大的影响。

④ 控制参数

控制参数主要包括种群的规模、算法执行的最大代数、执行不同遗传操作的概率以及其他一些辅助性的控制参数。

⑤ 遗传算子

遗传算子是模拟生物基因遗传的操作，从而实现优胜劣汰的进化过程。它主要包括 3 个基本遗传算子：选择（Selection）、交叉（Crossover）、变异（Mutation）。

⑥ 算法的终止准则

遗传算法没有利用目标函数的梯度等信息，在演化过程中无法确定个体在解空间的位置，从而无法用传统的方法来判定算法收敛与否以终止算法。常用的办法是预先规定一个最大的演化代数，或当算法在连续多少代以后解的适应值没有什么明显的改进时，令算法终止。

5.3.4 遗传算法的基本算法

遗传算法中包含 5 个基本要素：参数编码、初始群体的设定、适应度函数的设计、遗传操作设计、控制参数设定。

5.3.4.1 编码

遗传算法不能直接处理问题空间的参数，因此，必须通过编码将要求解的问题表示成遗传空间的染色体或者个体。它们由基因按一定结构组成。由于遗传算法的鲁棒性，对编码的要求并不苛刻。对一个具体的应用问题如何编码是应用遗

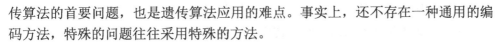

传算法的首要问题，也是遗传算法应用的难点。事实上，还不存在一种通用的编码方法，特殊的问题往往采用特殊的方法。

1. 位串编码

将问题空间的参数编码为一维排列的染色体的方法，称为一维染色体编码方法。一维染色体编码中最常用的符号集是二值符号集{0,1}，即采用二进制编码（Binary Encoding）。

（1）二进制编码

二进制编码是用若干二进制数表示一个个体，将原问题的解空间映射到位串空间 $B=\{0,1\}$ 上，然后在位串空间上进行遗传操作。

优点如下。

二进制编码类似于生物染色体的组成，从而使算法易于用生物遗传理论来解释，并使遗传操作如交叉、变异等很容易实现。另外，采用二进制编码时，算法处理的模式数最多。

缺点如下。

① 相邻整数的二进制编码可能具有较大的 Hamming 距离。例如，15 和 16 的二进制表示为 01111 和 10000，因此，算法要从 15 改进到 16 则必须改变所有的位。这种缺陷造成了 Hamming 悬崖（Hamming Cliff），将降低遗传算子的搜索效率。

② 二进制编码时，一般要先给出求解的精度。但求解的精度确定后，很难在算法执行过程中进行调整，从而使算法缺乏微调（Fine-Tuning）功能。若在算法一开始就选取较高的精度，那么串长就很大，这样也将降低算法的效率。

③ 在求解高维优化问题时，二进制编码串将非常长，从而使算法的搜索效率很低。

（2）Gray 编码

Gray 编码是将二进制编码通过一个变换进行转换得到的编码。设二进制串 $<\beta_1\beta_2\cdots\beta_n>$ 对应的 Gray 串为 $<\gamma_1\gamma_2\cdots\gamma_n>$，则从二进制编码到 Gray 编码的变换为

$$\gamma_k = \begin{cases} \beta, k=1 \\ \beta_{k-1} \oplus \beta_k, k>1 \end{cases} \tag{5-1}$$

式中，$\oplus$ 表示模 2 的加法。从一个 Gray 串到二进制串的变换为

$$\beta_k = \sum_{i=1}^{k} \gamma_i (\mathrm{mod}2) = \begin{cases} \beta, k=1 \\ \beta_{k-1} \oplus \beta_k, k>1 \end{cases} \tag{5-2}$$

Gray 编码的优点是克服了二进制编码 Hamming 悬崖的缺点。

2. 实数编码

为克服二进制编码的缺点，对问题的变量是实向量的情形，可以直接采用实

数编码。实数编码是用若干实数表示一个个体，然后在实数空间上进行遗传操作。

采用实数表达法不必进行数制转换，可直接在解的表现型上进行遗传操作，从而可引入与问题领域相关的启发式信息来增加算法的搜索能力。近年来，遗传算法在求解高维或复杂优化问题时一般使用实数编码。

3．多参数级联编码

对于多参数优化问题的遗传算法，常采用多参数级联编码。其基本思想是把每个参数先进行二进制编码得到子串，再把这些子串连成一个完整的染色体。多参数级联编码中的每个子串对应各自的编码参数，可以有不同的串长度和参数的取值范围。

5.3.4.2　群体设定

遗传算法是对群体进行操作的，所以，必须为遗传操作准备一个由若干初始解组成的初始群体。群体设定主要包括两个方面：初始种群的产生和种群规模的确定。

1．初始种群的产生

遗传算法中初始群体中的个体可以是随机产生的，但最好采用如下策略设定。

① 根据问题固有知识，设法把握最优解所占空间在整个问题空间中的分布范围，然后，在此分布范围内设定初始群体。

② 先随机产生一定数目的个体，然后从中挑选最好的个体加到初始群体中。这种过程不断迭代，直到初始群体中个体数目达到预先确定的规模。

2．种群规模的确定

群体中个体的数量称为种群规模。种群规模影响遗传优化的结果和效率。当种群规模太小时，遗传算法的优化性能一般不会太好，容易陷入局部最优解。而当种群规模太大时，则计算复杂。

种群规模的确定受遗传操作中选择操作的影响很大。模式定理表明：若种群规模为 M，则遗传操作可从这 M 个个体中生成和检测 M^3 个模式，并在此基础上能够不断形成和优化积木块，直到找到最优解。

显然，种群规模越大，遗传操作所处理的模式越多，产生有意义的积木块并逐步进化为最优解的机会越高。种群规模太小，会使遗传算法的搜索空间范围有限，因而搜索有可能停止在未成熟阶段，出现未成熟收敛现象使算法陷入局部解。因此，必须保持种群的多样性，即种群规模不能太小。

另外，种群规模太大会带来若干弊病：一是群体增大，其适应度评估次数增加，所以计算量也增加，从而影响算法效率；二是群体中个体生存下来的概率大多采用和适应度成比例的方法，当群体中个体非常多时，少量适应度很高的个体会被选择而生存下来，但大多数个体却被淘汰，这会影响配对库的形成，从而影响交叉操作。

5.3.4.3　适应度函数

遗传算法遵循自然界优胜劣汰的原则，在进化搜索中基本上不用外部信息，而是用适应度值表示个体的优劣，作为遗传操作的依据。适应度是评价个体优劣的标准。个体的适应度高，则被选择的概率就高，反之就低。适应度函数（Fitness Function）是用来区分群体中个体好坏的标准，是算法演化过程的驱动力，是进行自然选择的唯一依据。改变种群内部结构的操作都是通过适应值加以控制的。因此，适应度函数设计非常重要。

在具体应用中，适应度函数的设计要结合求解问题本身的要求而定。一般而言，适应度函数是由目标函数变换得到的。下面讨论将目标函数变换成适应度函数的方法。

1．将目标函数变换成适应度函数的方法

最直观的方法是直接将待求解优化问题的目标函数作为适应度函数。

若目标函数为最大化问题，则适应度函数为

$$\text{Fit}(f(x))=f(x) \tag{5-3}$$

若目标函数为最小化问题，则适应度函数为

$$\text{Fit}(f(x)) = \frac{1}{f(x)} \tag{5-4}$$

2．适应度函数的尺度变换

在遗传算法中，将所有妨碍适应度值高的个体产生，从而影响遗传算法正常工作的问题统称为欺骗问题（Deceptive Problem）。

在设计遗传算法时，群体的规模一般在几十至几百，与实际物种的规模相差很远。因此，个体繁殖数量的调节在遗传操作中显得比较重要。如果群体中出现了超级个体，即该个体的适应值大大超过群体的平均适应值，则按照适应值比例进行选择时，该个体很快就会在群体中占有绝对的比例，从而导致算法较早地收敛到一个局部最优点，这种现象称为过早收敛。这是一种欺骗问题，在这种情况下，应该缩小这些个体的适应度，以降低这些超级个体的竞争力。另外，在搜索过程的后期，虽然群体中存在足够的多样性，但群体的平均适应值可能会接近群体的最优适应值。在这种情况下，群体中实际上已不存在竞争，从而搜索目标也难以得到改善，出现了停滞现象。这也是一种欺骗问题，在这种情况下，应该改变原始适应值的比例关系，以提高个体之间的竞争力。

对适应度函数值域的某种映射变换称为适应度函数的尺度变换（Fitness Scaling）或者定标。

（1）线性变换

设原适应度函数为 f，定标后的适应度函数为 f'，则线性变换可采用下式表示。

$$f'=af+b \tag{5-5}$$

式中，系数 a 和 b 可以有多种途径设定，但要满足两个条件。

① 变换后的适应度的平均值 f'_{avg} 要等于原适应度平均值 f_{avg}，以保证适应度为平均值的个体在下一代的期望复制数为 1，即

$$f'_{\text{avg}} = f_{\text{avg}} \tag{5-6}$$

② 变换后适应度函数的最大值 f'_{max} 要等于原适应度函数平均值 f_{avg} 的指定倍数，以控制适应度最大的个体在下一代中的复制数。

$$f'_{\text{max}} = C_{\text{mult}} \cdot f_{\text{avg}} \tag{5-7}$$

式中，C_{mult} 是为得到所期待的最优群体个体的复制数。实验表明，对于不太大的群体（$n=50\sim100$），C_{mult} 可在 1.2~2.0 范围内取值。

根据上述条件，可以确定线性变换的系数。

$$a = \frac{(C_{\text{mult}} - 1) f_{\text{avg}}}{f_{\text{max}} - f_{\text{avg}}} \tag{5-8a}$$

$$b = \frac{(f_{\text{max}} - C_{\text{mult}} f_{\text{avg}}) f_{\text{avg}}}{f_{\text{max}} - f_{\text{avg}}} \tag{5-8b}$$

线性变换法变换了适应度之间的差距，保持了种群的多样性，计算简便，易于实现。当种群中某些个体适应度远远低于平均值时，有可能出现变换后适应度值为负的情况。为满足最小适应度值非负的条件，可以进行如下变换。

$$a = \frac{f_{\text{avg}}}{f_{\text{avg}} - f_{\text{max}}} \tag{5-9a}$$

$$b = \frac{-f_{\text{min}} f_{\text{avg}}}{f_{\text{avg}} - f_{\text{max}}} \tag{5-9b}$$

（2）非线性变换

幂函数变换法变换的计算式为

$$f' = f^K \tag{5-10}$$

式中，幂指数 K 与求解问题有关，而且在算法过程中可按需要修正。

指数变换法变换的计算式为

$$f' = e^{-af} \tag{5-11}$$

这种变换方法的基本思想来源于模拟退火过程，式中的系数 a 决定了复制的强制性，其值越小，复制的强制性越趋向于具有最大适应度的个体。

5.3.4.4 选择

选择操作也称为复制（Reproduction）操作，是从当前群体中按照一定概率选出优良的个体，使它们有机会作为父代繁殖下一代子孙。判断个体优良与否的准则是各个个体的适应度值。这一操作借用了达尔文适者生存的进化原则，即个体

适应度越高，其被选择的机会越多。

需要注意的是：如果总挑选最好的个体，遗传算法就变成了确定性优化方法，使种群过快地收敛到局部最优解。如果只做随机选择，则遗传算法就变成完全随机方法，需要很长时间才能收敛，甚至不收敛。因此，选择方法的关键是找一个策略，既要使种群较快地收敛，也要维持种群的多样性。

选择操作的实现方法很多，这里，介绍几种常用的选择方法。

1．个体选择概率分配方法

在遗传算法中，个体被选择进行交叉是按照概率进行的。适应度大的个体被选择的概率大，但不是说一定能够选上。同样，适应度小的个体被选择的概率小，但也可能被选上。所以，要根据个体的适应度确定被选择的概率。个体选择概率的常用分配方法有以下两种。

（1）适应度比例方法

适应度比例方法（Fitness Proportional Model）也称为蒙特卡罗（Monte Carlo）法，是目前遗传算法中最基本也是最常用的选择方法。适应度比例法中，各个个体被选择的概率和其适应度值成比例。设群体规模大小为 M，个体 i 的适应度值为 f_i，则这个个体被选择的概率为

$$p_{si} = \frac{f_i}{\sum\limits_{i=1}^{M} f_i} \tag{5-12}$$

（2）排序方法

排序方法（Rank-Based Model）是计算每个个体的适应度后，根据适应度大小顺序对群体中个体进行排序，然后把事先设计好的概率按排序分配给个体，作为各自的选择概率。选择概率仅仅取决于个体在种群中的序位，而不是实际的适应度值。排在前面的个体有较多被选择的机会。

它的优点是克服了适应值比例选择策略的过早收敛和停滞现象，而且对于极大值或极小值问题，不需要进行适应值的标准化和调节，可以直接使用原始适应值进行排名选择。排序方法比适应度比例方法具有更好的鲁棒性，是一种比较好的选择方法。

① 线性排序。线性排序选择最初由 J. E. Baker 提出，他首先假设群体成员按适应值大小从高到低依次排列为 $x_1, x_2, \cdots, x_M$，然后根据一个线性函数给第 i 个个体 x_i 分配选择概率 p_i，即

$$p_i = \frac{a - bi}{M(M+1)} \tag{5-13}$$

式中，a、b 是常数。再按类似于转盘式选择的方式选择父体以进行遗传操作。

② 非线性排序。Z.Michalewicz 提出将群体成员按适应值从高到低依次排列，并按下式分配选择概率。

$$p_i = \begin{cases} q(1-q)^{i-1}, i=1,2,\cdots,M-1 \\ (1-q)^{M-1}, \quad\quad i=1 \end{cases} \quad\quad (5\text{-}14)$$

式中，i 为个体排序序号。q 是一个常数，表示最好的个体的选择概率。

也可使用其他非线性函数来分配选择概率 p_i，只要满足以下条件。

a. 若 $P=\{x_1,x_2,\cdots,x_M\}$ 且 $f(x_1)\geq f(x_2)\geq\cdots\geq f(x_M)$，则分配的概率 p_i 满足 $p_1\geq p_2\geq\cdots\geq p_M$。

b. $\sum_{i=1}^{M} p_i = 1$。

2. 选择个体方法

选择操作是根据个体的选择概率确定哪些个体被选择进行交叉、变异等操作。基本的选择方法如下。

（1）轮盘赌选择方法

轮盘赌选择（Roulette Wheel Selection）方法在遗传算法中使用得最多。

在轮盘赌选择方法中，先按个体的选择概率产生一个轮盘，轮盘每个区的角度与个体的选择概率成比例，然后产生一个随机数，它落入转盘的哪个区域就选择相应的个体交叉。

显然，选择概率大的个体被选中的可能性大，获得交叉的机会大。

在实际计算时，可以按照个体顺序求出每个个体的累积概率，然后产生一个随机数，它落入累积概率的哪个区域就选择相应的个体交叉。例如，表 5-1 所示为 11 个个体的适应度、选择概率和累积概率。为了选择交叉个体，需要进行多轮选择。例如，第 1 轮产生一个随机数为 0.81，落在第 5 个和第 6 个个体之间，则第 6 个个体被选中；第 2 轮产生一个随机数为 0.32，落在第 1 个和第 2 个个体之间，则第 2 个个体被选中。依此类推。

表 5-1　个体的适应度、选择概率和累积概率

个体	适应度	选择概率	累积概率
1	2.0	0.18	0.18
2	1.8	0.16	0.34
3	1.6	0.15	0.49
4	1.4	0.13	0.62
5	1.2	0.11	0.73
6	1.0	0.09	0.82
7	0.8	0.07	0.89
8	0.6	0.05	0.94
9	0.4	0.03	0.97
10	0.2	0.02	0.99
11	0.1	0.01	1.00

（2）锦标赛选择方法

锦标赛选择方法（Tournament Selection Model）是从群体中随机选择 k 个个体，将其中适应度最高的个体保存到下一代。这一过程反复执行，直到保存到下一代的个体数达到预先设定的数量为止。参数人称为竞赛规模。

锦标赛选择方法的优点是克服了基于适应值比例选择和基于排名的选择在群体规模很大时，其额外计算量（如计算总体适应值或排序）很大的问题。它常常比轮盘赌选择得到更加多样化的群体。

显然，这种方式使适应值高的个体具有较大的生存机会。同时，它只使用适应值的相对值作为选择的标准，而与适应值的数值大小不成直接比例，从而能避免超级个体的影响，一定限度上避免了过早收敛和停滞现象的发生。

作为锦标赛选择方法的一种特殊情况，随机竞争（Stochastic Tournament）方法是每次按轮盘赌选择方法选取一对个体，然后让这两个个体进行竞争，适应度高者获胜。如此反复，直到选满为止。

（3）最佳个体保存方法

最佳个体保存方法（Elitist Model）又称为精英选拔方法，是把群体中适应度最高的一个或者多个个体不进行交叉而直接复制到下一代中，保证遗传算法终止时得到的最后结果一定是历代出现过的最高适应度的个体，使用这种方法能够明显提高遗传算法的收敛速度，但可能使种群过快收敛，从而只找到局部最优解。实验结果表明：保留种群个体总数 2%~5% 的适应度最高的个体，效果最为理想。

在使用其他选择方法时，一般同时使用最佳个体保存方法，以保证不会丢失最优个体。

5.3.4.5 交叉

当两个生物机体配对或者复制时，它们的染色体相互混合，产生一个由双方基因组成的全新的染色体组，这一过程称为重组（Recombination）或者交叉（Crossover）。

交叉得到的后代可能继承了上代的优良基因，后代会比它们父母更加优秀，但也可能继承了上代的不良基因，后代则会比它们父母差，难以生存，甚至不能再复制自己。越能适应环境的后代越能继续复制自己并将其基因传给后代。由此形成一种趋势：每一代总是比其父母一代生存和复制得更好。

举个简单的例子。假设雌性动物仅仅青睐大眼睛的雄性，这样眼睛尺寸越大的雄性越受到雌性的青睐，生出越多的后代。可以说，动物的适应性正比于它的眼睛的直径。因此，从一个具有不同大小眼睛的雄性群体出发，当动物进化时，在同位基因中，能够产生大眼睛雄性动物的基因，相对于产生小眼睛雄性动物的基因，更有可能复制到下一代。当进化几代以后，大眼睛雄性群体将会占据优势。生物逐渐向一种特殊遗传类型收敛。

遗传算法中起核心作用的是交叉算子，也称为基因重组。采用的交叉方法应能够使父串的特征遗传给子串，子串应能够部分或者全部地继承父串的结构特征和有效基因。

1. 基本的交叉算子

（1）一点交叉

一点交叉（Single-point Crossover）又称为简单交叉，其具体操作是：在个体串中随机设定一个交叉点，实行交叉时，该点前或后的两个个体的部分结构进行互换，并生成两个新的个体。

（2）二点交叉

二点交叉（Two-point Crossover）的操作与一点交叉类似，只是设置了两个交叉点（仍然是随机设定），将两个交叉点之间的码串相互交换。类似于二点交叉，可以采用多点交叉（Multiple-point Crossover）。

2. 修正的交叉方法

由于交叉，可能出现不满足约束条件的非法染色体。为解决这一问题，可以采取构造惩罚函数的方法，但效果不佳，使本已复杂的问题更加复杂。另一种处理方法是对交叉、变异等遗传操作做适当的修正，使其自动满足优化问题的约束条件。例如，在 TSP 问题中，采用部分匹配交叉（Partially Matched Crossover, PMX）、顺序交叉（Order Crossover, OX）和循环交叉（Cycle Crossover, CX）等。这些方法对于其他一些问题同样适用。

下面简单介绍部分匹配交叉（PMX）。PMX 是由 Goldberg D. E.和 R. Lingle 提出的。在 PMX 操作中，先依据均匀随机分布产生两个位串交叉点，定义这两点之间的区域为一匹配区域，并使用位置交换操作交换两个父串的匹配区域。例如，在任务排序问题中，两父串及匹配区域为

$$A=9\ 8\ 4\ |\ 5\ 6\ 7\ |\ 1\ 3\ 2$$
$$B=8\ 7\ 1\ |\ 2\ 3\ 9\ |\ 5\ 4\ 6$$

首先交换 A 和 B 的两个匹配区域，得到

$$A'=9\ 8\ 4\ |\ 2\ 3\ 9\ |\ 1\ 3\ 2$$
$$B'=8\ 7\ 1\ |\ 5\ 6\ 7\ |\ 5\ 4\ 6$$

显然，A' 和 B' 中出现重复的任务，所以是非法的调度。解决的方法是将 A' 和 B' 中匹配区域外出现的重复任务，按照匹配区域内的位置映射关系进行交换，从而使排列成为可行调度。

$$A'=7\ 8\ 4\ |\ 2\ 3\ 9\ |\ 1\ 6\ 5$$
$$B'=8\ 9\ 1\ |\ 5\ 6\ 7\ |\ 2\ 4\ 3$$

交叉概率是用来确定两个染色体进行局部的互换以产生两个新的子代的概率。采用较大的交叉概率 P_c 可以增强遗传算法开辟新的搜索区域的能力，但高性能模式遭到破坏的可能性增加。采用太低的交叉概率会使搜索陷入迟钝状态。P_c 一般取为

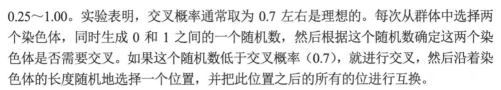

0.25～1.00。实验表明，交叉概率通常取为 0.7 左右是理想的。每次从群体中选择两个染色体，同时生成 0 和 1 之间的一个随机数，然后根据这个随机数确定这两个染色体是否需要交叉。如果这个随机数低于交叉概率（0.7），就进行交叉，然后沿着染色体的长度随机地选择一个位置，并把此位置之后的所有的位进行互换。

5.3.4.6　变异

如果生物繁殖仅仅是上述交叉过程，那么即使经历成千上万代以后，适应能力最强的成员的眼睛尺寸也只能像初始群体中的最大眼睛一样。而根据对自然的观察中可以看到，人类的眼睛尺寸实际存在一代比一代大的趋势。这是因为在基因传递给子孙后代的过程中，会有很小的概论发生差错，从而使基因发生微小的改变，这就是基因的变异。发生变异的概率通常很小，但在经历许多代以后变异就会很明显。一些变异对生物是不利的，另一些对生物的适应性可能没有影响，但也有一些可能会给生物带来好处，使它们超过其他同类的生物。

进化机制除了能够改进已有的特征，也能够产生新的特征。例如，可以设想某个时期动物没有眼睛，而是靠嗅觉和触觉来躲避捕食它们的动物。然而，两个动物有次交配时一个基因突变发生在它们后代的头部皮肤上，发育出了一个具有光敏效应的细胞，使它们的后代能够识别周围环境是明还是暗的。它能够感知捕食者的到来，能够得到是白天还是夜晚、它在地上还是地下等信息，有利于它的生存。这个光敏细胞会进一步突变，逐渐形成一个区域，从而成为眼睛。

在遗传算法中，变异是将个体编码中的一些位进行随机变化。变异的主要目的是维持群体的多样性，为选择、交叉过程中可能丢失的某些遗传基因进行修复和补充。变异算子的基本内容是对群体中个体串的某些基因座上的基因值做变动。变异操作是按位进行的，即把某一位的内容进行变异。变异概率是在一个染色体中按位进行变化的概率。主要变异方法如下。

（1）位点变异

位点变异是指对群体中的个体码串，随机挑选一个或多个基因座，并对这些基因座的基因值以变异概率 P_m 做变动。对于二进制编码的个体来说，若某位原为 0，则通过变异操作就变成了 1，反之亦然。对于整数编码，将被选择的基因变为以概率选择的其他基因。为了消除非法性，将其他基因所在的基因座上的基因变为被选择的基因。

（2）逆转变异

在个体码串中随机选择两点（称为逆转点），然后将两个逆转点之间的基因值以逆向排序插入原位置中。

（3）插入变异

在个体码串中随机选择一个码，然后将此码插入随机选择的插入点中间。

（4）互换变异

随机选取染色体的两个基因进行简单互换。

（5）移动变异

随机选取一个基因，向左或者向右移动一个随机位数。

在遗传算法中，变异属于辅助性的搜索操作。变异概率 P_m 一般不能大，以防止群体中重要的、单一的基因丢失。事实上，变异概率太大将使遗传算法趋于纯粹的随机搜索。通常取变异概率 P_m 为 0.001 左右。

5.3.4.7 遗传算法的一般步骤

综上所述，遗传算法步骤如下。

Step 1 使用随机方法或者其他方法，产生一个有 N 个染色体的初始群体 pop(1)，$t:=1$。

Step 2 对群体 pop(t)中的每一个染色体 pop$_i$(t)，计算它的适应值。

$$f_i=\text{fitness}(\text{pop}_i(t))$$

Step 3 若满足停止条件，则算法停止；否则，以概率

$$p_i = f_i / \sum_{j=1}^{N} f_i$$

从 pop(t)中随机选择一些染色体构成一个新种群。

$$\text{newpop}(t+1)=\{\text{pop}_i(t+1) \mid j=1,2,\cdots,N\}$$

Step 4 以概率 P_c 进行交叉产生一些新的染色体，得到一个新的群体。

$$\text{crosspop}(t+1)$$

Step 5 以一个较小的概率 P_m 使染色体的一个基因发生变异，形成 mutpop($t+1$)；$t:=1+1$，成为一个新的群体 pop(t)=mutpop($t+1$)；返回 Step 2。

遗传算法的基本流程如图 5-6 所示。

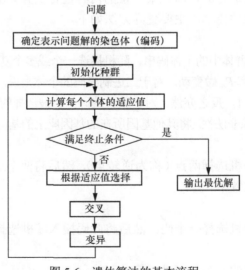

图 5-6 遗传算法的基本流程

5.3.4.8 遗传算法的特点

遗传算法比起其他普通的优化搜索，采用了许多独特的方法和技术。归纳起来，主要有以下几个方面。

① 遗传算法的编码操作使它可以直接对结构对象进行操作。结构对象泛指集合、序列、矩阵、树、图、链和表等各种一维、二维甚至三维结构形式的对象。因此，遗传算法具有非常广泛的应用领域。

② 遗传算法是利用随机技术来指导对一个被编码的参数空间进行高效率搜索的方法，而不是无方向的随机搜索。这与其他随机搜索是不同的。

③ 许多传统搜索方法是单解搜索算法，即通过一些变动规则，将问题的解从搜索空间中的当前解移到另一解。对于多峰分布的搜索空间，这种点对点的搜索方法常常会陷于局部的某个单峰的优解。而遗传算法采用群体搜索策略，即采用同时处理群体中多个个体的方法，同时对搜索空间中的多个解进行评估，从而使遗传算法具有较好的全局搜索性能，减少了陷于局部优解的风险，但还是不能保证每次都得到全局最优解。遗传算法本身也十分易于并行化。

④ 在基本遗传算法中，基本上不用搜索空间的知识或其他辅助信息，而仅用适应度函数值来评估个体，并在此基础上进行遗传操作，使种群中个体之间进行信息交换。特别是遗传算法的适应度函数不仅不受连续可微的约束，而且其定义域可以任意设定。对适应度函数的唯一要求是能够算出可以比较的正值。遗传算法的这一特点使它的应用范围大大扩展，非常适合于传统优化方法难以解决的复杂优化问题。

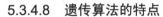5.4 免疫算法

免疫算法是一种受生物免疫系统启发，模仿自然免疫系统功能的智能实现方法，也是一种学习生物自然防御机理的学习技术，具有噪声忍耐、无监督学习、自组织、记忆等进化学习的重要特征，展现了新颖的解决问题方法的潜力，其研究成果涉及控制、数据处理、优化学习、故障诊断和网络安全等许多领域。

5.4.1 自然免疫系统

在自然界中，免疫是指机体对感染具有抵抗能力而不患疫病或传染病。生物免疫系统是一个由众多组织、细胞与分子等构成的复杂系统，它由免疫活性分子、免疫细胞、免疫组织和器官组成，具有识别机制，能够从人体自体细胞（被感染的细胞）或自体分子和外因感染的微组织中检测并消除病毒等病原体。

免疫系统能够"记忆"每一种感染源，当同样的感染再次发生时，免疫系统

会更迅速地反应并更有效地处理，这在免疫学上叫免疫应答。免疫系统能和其他几个系统及器官相互作用调节身体的状态，保障身体处于稳定、正常的功能状态。

免疫系统的主要功能有以下 3 个方面。

1．免疫防御

免疫防御指机体排斥外源性抗原异物的能力，这是机体藉以自净、不受外来物质干扰和保持物种纯洁的生理机制。这种功能的主要体现：一是抗感染，即传统的免疫概念；二是排斥异种或同种异体的细胞和器官，这是器官移植需要克服的主要障碍。免疫防御低下时，机体易出现免疫缺陷疾病，过高时则易出现超敏反应性组织损伤。

2．免疫自稳

免疫自稳指机体识别和清除自身衰老残损的组织、细胞的能力，这是机体藉以维持正常内环境稳定的重要机制。免疫自稳功能失调时，易导致某些生理平衡的紊乱或者自身免疫疾病。

3．免疫监视

免疫监视指机体杀伤和清除异常突变细胞的能力，机体藉以监视和抑制恶性肿瘤在体内生长。免疫监视功能低下，则机体易患恶性肿瘤。

生物免疫系统是高度复杂的系统，对检测和消除病原体显示出精确的能力，同时它是一个大规模并行自适应信息处理系统。免疫系统固有的特性包括多样性、分布性、动态性、适应性、鲁棒性、自治性、自我监测、错误耐受等。生物免疫系统的这些特性对现代人工智能系统有重要的借鉴作用。

5.4.2　免疫算法模型

目前主要存在两种类型的免疫算法：一种是基于免疫学原理的免疫算法；另一种是与遗传算法等其他计算智能融合的免疫遗传和进化算法。

免疫算法模型主要考虑三个方面：抗原、抗体的形式，抗原与抗体以及抗体与抗体之间相互作用机制，整个系统的构造。

在免疫算法中，抗原是待解决的问题或待分析的数据；抗体是问题的解或解的特征值；抗体与抗原的亲和度（力）表示抗体对抗原识别的程度；抗体与抗体的亲和度表示两个抗体之间的相似程度。抗原与抗体的相互作用机制和整个系统的构造是根据问题本身的特点来确定的。抗体与抗原的相互作用可以是解与问题的适应度，也可以是特征值与数据组的相似度等；而系统的结构可以是算法形式或网络形式等。

下面介绍模仿免疫系统抗体与抗原的识别和结合、抗体产生过程而抽象出来的免疫算法框架。其主要功能就是：在抗体刺激度的指导下，抗体通过反复地与抗原接触，不断地经历亲和力成熟过程，最终获得可以反映问题解的特征值的优良抗体群体。

免疫算法的步骤如下。

Step 1　识别抗原。免疫系统确认抗原入侵。

Step 2　产生初始抗体群体。激活记忆细胞产生抗体，清除以前出现过的抗原，从包含最优抗体（最优解）数据库中选择一些抗体。初始抗体群体也可以随机产生或依据先验知识产生。

Step 3　抗体评价。抗体与抗原接触，计算抗原和抗体之间的亲和力，对抗体进行评价。

Step 4　产生记忆。在记忆库规模范围内，将群体中优良抗体存入记忆库。与抗原有最大亲和力的抗体加给记忆细胞。由于记忆细胞数目有限，新产生的与抗原具有更高亲和力的抗体替换较低亲和力的抗体。

Step 5　结束判断。依据问题所确定的结束条件，判断记忆库中的抗体是否满足要求，若满足，则结束。

Step 6　抗体的亲和力成熟。对抗体群体进行复制选择和超变异操作，改变群体中的抗体，使群体在保持多样性的情况下与抗原更好地匹配。

Step 7　抗体的死亡和产生。在群体规模的范围内，对抗体群体与记忆库中的抗体进行评价，依据群体规模参数将刺激度最差的一部分抗体删除，形成新一代抗体群体。高亲和力抗体受到促进，高密度抗体受到抑制。转 Step 3。

同遗传算法类似，免疫算法中一个很关键的问题是对抗体的评价。Step 3 中，评价的结果取决于以下 4 个因素。

① 抗体与抗原的匹配度（识别）：即解相对于问题的适应度，匹配度越大，抗体评价值越高。

② 抗体间的相互刺激作用（记忆的维持）：抗体之间的相互刺激作用实质上是一种记忆维持机制，抗体间的刺激度越大，抗体评价值越高。

③ 抑制作用（浓度控制）：即为保持解群体的多样性，对群体中相同的解的个体数目加以限制。浓度越高的抗体，浓度惩罚值越大，对应抗体的评价值越低。

④ 抗体的奖励（Baldwin 效应）：对于有良好特性的抗体给予额外的奖励。一个抗体即使当前并不是优良个体，但包含优良的特性，即可在该抗体的评价值中加上一个奖励值。

抗体评价值与上述四要素的关系可以根据具体问题，设置为不同的形式。一般来讲，匹配度的影响最大，刺激和抑制作用其次，奖励效应的作用最小。

Step 6 中的复制选择、超变异操作与遗传算子类似，但又有区别：复制选择是按照抗体的刺激度进行选择复制，超变异操作是抗体的重组、随机变换等。

依据上述一般框架，构造人工免疫系统最关键的几个方面包括：抗体和抗原的形式；抗体与抗原、抗体与抗体的相互作用；整个系统的构造形式；抗体评价函数形式及各个决定因素的求取；抗体亲和力成熟的实现；记忆库的设计和使用；结束条件的设计。在实际应用中，这些关键方面的具体实现形式又取决于所要解决的问题中对象的特性。

5.5 人工生命

自然界是生命之源。自然生命千千万万，千姿百态，千差万别，巧夺天工，奇妙无穷。人工生命（Artificial Life, ALife）试图通过人工方法建造具有自然生命特征的人造系统。人工生命是生命科学、信息科学、系统科学和数理科学等学科交叉研究的产物，其研究成果必将促进人工智能的发展。

人类不满足于模仿生物进化行为，希望能够建立具有自然生命特征的人造生命和人造生命系统。对人工生命的研究，自 1987 年起取得了重要进展。这是人工智能和计算智能的一个新的研究热点。进化计算为人工生命研究提供了计算理论和有效的开发工具。

5.5.1 人工生命研究的起源和发展

人类长期以来一直力图用科学技术方法模拟自然界，包括人脑本身。1943 年，麦卡洛克（McCulloch）和皮茨（Pitts）提出了 M-P 神经学网络模型。1945 年 1 月在美国普林斯顿研究所召开的有关脑和计算机的研讨会上，认为工程和神经网络是研究大脑的重要基础。1948 年，维纳（Wiener）提出了控制论（Cybernetics），对动物与机器中的控制和通信问题进行了开创性的研究。

冯·诺依曼（Von Neumann）研究脑和计算机在组织上的相似性，用形式逻辑来表示脑。在 1946 年 3 月的控制会议上，形成了以冯·诺依曼为代表的形式理论学派和以维纳为代表的控制论学派。冯·诺依曼方法把全部表示和演算还原到基本逻辑世界，用显式的逻辑过程实现符号运算。维纳则使用信息反馈、控制等概念，把生物与机械问题统一起来加以研究；人工生命的许多早期研究工作也源于人工智能。20 世纪 60 年代，罗森布拉特研究感知机；斯塔尔（Stahl）建立细胞活动模型；林登迈耶（Lindenmayer）提出了生长发育中的细胞交互作用数学模型，这些模型支持细胞间的通信和差异。

20 世纪 70 年代以来，康拉德（Conrad）等研究人工仿生系统中的自适应、进化和群体动力学，提出不断完善的"人工世界"模型。细胞自动机被用于图像处理。康韦（Conway）提出生命的细胞自动机对策论。

20 世纪 80 年代，人工神经网络再度兴起，出现了许多神经网络的新模型和新算法，这也促进了人工生命的发展。在 1987 年第一次人工生命研讨会上，美国圣塔菲研究所（Santa Fe Institute, SFI）非线性研究组的兰顿（Langton）正式提出人工生命的概念，建立起人工生命新学科。此后，人工生命研究进入蓬勃发展的新时期，相关研究机构、学术组织和学术会议如雨后春笋般出现。

在美国，以圣塔菲研究所和 MIT 等为首，设立了人工生命的研究组织，出版了学术专刊 Artificial Life，组办了系列性的人工生命国际学术会议（The International Confference Artificial Life，ALIFE）。从 1987 年到现在，该会议每两年举办一次，已举办十多次。

在欧洲，从 1991 年开始，由欧洲人工智能学会等主持，奋起直追，举行了系列性的国际学术会议（European Conference on Artificial Life，ECAL），每两年一次，已于 2015 年举行第 13 次大会。

在日本，以现代通信（Advanced Telecommunication Research, ATR）研究所与大分大学为代表，将人工生命与进化机器人研究相结合。从 1996 年起，每年主办一次系列性国际学术会议（The International Symposium on Artificial Life and Robotics，AROB），并出版了国际性学术刊物 *Artificial Life and Robotics*。

我国于 1997 年 9 月在北京举行了"人工生命与进化机器人研讨班"（Seminar/Workshop on Artificial Life and Evolutionary Robotics），这是国内关于人工生命的第一次学术活动。

自 21 世纪以来，许多与人工生命有关的国际会议在我国举行，为我国学者参加人工生命研究的国际交流与合作提供了良好的机遇和条件。

从上述关于人工生命的系列性国际学术会议的积极活动可以看出：

① 人工生命的研究开发，在国际上受到广泛的关注和重视，发展势头较好，已登上国际学术舞台，而且成为一门十分活跃的学科；

② 我国的人工生命研究刚刚起步，但是，我们迎头赶上，悉心进行人工生命研究工作，已取得一些有国际影响的成果，得到国际同行的认可，为国际人工生命研究做出了应有的贡献。

5.5.2　人工生命的定义和研究意义

人工生命研究是一项抽象提取控制生物现象的基本动态原理，并通过物理媒介（如计算机）模拟生命系统动态发展过程的工作。

1. 人工生命的定义

通俗地讲，人工生命即人造的生命，非自然的生命。然而，要给人工生命一个严格的定义，需要对问题进行深入研究。

1987 年兰德（Lander）提出的人工生命定义为："人工生命是研究能够演示出自然生命系统特征行为的人造系统。"通过计算机或其他机器对类似生命的行为进行综合研究，以便对传统生物科学起互补作用。地球上存在着由进化而来的碳链生命，而人工生命则在"生命之所能"（life-as-it-could）的广泛意象中把"生命之所识"（life-as-we-know）加以定位，为理论生物学的发展做出贡献。兰德在计算机上演示了他们研制的具有生命特征的软件系统，并把这类具有生命现象和特征的人造系统称为人工生命系统。

目前地球上存在的自然生命，包括人和各种动植物等，到底具有哪些生命现象和生命特征?不同的生物具有各种不同的外观形态、内部构造、行为表现、生理功能、生活习性、栖息环境、生长过程、物质存在形式、能量转换方式和不同的信息处理模式等，其生命现象和生命特征千差万别，不胜枚举。

然而，在个性中存在共性，从各种不同的自然生命的特征和现象中，可以归纳和抽象出自然生命的共同特征和现象，如下。

① 自繁殖、自选化、自寻优。许多自然生命（个体、群体）具有交配繁衍、遗传变异、优胜劣汰的自繁殖、自进化、自寻优的功能和特征。

② 自成长、自学习、自组织。许多自然生命（个体、群体）具有发育成长、学习训练、新陈代谢的自成长、自学习、自组织的过程和性能。

③ 自稳定、自适应、自协调。许多自然生命（个体、群体）具有稳定内部状态、适应外部环境、动态协调平衡的自稳定、自适应、自协调的功能和特性。

④ 物质构造。许多自然生命是以蛋白质和碳水化合物为物质基础的，受基因控制和支配的生物有机体。

⑤ 能量转换。许多自然生命的生存与活动过程是基于光、热、电能或动能、位能的有关能量转换的生物物理和生物化学反应过程。

⑥ 信息处理。许多自然生命的生存与活动过程伴随着相应的信息获取、传递、变换、处理和利用过程。

如果把人工生命定义为具有自然生命现象和（或）特征的人造系统，那么，凡是具有上述自然生命现象和（或）特征的人造系统，都可称为人工生命。

这里，需要说明的是：

① 自然生命是指目前地球上已知的自然进化和有性繁殖的各种生物，包括人、各种动物和植物等；

② 生命现象是指生命活动和行为的表现形式、物质构造、能量转换的外观形态、信息处理过程的显示模式等；

③ 生命特征是指生命活动的功能和行为特性、物质构造、能量转换的内在机制、信息处理过程的演化规律等；

④ 人造系统是指非自然的、原性繁殖、人工合成或设计制造的人造生物，为了强调生物是复杂的系统，称其为人造系统。

2. 研究人工生命的意义

人工生命研究的目的和意义如何？为什么要研究开发人工生命？

人工生命是自然生命的模拟、延伸与扩展，其研究开发具有重大的科学意义和广泛的应用价值。

（1）开发基于人工生命的工程技术新方法、新系统、新产品

人工生命的研究与开发有助于创作、研制、设计和制造新的工程技术系统。例如，基于人工生命的计算机动画的新方法、新技术，可以高效地自动生成逼真的人工动物、人工植物和虚拟人工社会，应用于电视广告、科幻电影、电子商务、网络市场。又如，基于人工脑的新一代智能计算机与计算机网络，具有更高的人工智能水平和更快的推理运算速度，更大的存储容量和记忆能力，更自然而友好的多媒体人机智能界面，这有助于提高计算机应用系统的智能水平。

（2）为自然生命的研究提供新模型、新工具、新环境

人工生命的研究开发可以为自然生命的研究探索提供新模型、新工具、新环境。例如，数字生命、软件生命、虚拟生物可为自然生命活动机理和进化规律的研究探索提供更高效、更灵活的软件模型和先进的计算机网络支持环境。人工脑可以作为"自然脑"的机理和功能模型，为人脑的思维、记忆、联想、学习等智能活动过程研究提供新的技术模型。

（3）延伸人类寿命、减缓衰老、防治疾病

利用人工生命，研究延伸人类寿命、减缓衰老、防治疾病的新途径、新保健、新药品。例如，利用人工生命模型，研究自然生命衰老、致病的原因和机理，开发减缓衰老、防治疾病、延长人类寿命的保健新方法、新药物；还可以利用人工器官，如人工心脏、人工肾、人工肺等替代人类已衰老或损坏的自然器官。

（4）扩展自然生命，实现人工进化和优生优育

利用人工生命技术扩展自然生命，实现人工进化和优生优育，发展自然生命的新品种、新种群。例如，利用人工生命，研究人类的遗传、繁殖、进化、优选的机理和方法，有助于人类的计划生育，优生优育；利用人工生命，研究动物的遗传变异、杂交进化的机理和方法，用于开发动物的新品种、新种群。

（5）促进生命科学、信息科学、系统科学的交叉与发展

人工生命是具有自然生命特征和现象的基于蛋白质或基于非蛋白质的、复杂的人造生命系统，是生命科学、信息科学、系统科学等多学科相结合的产物。人工生命的研究开发及应用将进一步激发和促进生命科学、信息科学、系统科学等学科更深层的、更广泛的交流。人工生命与自然生命是生命科学的两大重要组成部分，人工生命的研究和开发，将丰富与发展生命科学。人工生命研究的重要内容和关键问题是生命信息的获取、传递、变换、处理和利用过程的机理和方法，如基因信息的控制与调节过程。这正是信息科学面临的新课题，也是信息科学发展的新机遇。

人工生命系统是复杂性科学的典型研究对象，人工生命方法将丰富和发展系

统科学方法。人工生命系统的模型，如数字社会、数字生态系统，可用于研究复杂的社会经济系统、生态环境系统。

因此，人工生命的研究开发及应用具有重大的科学意义、广泛的应用前景、深远的社会影响以及显著的经济效益。

5.5.3　人工生命的研究内容和方法

人工生命的研究对象包括人工动物、人工植物和人工人等，而人工人的研究又涉及人工脑和其他人工器官。

1．人工生命的研究内容

人工生命的研究内容大致可分为两类。

① 构成生物体的内部系统，包括脑、神经系统、内分泌系统、免疫系统、遗传系统、酶系统、代谢系统等。

② 生物体及其群体的外部系统，包括环境适应系统和遗传进化系统等。

人工生命系统中产生的生命行为一般是在生物学基础上综合仿真，并引用具有遗传和进化特征的模型及相应的生态算法得到的。单纯采用某种单一方式难以解释行为的产生和操作机理。人工生命是基于综合的观点进行研究的，这是人工生命研究与生物学研究在方法上的显著区别之一。各种人工生命系统的表现形式和算法不尽相同，但从内在机理出发，人工生命的科学框架可由下列主要内容构成。

① 生命现象仿生系统。这种仿生系统一般是针对某种生物的某种生命现象进行的，并多以软件形式实现，如人工虫、鸟声模拟系统等。德梅特里·特佐波洛斯（Demetri Terzopoulos）等开发的人工鱼演示系统较好地在一个仿真的物理世界中演示了自律运动、感知、学习和行动。虽然有些仿生系统的智能水平还不高，然而其仿真机制对自适应、非线性的理解是有益的。

② 生命现象的建模与仿真。该研究涉及形态方面的新陈代谢、多细胞人工生命的进化、自适应自组织建模、细胞分裂、人工食物链、人工生物化学等。人工建模针对生命系统的各个方面，其研究内容与生物学知识相对应，在人工系统中对生物学现象进行仿真描述。

③ 进化动力学。主要研究生命系统这个复杂对象表现出来的非线性动态特性，其突现性（Emergence）（又译为创发性）主要通过混沌（Chaos）进行研究。协进化（Coevolution）（又译为共同进化）也是进化动力学的重要研究内容。

④ 人工生命的计算理论和工具。遗传操作过程和进化计算机制是人工生命系统形式化描述的逻辑基础。进化计算的主要内容，即遗传算法、遗传编程和进化策略已成为开发人工生命系统的有效工具。

⑤ 进化机器人。进化机器人是嵌入了进化机制的具有较强自适应能力的智能机器人，可作为人工生命系统中具有比较复杂智能行为的对象加以研究，也是人工生命某些研究课题比较理想的试验床。要使进化机器人在真实问题求解中获得较高的处理效率和较好的结果，还有大量而艰巨的工作需要进一步开展。

⑥ 进化和学习等方面的结合。机器学习是人工智能的重要应用研究领域。进化与学习的交互，进化计算与神经学习的综合，表明进化学习方法的有效性。人工生命与计算智能中其他研究领域（如神经计算、模糊计算）以及信息论、数学等学科的结合，也是人工生命有意义的研究方面。

⑦ 人工生命的应用。人工生命已有不少有价值的应用实例，如机器人、模式识别、图像处理等领域。但是，人工生命的应用研究尚有待加强。

2．人工生命的研究方法

从生物体内部和外部系统的各种信息出发，可以得到人工生命的不同研究方法，主要分为两类。

① 信息模型法。根据内部和外部系统所表现的生命行为来建造信息模型。

② 工作原理法。生命行为所显示的自律分散和非线性行为，其工作原理是混沌和分形，以此为基础研究人工生命的机理。

人工生命的研究技术途径也分为两种。

① 工程技术途径

利用计算机、自动化、微电子、精密机械、光电通信、人工智能、神经网络等有关工程技术方法和途径，研究开发、设计制造人工生命。通过计算机屏幕，以三维动画、虚拟现实的软件方法或采用光机电一体化的硬件装置来演示和体现人工生命。

由工程技术途径设计和制造的人工生命，在系统功能特性和信息过程方面，具有与自然生命相类似的特征和现象。但是，在物质构造和能量转换方面，却与相应的自然生命有很大的差异，通常并不是以蛋白质为物质基础的有机体。例如，人工鱼虽然看起来很像自然鱼，几乎达到了以假乱真的程度，却是只能看不能吃。

② 生物科学途径

利用生物化学、生物物理方法、复制技术、遗传工程等生物科学方法和技术，通过人工合成、基因控制、无性繁殖过程，基于相应的自然生命母体培育生成人工生命。

由于伦理学、社会学、人类学等方面的问题，通过生物科学途径生成的人工生命，如复制人的诞生引起不少争论，需要研究和制定相应的社会监督、国家法律和国际公约。

5.5.4　人工生命实例

人工生命的理论可通过有代表性的研究实例来阐述。下面简要介绍几个比较成功的研究和应用范例。

1．人工脑

波兰人工智能和心理学教授安奇·布勒（Andrzej Buller）等对人工脑的研究，已取得重要进展。他们在 1996 年第四届国际人工生命会议上做了题为《针对脑通信的进化系统——走向人工脑》的专题报告。他们所采用的研究方法是将进化计算、非平衡动力学、林登迈耶（Lindenmayer）系统（简称 L 系统）的产生语法、细胞自动机方式的复制器、神经学习等加以集成和融合，相关的研究、手段涉及硬件、软件和纳米技术，相关的概念则包括达尔文芯片和达尔文机器等。

2．计算机病毒

计算机病毒（Computer Virus）一词源于 1977 年出版的由 T·J·瑞安（Ryan）撰写的科幻小说《P-1 的青春》（*The Adolescence of P*-1）。20 世纪 80 年代，计算机技术的飞速发展也带来了一些负面效应。计算机病毒就是其中之一，它指的是在计算机上传染的与生物学中的病毒具有相似生命现象的有害程序。计算机病毒是一种能够通过自身繁殖，把自己复制到计算机内已存储的其他程序上的计算机程序。像生物病毒一样，计算机病毒可能是良性的也可能是恶性的。恶性的计算机病毒会引起计算机程序的错误操作或使计算机内存乱码，甚至使计算机瘫痪。计算机病毒具有繁殖、机体集成和不可预见等生命系统的固有特征。

现在一般把计算机病毒视为一种恶性的有害程序。这种看法认为，计算机病毒是一种人为的用计算机高级语言写成的可存储、可执行的计算机非法程序。这种程序隐藏在计算机系统可存取的信息资源中，利用计算机系统信息资源进行生存、繁殖，进而影响和破坏计算机系统的正常运行。计算机病毒可以用 C 语言、FORTRAN 语言、BASIC 语言、PASCAL 语言、计算机的机器指令等计算机语言编写。

计算机病毒通常由三部分组成：引导模块、传染模块和表现模块。引导模块将病毒从外存引入内存。传染模块将病毒传染到其他对象上。表现模块（破坏模块）实现病毒的破坏作用，如删除文件、格式化硬盘、显示或发声等。计算机病毒隐藏在合法的可执行程序或数据文件中，不易被人们察觉和发现，一般总是在运行染有该种病毒的程序前首先运行自己，与合法程序争夺系统的控制权。

3．计算机进程

计算机进程类似于计算机病毒，把进程当作生命体，可在时间空间中繁殖，从环境中汲取信息，修改所在的环境。这里不是说计算机是生命体，而是说进程是生命体。该进程与物质媒体交互作用以支持这些物质媒体（如处理器、内存等）。可把进程视为具有生命的特征。

一些种子保持冬眠达数千年，在冬眠期内既没有新陈代谢，也没有受到刺激，

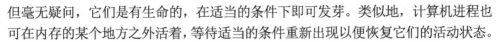

但毫无疑问，它们是有生命的，在适当的条件下即可发芽。类似地，计算机进程也可在内存的某个地方之外活着，等待适当的条件重新出现以便恢复它们的活动状态。

4．细胞自动机

这是一种人工细胞陈列，每个细胞具有离散结构。按照预先规定的规则，这些细胞的状态可随时间变化，通过陈列传递规则，计算每个细胞的当前状态及其近邻细胞状态。所有细胞均自发地更新状态。

细胞自动机是 1940 年由冯·诺依曼发明的，它以数学和逻辑形式提供了一种理解自然系统（自然自动机）的重要方法，也是理解模拟和数字计算机（人工自动机）的一种系统理论。随着大规模并行单指令多数据流（SIMD）计算机的发展，很容易获得低价格的彩色图像，使细胞自动机的研究更为方便。

5．人工核苷酸

人工生命并不局限于计算机，许多被酶作用的物质可以支持生命，化学系统所形成的各种生命正在被开发。

1960 年，索尔·施皮格尔（Sol Spiegelhe）和他的同事结合当时已知的分子的最小集合，允许在一个试管中进行核糖核酸（RNA）的自复制，产生核苷酸前体、无机物分子、能源、复制酶以及来自 $\alpha\beta$ 细菌噬菌体（Bacteriophage）RNA 的雏形。细菌噬菌体 RNA 分子无须感染的细菌宿主，就可以很快地复制以保持合适的频率。一系列转移使 RNA 分子的数目快速增长，但与此同时，RNA 分子本身反而变小了，直到达到最小的尺寸。分子群体从大量的、易传染的形式变为小的、不易传染的形式，是因为它可从细菌核苷酸处脱落。很显然，这些复制和进化 RNA 分子是与原始人工生命形式类似的。

分子生物学的新发展变得更加有趣，促进了人工分子的进化。切赫（Cech）和奥尔曼（Allman）发现 RNA 有酶化学和复制能力，这是非常关键的，它允许单个 RNA 分子进化。

5.6　基于进化计算的空间信息处理实例

车载激光扫描（Mobile Laser Scanning, MLS）能快速获取大场景点云数据，在道路交通领域有应用价值和潜力，如道路信息调查和智能驾驶高精度三维地图制作。MLS 硬件系统发展很快，形成了多种类型的商业化产品，该系统必要组件包括激光扫描仪、高精度 POS 系统和高精度时间同步控制系统。MLS 测量存在视场限制和遮挡，需要将地面激光扫描（Terrestrial Laser Scanning, MLS）点云数据作为补充，即将 TLS 与 MLS 点云配准以完成基准统一。点云配准分解为两个子问题：如何建立同名对应关系（Correspondences, CORRS）；如何利用 CORRS

构造优化目标函数估计坐标转换参数。传统基于特征的配准是先提取关键点（特征明显且感兴趣的点），对关键点进行描述，再利用相似关系建立 CORRS；采用 RANSAC 算法剔除错误 CORRS，并估计最优转换参数。

5.6.1　GA 点云配准方法

GA 是一种全局优化算法，采用在整个解空间全局自适应地搜索最优解。GA 很早被应用于 3D 医学点云配准。给定待配准点云 S 的匹配点 S_i，基准点云 T 的点 T_i，点云配准首先建立 S 和 T 的对应关系(S_i, T_j)，再根据对应关系建立目标函数并估计最优转换参数。这里，S 为 TLS 点云，T 为 MLS 点云。点云配准采用的变换模型如下。

$$T_j = t + RS_i \tag{5-15}$$

式中，S 是待配准点云，$S_i = [S_{xi}, S_{yi}, S_{zi}]^T$ 为第 i 个配准点；基准点云 T，$T_j = [T_{xj}, T_{yj}, T_{zj}]^T$ 为对应点；$t = [t_x, t_y, t_z]^T$ 为平移向量；R 表示旋转矩阵，是 x、y、z 轴 3 个旋转角 α、β、γ 的函数。

传统配准方法的优化目标为 CORRS 距离平方和最小，即 MSE 度量。

$$\min E = \frac{1}{N} \sum_{i=1}^{N} d_i, d_i = |T_j - (t + RS_i)| \tag{5-16}$$

式中，N 为 CORRS 数目。

GA 本身是一种全局的启发式的优化方法，它在整个转换参数空间自适应搜索最优解。这里将 GA 配准概括为 4 个步骤（如图 5-7 所示）：种群初始化和点云选择，待配准点云转换，适应度计算，遗传操作。后 3 个步骤迭代计算，构成 GA 进化过程。种群初始化和 GA 进化已做了描述。在预处理后，点云数据量仍然较大，很多点位于地面，需用点云选择提高配准效率。GA 配准点云选择方法与 ICP 配准相同，即法线空间采样法。

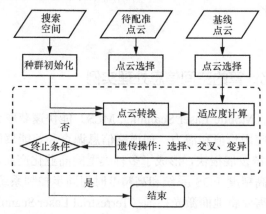

注：虚线框内为遗传进化过程。

图 5-7　遗传算法点云配准流程

GA 配准建立 CORRS 的方法为先对待配准点云进行转换,然后用邻近点搜索距离最近点建立 CORRS。点云转换和邻近点搜索需要对种群每一个体分别进行,为计算最耗时的阶段。点云转换和适应度计算对个体的计算是独立的,可以采用多核并行运算,采用 OpenMP 编程做加速。

传统配准采用最小化形式的目标函数 E 估计最优参数,GA 配准以最大化形式的适应度 F 进行优化。F 由 E 转换而来,常用方法为负指数函数作转化函数。

$$F=e^{-E} \tag{5-17}$$

由于 S 和 T 部分重叠,在 GA 配准中使用距离截断 MSE 模型对式(5-16)做修正。距离截断函数为

$$d_i = \begin{cases} d_i, & d_i \leq d_{th} \\ d_{th}, & d_i > d_{th} \end{cases} \tag{5-18}$$

式中,d_{th} 为距离阈值,它是重叠区域 CORRS 的最大距离。Silva 模型将 CORRS 分为两类:重叠区域内为内点和非重叠区域内为外点。该模型意味着通过最小化 MSE 同时最大化内点数目得到最优转换参数。

5.6.2　搜索空间

GA 是在整个搜索空间进化搜索最优解的过程。点云配准的搜索空间由转换参数的上界 U 确定,即 $[-U, U]$。在任意情况下,α、β、γ 的上界为 180,t_x、t_y、t_z 是无界的。如果搜索空间过大,GA 收敛慢,或早熟(收敛至局部最优),或退化为随机搜索。搜索空间越小,GA 收敛速度越快,配准效率越高。因此,确定一个有限且尽可能小的搜索空间是必要的。

这里将 TLS 扫描仪设站的粗略位置作为先验信息限定搜索空间。扫描仪设站的粗略位置可由内置 GPS 获取。关于内置 GPS 的信息量少,它采用单点定位方式,定位精度达分米级或米级。t_x、t_y、t_z 的取值在位置误差范围内,本文将其设定为 10 m。α、β 与扫描平台的水平程度有关,它们的值通常很小,一般在 5 以内;γ 与北向对准有关,在任意设站时的范围是 $[-180, 180]$。因此,转换参数的搜索空间为 $(\alpha, \beta, \gamma, t_x, t_y, t_z | \alpha, \beta \in [-5, 5], \gamma \in [-180, 180], t_x, t_y, t_z \in [-10\text{ m}, 10\text{ m}])$,即 U 等于 $[5, 5, 180, 10\text{ m}, 10\text{ m}, 10\text{ m}]$。

如果所采用的扫描仪不带内置 GPS,可采用其他的辅助测量方式获取设站位置,如外置 GPS 或 GPSRTK。GPSRTK 采用差分 GPS 定位,精度达厘米级,则 t_x、t_y、t_z 的搜索范围可限定在 0.1 m 以内,即 t_x、t_y、$t_z \in [-0.1\text{ m}, 0.1\text{ m}, 0.1\text{ m}]$。无论采用何种辅助测量方式,平移向量的搜索范围应根据定位精度进行设置。

5.6.3　点云数据配准结果

图 5-8(a)所示为数据 1,待配准点云 S 约 1 300 万点,基准点云 T 约 1 100 万

点；图 5-8(b)所示为数据 2，待配准点云 S 约 5 200 万点，基准点云 T 含 1 000 万点。两组数据重叠度均约为 50%；使用的地面激光扫描仪为 Riegl VZ400，设站粗略位置均通过扫描仪内置 GPS 获得。点云数据量大、含噪声，且配准需要法向量，因此对点云进行了预处理。

为定量评价 GA 配准精度，将待配准点云 S 与其参照点云 S_{ref} 的距离均方根误差（RMSE）作为衡量指标。S_{ref} 是 S 的理论值。因用于配准的点云是依法向量空间随机选择且 GA 采用随机搜索机制，各组配准实验均独立进行了 50 次，以统计结果进行评估，详细的 GA 配准实验参数如表 5-2 所示。

表 5-2　GA 配准实验参数

名称	符号	数值
S 选择比例	P_S	0.5%
T 选择比例	P_T	5%
种群大小	M	100
理想距离/cm	d_{ideal}	5
距离阈值/m	d_{th}	2
最大进化代数	max_{gen}	300
最优个体不变代数	max_{best}	20
终止进化精度	e	10^{-3}

采用 GA 算法的点云配准结果对比如表 5-3 所示，实验点云和 GA 配准后点云如图 5-8 和图 5-9 所示。在具有任意北偏角和较大平移值的情况下，GA 仍然能完成匹配，验证了方法有效。

表 5-3　GA 配准结果对比

数据	RMSE/cm			GA 进化代数			平均运行时间/s
	最小	最大	平均	最小	最大	平均	
数据 1	6.3	9.3	7.6	101	232	168	208
数据 2	29.2	16.4	20.7	103	251	173	590

(a)　数据1原始点云　　　　　　　(b)　数据2原始点云

图 5-8　实验点云

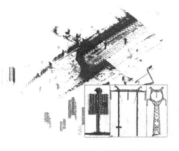

(a) 数据1配准结果　　　　　　　　(b) 数据2配准结果

图 5-9　GA 配准后点云（线框内为局部地物放大）

GA 配准最大适应度变化曲线如图 5-10 所示，在进化初期，适应度变化较快，GA 表现全局搜索；当进化至一定阶段时，适应度变化缓慢并趋于成熟，GA 表现局部搜索。GA 配准 50%以上迭代位于变化平缓区域，表明局部收敛速度慢。GA 配准可以达到很高的配准精度，可一步完成点云配准；也可以作为初始配准，与精配准结合以提高效率。

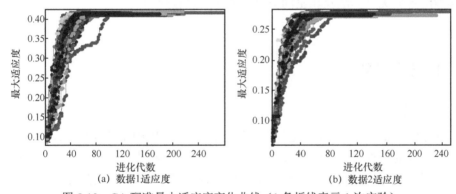

(a) 数据1适应度　　　　　　　　　(b) 数据2适应度

图 5-10　GA 配准最大适应度变化曲线（1 条折线表示 1 次实验）

🔍 5.7　小结

进化作为从生命现象中抽取的重要的自适应机制，已经为人们所普遍认识和广泛应用，然而，现有的进化模型存在的不足是未能很好地反映一个普遍存在的事实：大多数情况下，整个系统复杂的自适应进化过程，事实上是多个子系统局部相互作用的协同进化过程，即它是大规模协同动力学系统，人们对此了解甚少，而以前的工作大多注意从算法的角度认识问题，对进化计算的认识机理了解还不多；如何反映进化的多样性、多层次性、系统性、自适应性、自组织过程、相变与混沌机理等则是有待解决的问题，这也是真正了解进化机理的困难和关键所在。

第6章

自然计算与空间信息处理

基于"从大自然中获取智慧"的理念，计算智能最典型的代表有人工神经网络、遗传算法、免疫算法、模拟退火算法、蚁群算法、粒群算法等，它们大多是仿生算法，具有自学习、自组织、自适应的特征和简单、通用、鲁棒性强、适于并行处理等优点，在很多情况下可以作为全局优化算法。本章就自然智能其他几种典型的智能优化算法及在空间信息中的应用进行介绍。

6.1 自然计算

6.1.1 概述

20 世纪 40 年代至 20 世纪 60 年代，随着人工智能由诞生到兴起，涌现出许多生物启发的计算方法，如众所周知的遗传算法（模拟生物进化）、神经网络模型（模拟人类大脑神经系统）、模糊系统（模拟人类思维）等。这些方法通过模拟隐含的生物机制，成功地解决许多领域中的问题。

计算就是符号的变换。从一个已知的符号串开始，按照一定的规则，一步一步地改变符号串，经过有限步骤，最后得到一个满足预先规定的符号串，这种变换的过程就是计算。与计算紧密联系的概念是算法，算法是求解某类问题的通用法则或方法，即符号变换的规则。人们通常把算法看成用某种精确语言写成的程序。算法或程序的执行和操作就是计算。从算法的角度讲，一个问题是不是可计算的，与该问题是不是具有相应的算法是完全一致的。长期以来，算法和计算的概念一直与人类的认识活动相联系。

计算机带给人类思维的最大冲击莫过于将这些范畴泛化到了自然界。与经典计算理论相对，自然计算也称为非经典计算，包括许多不同的方法，多数是在更广泛的意义上或者受自然界启发或者利用自然界现象。

作为一个新的研究领域，自然计算一经提出就引起诸多领域专家学者的关注，成为一个跨学科的研究热点。它主要包含模糊集、粗糙集、人工神经网络、混沌和分形、演化计算、群体智能和人工免疫系统等多种智能模拟方法。这些智能模拟模型和技术方法各有其特点和优势、潜力与局限。例如，人工神经网络适合直接从数据中进行学习，但其推理能力不如模糊系统，知识的可理解性较差；演化计算很适合求解全局优化问题，也具有学习能力，但学习的精度不如神经网络，推理能力不如模糊系统；而模糊系统的学习能力又明显不如其他方法。要得到一种通用的智能模拟方法是非常困难的。因此，一方面，将多种方法进行融合，发挥各自的优势而弥补彼此的缺点是一个重要的研究方向，如模糊神经网络、模糊演化算法、演化人工神经网络、多种群智能计算的混合等方法的研究，体现了相互融合的特点和趋势。另一方面，随着人们对自然界和生物智能研究和认识的深入，会有更多新型自然计算方法出现，弥补现有方法的不足，更加高效地求解问题。

自然系统具有高度复杂性、非线性、并行性，隐含着比计算机更快地求解问题的能力。自然计算就是比喻性地使用自然系统潜在的概念、原理和机制，这有助于开拓新的优化领域，而且新的优化方法可能会很好地求解目前仍未解决的问题。

在经典进化计算发展的基础上，20 世纪 80 年代以来，越来越多的自然启发的计算方法不断出现。其中，群体智能算法与进化计算是最有影响的两类自然计算方法。目前，比较新颖的群体智能方法包括蚁群优化算法、粒群算法、免疫算法、人工蜂群算法、人工鱼群算法、细菌算法、生态算法、入侵杂草优化算法、猴群搜索、生物地理优化算法、人类搜索优化、人工萤火虫优化、烟花算法、复制选择算法等。除了上面提到的群体优化方法，受生物或物理启发的算法还有模拟退火算法、头脑风暴优化算法、文化算法、膜计算、智能水滴算法、磁场优化算法、蛋白质计算，以及化学反应优化等。但毫无疑问，从算法发展的角度看，进化计算是所有上述算法思想的源头。

6.1.2　自然计算的类型

自然计算从启发源看，上述所有算法可以分成：生物启发的计算，包括人工神经网络、模糊系统、进化算法、生物群智能、人工免疫系统等受各种生物系统启发而设计的算法，生物启发的计算具有灵活性，能够应用于不同问题，具有鲁棒性（能够处理噪声和不确定性）、适应性（能处理动态环境下问题）、自治性（不需要人工干预）、分布式性（没有中心的控制）。受物理现象或规律启发的计算，包括重力搜索算法、量子计算、磁场优化算法等，利用化学反应过程实现问题求解。物理启发的计算和化学反应计算具有高度并行性，计算效率极高。如果从广义的角度把人类社会及思维看作自然界生物的一部分，则受人类社会启发的计算也应该看作自然计算的一部分，如智能主体、形式语言等。社会启发的计算具有较高的智能性。

今天，人们对自然计算有了更系统的认识。自然计算的内容扩展如图 6-1 所示，主要包括三方面。

① 受自然启发，模拟一种或几种自然现象或机制的算法，用计算机高级编程语言来实现，应用范围广泛。

② 利用计算机建立自然系统的模型和仿真系统，研究自然界及生物本身，如人工生命、人工植物。

③ 利用生物或物理、化学性能或机制设计能够突破冯氏计算机结构限制的装置、设备，如分子计算机、生物计算机、量子计算机、光子计算机等。

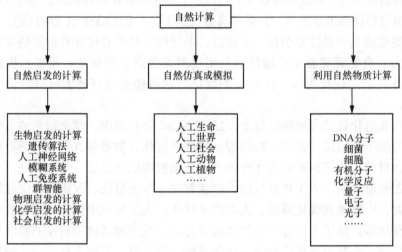

图 6-1　自然计算的内容扩展

表 6-1 给出了目前主要的自然计算启发源与要素，包含所有的自然计算方法，也没有排除未来会出现的新算法。

表 6-1　自然计算启发源与要素

启发源属性	自然计算	系统	元素
生命	神经计算	神经网络	神经元
	免疫计算	免疫系统	抗体
	内分泌计算	内分泌系统	分子
	细胞计算	细胞自动机	细胞
	细胞膜计算	细胞膜	离子
	DNA 计算	DNA 双螺旋	分子

启发源属性	自然计算	系统	元素
生命	蛋白质计算	蛋白质	分子
	进化计算	遗传系统	基因积木块
	蚁群计算	蚁群	蚂蚁
	粒群计算	鸟群	鸟
	……	……	……
社会与文化	形式语言	自然语言左脑半球	字符
	模糊	大脑	脑神经
	文化算法	社会文化	文化符号
	主体	社会相互作用	主体
	……	……	……
物理与化学	盘子计算	原子	量子
	光子计算	光	光子
	模拟退火算法	退火	原子
	化学计算	化学反应	分子
	……	……	……

目前的主要自然计算方法，从人类认知角度看，已经涵盖人类认知的各个领域，包括自然与人类社会，生命系统与物理、化学过程。从启发源范围看，涵盖了宏观系统（生物进化、大脑神经系统）和微观系统（细胞膜、量子、光子、化学分子）等认知尺度。从系统角度看，包括简单系统（如鸟群）和复杂系统（如免疫系统、社会文化）。

从实现角度看，多数自然计算方法利用高级程序设计语言在现代计算机上实现，而 DNA 计算、量子计算，以及化学计算在算法的实现手段上实现了革命性突破，直接利用分子操作实现计算已经成为现实，而不是基于传统的二进制计算机实现。这必将引发计算机的革命，分子计算机、量子计算机的出现及应用随着人类技术的进步是指日可待的。

从自然计算要素角度看，每种自然计算方法都要对应一种实际的启发源，无论是自然还是社会的，且要将启发源中包含的内在的特殊规律，如生物进化规律等，利用数学或逻辑符号描述成一种特殊计算过程。

从从事研究的人员角度看，一旦形成某种特殊的算法，这些算法的计算复杂性、动力学性能、计算效率，以及算法的应用范围等成为自然计算研究人员的研究对象，而启发源本身则不再成为研究重点。这也是为什么从事自然计算的人员不必是生物学家、分子学家、化学家，甚至物理学家，而只需有扎实的数学基础理论及掌握计算机程序设计方法就可以从事自然计算研究。事实上，多数最初的自然计算方法是相应的启发源领域内的专家提出设想甚至亲自实现的，引起计算机科学领域的研究人员重视，而后才形成一个新的计算机科学的研究方向或领域。

自然界的事件是在自然规律作用下的过程，特定的自然规律实际上就是特定的算法。特定的自然过程实际上就是执行特定的自然"算法"的一种"计算"。在人类所认知的世界中存在形形色色的"自然计算机"，随着人类对自然规律认识的深入和扩展，必将出现越来越多的自然计算方法。可以说，自然界就是一台巨型自然计算机。任何一种自然过程都是自然规律作用于一定条件下的物理或信息过程，其本质都体现了一种严格的计算和算法特征。

可以总结出自然计算规律：自然系统（各种启发源）相当于自然计算的硬件，自然规律（各种启发源的内在运行规律）相当于自然计算的软件，而自然过程（各种启发源在规律支配下的发展）就是算法计算或运行过程。由此可见，自然计算的出现证明和体现了自然的计算本质。自然就是日夜不停执行各种运算的超级计算机。

生命系统作为自然界中最复杂、最有特色的系统，是形形色色的自然计算机中的一种。因此，从生命系统中抽象出人工神经网络、模糊逻辑、免疫算法、内分泌计算、进化计算、粒群算法等就是这种自然计算规律的直接体现和有力证明。所有自然计算的具体方法都是自然界生命或物理、化学运算过程在人类社会生产实践中的映射。

6.1.3 自然计算的发展趋势

随着生物知识的迅速发展，有许多新的思想需要领会，如生物信息的本质和细胞与组织中处理信息的方式，包括与生物分子基因、酶、代谢和信号系统有关的计算原理，以及对分布式、自适应、混合突现计算的影响。新的计算模型可能来自生物细胞和组织的启发，如关于并行计算和细胞与组织排列之间的关系。这是一个高度交叉的领域，吸引许多计算机科学家、分子生物学家、遗传学家、数学家、物理学家和其他领域的研究人员，基于细胞和组织开发新的计算模型和信息处理模型是基础性研究内容，因此生物启发的计算对基础科学研究有重要意义。在应用方面，给生物学家提供了面向 IT 的程序，观察细胞计算或者处理信息的手段，或者帮助计算机科学家建立基于自然系统的算法，如进化算法、免疫算法等，以及研究全新的非冯·诺依曼结构的计算模型。应该加强分子计算在医学领域的研究，如果能实现一个能度量其环境因素并据此处理信息的分子机器，则将打通一条通往医学应用之路。以硅为基础的计算机对人类的工作、娱乐、交流产生了巨大影响，对社会经济、文化的影响也是有目共睹。但是计算机有其物理空间上的局限性。硅芯片上的晶体数每 18 到 24 个月成倍增长，尽管设备不断缩小、速度更快、性能不断提高、成本不断下降，但晶体管的高密度造成现有的冯氏结构的物理计算系统的发展极限问题。生物系统启发的非经典计算系统是现有计算机系统一个可能的替代。

从更广义的角度把人类社会与人类思维看作自然界的一部分，可以看出，目前自然计算的启发原型多种多样，从无机物到有机物，从自然界到人类社会，从人脑到细胞和分子，在范围、尺度、内容、形式上都有很大差别，在各种启发原型上发展的具体技术则多数表现为现代计算机中算法、逻辑语言等。应用领域则存在交叉，如都可用于智能信息处理、优化等领域，许多技术本身就属于人工智能的分支。按照表中的模式，未来出现其他新型的自然计算模型是肯定的。目前还没有关于自然计算的统一理论、方法、原理、技术。

近年来，在自然计算的研究中，许多方法成为热点，并引起人们广泛的关注，同时在很多应用领域取得了长足进展，使自然领域呈现"百花齐放"的景象。未来自然计算主要从理论、应用和学科交叉几个方面展开研究工作，在注重理论研究的同时，更应该将研究的重点放在应用产品研发和与其他学科交叉融合上。

目前，自然计算正处于迅猛发展阶段，并且已经在智能控制、求解 NP 完全问题、数据挖掘等领域得到应用。积极推进该领域的发展，对于发展智能科学，推动科技创新，具有重要意义。

演化计算是一个非常具有挑战性的研究方向，演化计算的基础理论依然是重要的研究课题，包括进一步发展演化计算的数学基础、从理论和实验研究它们的计算复杂性、演化算法中控制参数的选择研究、演化算法的过早收敛问题，以及 MOEA 广义收敛性证明等都是亟待解决的问题。新的演化计算方法和技术研究是该领域进一步发展的动力和源泉，如群体多样性保持、重组算子设计、EA 性能评估（特别是 MOEA 性能评价）、EA 鲁棒优化、演化环境，以及高维目标等是演化计算重要的研究方向。面向应用的演化算法设计永远是演化计算研究的重点，因为应用既是演化计算研究的出发点，也是演化计算研究的最终目标，如演化计算在环境与资源配置、电子与电气工程、通信与网络优化、机械设计与制造、市政建设、交通运输、航空航天、管理工程、金融等方面，以及在物理、化学、生态学、医学、计算机科学与工程、生物信息学等领域的应用。

加强群体智能理论的研究，促进群体智能硬件开发。群体智能算法的数学理论基础相对薄弱，缺乏具备普遍意义的理论性分析，虽然在算法收敛性方面做了大量的工作，但是对群体智能算法的工作原理和收敛速度的分析刚刚起步，这方面还需要大量的工作。另外，群体智能算法与最新的计算机软硬件技术相结合，缩短其运行时间及将群体智能算法与其他技术融合以提高算法性能，更好地服务于实际应用是今后研究的重要课题。

加强自然计算工程技术可行性研究。只有加强自然计算工程技术开发方法研究，建立自然计算工程技术可行性论证理论，才能尽可能降低开发风险，保证自然计算工程性项目开发的顺利完成和拥有广阔的市场前景。

自然计算是一个庞大的研究领域，有许多具体的研究方向和子领域，需要来自数学、物理、化学、生物等基础学科，以及基因、电子、信息、纳米领域的专家通力合作，更好地促进自然计算的发展。面对千差万别的启发原型，建立自然计算的统一模型和理论，目前还不现实，在具体的自然计算分支中寻找基本的理论、算法模型应该是可行的。当前科学发展的一个重要特征是，不同学科的技术和概念之间不断地双向流动甚至多重交叉流动，这个趋势意味着新的计算方法的突破不再是盲目的，而是有方向性的、必然的。因此，综合利用数学工具、控制论、信息论、协同论、耗散论、复杂系统等现代理论，以及其他新理论等研究自然计算理论是必要的。

21 世纪的新科学哲学观念表明，在系统层次上，不同学科之间的边界必须被超越，甚至被推翻。实际上，系统生物学的发展正不断推动生物学、工程和计算机科学的进步。这个过程中的某个步骤可能促使人们重新审视自然启发的计算或自然计算，可能自下而上重新发明新的计算方法，每个学科都可能做出自己的贡献，为人类解决能源、信息、材料、人工智能等重大领域的问题提供更有效的手段。

6.2 群智能算法

基于自然计算的群体智能本质上是一种仿生算法，是通过模拟自然界生物群体行为来实现人工智能的一种方法。群体智能是当今人工智能领域的研究热点，可广泛应用于机器人控制、数据分析、工业流程控制等多个学科领域，对国民经济发展、社会进步、国防建设等各个方面都产生了深远影响。本章介绍了智能算法的思想起源和基本共性：构成整个群体的个体微不足道，它们中没有领导者，完全是相互独立与对等的个体，通过个体之间的自组织行为，使群体涌现出超过个体累加的智慧。随后，本章以经典的蚁群算法和粒群优化算法为例，详细阐述了这两类算法的主要思想、基本实现方法以及应用领域。本节首先介绍群体智能（Swarm Intelligence, SI）思想的起源以及优点，随后以蚁群算法和粒群算法为例进一步介绍基于群体智能思想的问题求解方法。

6.2.1 思想来源

自然界很多生物是成群结队进行群居生活的，人们在很早的时候就对大自然中群居类生物的群体行为感兴趣。群居生物往往能表现出令人惊讶的智能行为，如蚂蚁可以协同合作集体搬运食物、蜜蜂可以建造结构庞大而精致的巢穴、大雁在飞行时自动排成人字形、蝙蝠在洞穴中快速飞行却可以互不碰撞等。这种现象的存在，是因为群体中的每个个体都遵守一定的行为准则，当它们按照这些准则相互作用时，可表现出异常复杂而有序的群体行为。

这种由群体生物表现出的智能现象受到越来越多学者的重视与关注，研究者通过对群体生物的观察和研究，开创了模仿自然界中群体生物行为特征的群体智能研究领域，对群体智能的研究起源于对上述有代表性的社会性昆虫的群体行为的研究。Reynolds 在 1987 年提出了一个仿真生物群体行为的模型 BOID，该模型通过刻画单独个体的 3 种行为（分离、列队、聚集），以及个体之间的交互（即每个鸟类能感知周围一定范围内其他鸟类的飞行信息），成功刻画了鸟类的群体飞行行为，该模型实际上是一种群体智能模型。群体智能的概念最早由 Hackwood 和 Wang 在分子自动机系统中提出，他们将群体描述为具有相互作用的个体的集合，如蚁群、蜂群、鸟群等都是群体的典型例子。1991 年，由意大利学者 Dorigo 等首先提出了著名的蚁群算法，该算法是通过模拟自然界中蚂蚁群体觅食行为而提出的，是一种基于种群的启发式仿生进化方法，利用信息素作为蚂蚁选择后续行为的依据，并通过多只蚂蚁的协同来完成寻优过程。1995 年，Kennedy 和 Eberhart 提出了粒群优化算法，该算法是通过模拟鸟类群体觅食行为而提出的仿生智能算法。1999 年，牛津大学出版社出版了由 Bonabeau 和 Dorigo 等编写的专著《群体智能：从自然到人工系统》（*Swarm Intelligence: From Natural to Artificial System*）。自此，群体智能逐渐成为一个新的重要研究方向。

6.2.2　群体智能的优点及求解问题类型

群体智能是由一组相互独立的、无智能的或具有简单智能的主体，通过间接或者直接通信进行合作而涌现出复杂智能行为的特性。群体智能优化算法大致可分为两类：仿生过程算法和仿生行为算法。仿生过程算法以遗传算法为主，主要模拟种群进化发展的过程；仿生行为算法以蚁群、粒群等算法为主，主要模拟进化完成的生物的社会行为或协作行为。群体智能算法均具有明显的系统学特征分布式计算、自组织以及正反馈：群体智能系统自身是一个分布式系统，这样的系统需要多个个体行为的冗余，从而达到在问题解空间中不断搜索全局最优解的效果，这种行为方式不仅增强了智能算法的全局搜索能力，同时增加了算法的可靠性；较为典型的自组织系统为生物体，对于如蚁群、鸟群、蜂群等生物，由于个体行为简单，而个体间协作行为较为明显，此时也将它们当作一个独立的生物体进行研究，自组织的特性大大增加了算法的鲁棒性；反馈的作用视为系统将现在的行为作为影响系统未来行为的原因，自组织可通过正负反馈的结合来实现自我创造和自我更新。除了上述三大系统学特征外，群体智能算法相比较传统算法还有以下优势：渐进式寻优、"适者生存、劣者消亡"、通用性强、智能以及易于和其他算法相结合。其中，渐进式寻优指群体智能算法从随机初始可行解出发，经过反复迭代，使新一代优于上一代的寻优过程；"适者生存、劣者消亡"表现了算法借助选择操作提高群体品质的过程；通用性强表现在算法实施过程中，无须额外干预，算法不过分依赖于问题信息；智能表现在算法能适用于不同环境、不同问题，且均能求得有效解，具有自组织自适应的进化学习机理；易于和其他算法相结合表现在智能算法大多原理相对简单，是一种分布式控制算法，对问题定义的连续性无特殊要求，实现较为简单。

正是由于这些优秀的群体特性，群体智能算法常用于求解优化问题，优化问题统一可分为两类，分别为函数优化问题（线性优化问题）和组合优化问题（离散优化问题），细分则有多变量问题、非线性约束问题、无约束优化问题、多解问题、多目标优化问题以及动态优化问题等。一般而言，优化问题大多是"难解"问题，通称 NP 难题，这类问题如果使用蛮力求解，计算的空间和时间复杂度较高，而使用群体智能算法可以在较短的时间内求得近似最优解，从而为实时性较高的系统提供可靠性保证。

🔍6.3 蚁群算法

自然界中蚁群是一个具有高度结构化和自治性的昆虫群体。与其他普通昆虫不同的是，蚂蚁个体的行为常由整个群居的群体所决定。蚁群算法的诞生，正是源于它们的觅食行为，主要描述它们是如何相互合作，找寻巢穴与食物所在地之间的最短路径。蚁群优化算法（Ant Colony Optimization Algorithm, ACO，以下简称蚁群算法）最早是由意大利学者 Dorigo 和他的同事于 20 世纪 90 年代通过模拟蚁群觅食行为而提出的模拟优化算法。目前，该算法及其改进算法在求解路径规划问题、指派问题以及调度问题等领域有了长足进步。

6.3.1 蚁群算法主要思想

已有大量的生物实验表明，单个蚂蚁个体的记忆能力和智力有限，但是蚂蚁个体之间却可以通过释放信息素（Pheromone）这种物质进行信息的交流。Deneubourg 等通过"双桥实验"对蚁群的觅食行为以及蚁群通过信息素进行信息交流的行为开展了深入研究。实验研究发现：每只蚂蚁在经过的路径上都会释放一定量的信息素，路径上的信息素量会随着经过蚂蚁数量的增加而逐渐累加；但是随着时间的推移，道路上的信息素也在不断地挥发；而路径上遗留的信息素浓度越高，后面跟进的蚂蚁选择该道路的可能性越大。人工蚁群算法的提出，正是受此实验的启发。

如图 6-2 所示，A 点表示蚁群巢穴，F 点表示食物源，目前有两条路径可以获得食物（A-B-C-E-F 和 A-B-D-E-F），长度分别是 6 和 4。假设现在有 16 只蚂蚁，同时从巢穴 A 点出发，找到食物 F 后返回巢穴 A。设每只蚂蚁，在 1 个单位时间内行走 1 个单位长度,每一只蚂蚁在所走过的 1 个单位长度的路程上产生 1 个单位浓度的信息素轨迹,为便于理解和计算,假设道路上信息素挥发率为 0。表 6-2 展示了 16 只蚂蚁在觅食过程中,道路中信息素轨迹数的变化。从表中可以看出,随着迭代步数的增加,B-D-E 路线和 B-C-E 路线上的信息素轨迹差距不断增大,绝大多数蚂蚁将会选择最短的 A-B-D-E-F 路线。

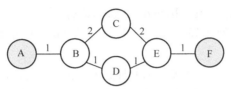

图 6-2 蚁群算法示意

表 6-2 蚁群算法"双桥"实例

时刻	蚂蚁状态	AB	BC	CE	BD	DE	EF
1	16 只蚂蚁到达 B 点,此时 BC 和 BD 的选择概率相同,因此分成两批(P1 和 P2),每批 8 只蚂蚁。P1 的 8 只蚂蚁选择 BC,P2 的 8 只蚂蚁选择 BD	16	0	0	0	0	0
2	P1 在 BC 上,P2 到达 D	16	0	0	8	0	0
3	P1 到达 C,P2 到达 E	16	8	0	8	8	0
4	P1 在 CE 上,P2 到达 F	16	8	8	8	8	8
5	P1 到达 E,P2 从 F 返回到 E,此时 16 只蚂蚁碰面,而 P2 面临选择,发现 EC 和 ED 的轨迹数均是 8。此时这 8 只蚂蚁再次分成两批(P3 和 P4),每批 4 只蚂蚁。P3 选择 EC,P4 选择 ED	16	8	8	8	8	16
6	P1 到达 F,P3 在 EC 上,P4 到达 D	16	8	8	8	12	24

6.3.2 蚁群算法的基本实现

蚁群算法提出后首先应用于旅行商问题(Traveling Salesman Problem, TSP)的求解。旅行商问题的定义是:给定 n 个城市,有一位旅行商从某一城市出发,遍历访问其他所有城市一次,最终回到出发城市,在所有的巡回路径中,找寻一条最短的哈密顿回路(Hamiltonian Circuit)。下面以旅行商问题为例,介绍蚁群算法中最基本的蚂蚁系统(Ant System, AS)算法实现。

(1)蚂蚁系统算法描述

在算法初始时刻,将 m 只蚂蚁随机放在 n 个城市节点构成的全连通图上,各条路径上的初始信息素量相等,设 $\tau_{ij}(0)=C$(C 为一常数)。在 t 时刻蚂蚁 k($k=1,2,\cdots,m$)根据各条路径上的信息素量浓度和问题启发式信息决定下一个转移的城市,转移概率 $p_{ij}^k(t)$ 可由式(6-1)获得,其中参数 α 和 β 为常数,分别表示信息素浓度的相对重要性和启发式信息的相对重要性。

$$p_{ij}^k(t) = \begin{cases} \dfrac{\tau_{ij}^{\alpha}(t) \times \eta_{ij}^{\beta}(t)}{\sum\limits_{u \in \text{allowed}_k} \tau_{iu}^{\alpha}(t) \times \eta_{iu}^{\beta}(t)}, & j \in \text{allowed}_k \\ 0, & \text{其他} \end{cases} \tag{6-1}$$

人工蚂蚁具有记忆性，当蚂蚁 k 访问完城市 i 后，需要将城市 i 置入禁忌表 tabu_k 中，再从可访问表 allowed_k 中概率选择下一个可访问城市，直至所有城市访问结束，并返回出发城市，此时禁忌表 tabu_k 中的路线即蚂蚁 k 此次的访问记录。

当所有蚂蚁完成一次周游后，$t+1$ 时刻各条路径上的信息素量根据式（6-2）、式（6-3）和式（6-4）进行调整更新：式（6-3）中 $\Delta\tau_{ij}^k$ 表示蚂蚁 k 在路径 E_{ij} 上释放的信息素量，$\Delta\tau_{ij}$ 表示本次循环后路径 E_{ij} 上信息素的总增量，式（6-4）中 Q 为一个常数，表示蚂蚁 k 在一次周游中释放的总信息素量，S_k 表示蚂蚁 k 本次周游所走路线的总长度。

$$\tau_{ij}(t+1) = (1-\rho)\tau_{ij}(t) + \Delta\tau_{ij} \tag{6-2}$$

$$\Delta\tau_{ij} = \sum_{k=1}^m \Delta\tau_{ij}^k \tag{6-3}$$

$$\Delta\tau_{ij}^k = \begin{cases} Q/S_k, & \text{蚂蚁} k \text{在本次周游中经过} E_{ij} \\ 0, & \text{其他} \end{cases} \tag{6-4}$$

以上是蚂蚁系统算法中最基本，也是最常用的 Ant-Cycle System 算法描述。为方便阅读，表 6-3 列出蚂蚁系统算法涉及的参数及其含义。

表 6-3　蚂蚁系统算法涉及的参数及其含义

参数	含义
n	城市数
m	蚂蚁数
E_{ij}	表示城市 i 和城市 j 的路径
d_{ij}	表示城市 i 和城市 j 之间的路径长度
S_k	表示蚂蚁 k 本次周游所走路线的总长度
$\tau_{ij}(t)$	表示 t 时刻在路径 E_{ij} 上遗留的信息素量
$p_{ij}^k(t)$	表示 t 时刻蚂蚁 k 从城市 i 转移到城市 j 的概率
$\eta_{ij}(t)$	启发式函数，是与求解问题相关的启发式信息，在 TSP 中常设为 $1/d_{ij}$。该函数表示了蚂蚁从城市 i 转移到城市 j 的期望程度
ρ	表示信息素的挥发系数，$\rho \in [0, 1]$，$1-\rho$ 表示信息素遗留系数
tabu_k	禁忌表，表示蚂蚁 k 已经访问完的所有城市的集合
allowed_k	可访问表，表示蚂蚁 k 下一时刻允许访问的城市的集合

事实上，Dorigo 等在提出 Ant-Cycle System 算法之前，分别提出了 Ant-Density System 算法和 Ant-Quantity System 算法，这 3 种算法的差别在于 $\Delta\tau_{ij}^{k}$ 的定义不同。

在 Ant-Density System 算法中，有

$$\Delta\tau_{ij}^{k}=\begin{cases}Q,\text{蚂蚁}k\text{在本次周游中经过}E_{ij}\\0,\text{其他}\end{cases}\tag{6-5}$$

在 Ant-Quantity System 算法中，有

$$\Delta\tau_{ij}^{k}=\begin{cases}Q/d_{ij},\text{蚂蚁}k\text{在本次周游中经过}E_{ij}\\0,\text{其他}\end{cases}\tag{6-6}$$

式中，d_{ij} 表示城市 i 和城市 j 之间的路径长度值。从式（6-4）~式（6-6）中可以发现，Ant-Density System 算法和 Ant-Quantity System 算法使用的只是局部信息更新信息素，而 Ant Cycle System 算法则使用的是全局信息，因此常用 Ant-Cycle System 算法作为基本算法模型。

（2）蚁群算法通用框架

以下是蚁群算法求解组合优化问题的通用框架（与蚁群算法相关的改进算法大多可使用该框架进行概述，如蚂蚁系统、蚁群系统（Ant Colony System, ACS）、最大最小蚂蚁系统（Max-Min Ant System, MMAS）等）。

Step 1　初始化信息素矩阵，设置蚁群算法的基本参数。

Step 2　设置 Step2~Step4 循环的结束条件，并开始迭代循环。

Step 3　所有蚂蚁根据转移概率和启发式信息构造问题的可行解。

Step 4　对可行解进行局部搜索优化（该步为可选项）。

Step 5　更新信息素矩阵。

Step 6　输出最优解。

（3）蚁群算法求解 TSP 实例

表 6-4 列出了 50 个城市的坐标。设所有城市之间均直接可达，由此可得到一个全连通的无向网络图。现有一个旅行商从任意一城市出发寻找一条最优路径，访问其他所有城市后返回起始点。AS 算法中参数设置为 $\alpha=1$，$\beta=2$，$\rho=0.7$，蚂蚁数量设为 50，初始信息素矩阵设为全 1 矩阵。从 AS 算法求解 50 个城市 TSP 迭代 300 次后的结果中发现，使用 AS 算法仅 150 个迭代步就可以得到一个比较令人满意的结果，但是从城市的连线来看，这个结果仍然可以继续优化，尤其是，从第 126 步开始，算法最优解就已经陷入一个局部最优，且所有蚂蚁均已经收敛至该解，此时已经处于停滞状态，这是 AS 算法极为明显的缺陷，也是后期大量研究者提出改进算法主要攻克的难点。

表 6-4　50 个城市的坐标

No.	坐标	No.	坐标	No.	坐标	No.	坐标	No.	坐标
1	(31, 32)	11	(25, 55)	21	(5, 25)	31	(57, 58)	41	(20, 26)
2	(32, 39)	12	(16, 57)	22	(10, 77)	32	(39, 10)	42	(5, 6)
3	(40, 30)	13	(17, 63)	23	(45, 35)	33	(46, 10)	43	(13, 13)
4	(37, 69)	14	(42, 41)	24	(42, 57)	34	(59, 15)	44	(21, 10)
5	(27, 68)	15	(17, 33)	25	(32, 22)	35	(51, 21)	45	(30, 15)
6	(37, 52)	16	(25, 32)	26	(27, 23)	36	(48, 28)	46	(36,16)
7	(38, 46)	17	(5, 64)	27	(56, 37)	37	(52, 23)	47	(62, 42)
8	(31, 62)	18	(8, 52)	28	(52, 41)	38	(58, 27)	48	(63, 69)
9	(30, 48)	19	(12, 42)	29	(49, 49)	39	(61, 33)	49	(52, 64)
10	(21, 47)	20	(7,38)	30	(58, 48)	40	(62, 63)	50	(43, 67)

6.3.3　蚁群算法应用

蚁群算法自 20 世纪 90 年代提出以来，大量的实验结果证明其具有较强的鲁棒性，且能够发现较好解。但是，Dorigo 等最早提出的 AS 算法存在诸多缺陷，如收敛的速度慢、易收敛至局部最优解以及易出现停滞现象等。所以，从该算法提出后，大量学者对其进行了改进，并将其应用于解决不同领域的问题，如路径规划问题、指派问题、调度问题等。

1．路径规划问题

蚁群算法应用于求解路径寻优问题，具体可以分为三类：旅行商问题、车辆路径问题（Vehicle Routing Problem, VRP）和网络路由问题。

旅行商问题：Dorigo 等在 AS 算法的基础上提出了蚁群系统，这种算法引入了 Agent 的概念，将每只蚂蚁作为一个 Agent，在算法中使用伪随机比例状态转移规则替换 AS 算法中随机比例转移规则，使每个 Agent 对环境变化后具有更强的自主性，保持知识探索和知识利用之间的平衡，同时算法中采用了局部信息素更新机制和全局精英蚂蚁信息素更新机制，提高精英蚂蚁的贡献度，结果表明 ACS 提高了求解 TSP 的性能，且求解结果较 AS 算法更优秀。Stutzle 等提出了最大最小蚂蚁系统，该算法通过设置信息素浓度上下限，来避免算法过早收敛而出现停滞现象。Cordon 等提出了最优最差蚂蚁系统（Best-Worst Ant System, BWAS），该算法通过对最优解路径进行信息素增强，而对最差解路径进行信息素削弱，使算法更快收敛于较优的路径，提高算法收敛速度。吴斌和史忠植提出了一种基于蚁群算法的 TSP 分段求解算法，该算法将新提出的相遇算法和并行分段算法相结合，提高了蚂蚁每一次周游的质量，提高收敛速度。冀俊忠等针对基本蚁群算法求解大规模 TSP 时间性能低的缺陷，提出新的多粒度问题模型，并使用粒度划分、粗细粒度蚁群寻优等方法提高大规模 TSP 的求解速度。

车辆路径问题：Gambardella 等提出了 MACS-VRPTW 算法来求解带时间窗的车辆路径问题，算法中有两批蚁群，第一批蚁群优化的目标是最少的车辆数，第二批蚁群优化的目标是最短路径长度，两批蚁群最后通过信息素的更新来交换各自信息，从而达到多目标优化的目的。Fuellerer 等提出了一种求解二维装载车辆路径问题（2L-CVRP）的蚁群算法，在求解 2L-CVRP 过程中，作者灵活地处理装载限制条件，并结合不同的启发式信息提高蚁群算法求解该类问题的成功率。刘志硕等通过对蚁群求解 VRP 产生的近似解，进行近似解可行化策略探讨，提出了一种求解 VRP 的自适应蚁群算法，有效地解决了 VRP。

网络路由问题：Dorigo 等提出了一种基于移动 Agent 的应用于网络路由的自适应蚁群算法 AntNet，研究发现该算法在网络吞吐量和数据包时延方面显示出优秀的性能。之后，Dorigo 等又将算法 AntNet 应用于通信网络中的间接通信。林国辉等提出一种基于蚁群算法的网络拥塞规避路由算法，该算法能有效地针对链路拥塞状态做出快速反应并分散流量，从而避免链路拥塞。

2．指派问题

二次规划问题（Quadratic Assignment Problem, QAP）是指派问题类型中的经典问题，针对该问题，Maniezzo 等通过修改 AS 算法启发式规则，将 AS 算法应用于求解 QAP，经过大量实验研究表明，该算法能够获得多个有效的优质解。Demirel 等利用模拟退火算法改进 ACS 算法中的局部搜索规则，设计了应用于求解 QAP 的 ACS 算法，经过与其他启发式算法的对比发现，改进后的 ACS 算法在解空间探索上具有明显优势。钟一文等指出传统蚁群算法强调蚂蚁之间的群智能行为，而忽略了蚂蚁个体智能行为的体现，故他们将蚂蚁个体行为融入对目标解的构造中，提出了一种求解 QAP 的目标引导蚁群算法。

除了 QAP 类指派问题外，蚁群算法已经有效地应用于其他指派类问题，如图着色问题、课表安排问题等。

3．调度问题

Colorni 等将 AS 算法应用于求解车间作业调度问题（Job-shop Schedule Problem, JSP），通过改进 AS 算法中启发式函数以及调整参数，其结果不仅收敛速度快，而且具有较好的鲁棒性。

Blum 将蚁群算法与 Beam Search 这种搜索树方法相结合，提出了 Beam-ACO 算法，并将该算法成功应用于开放车间调度问题（Open Shop Scheduling Problem, OSSP）。

Rajendran 和 Ziegler 提出了两种优化的蚁群算法来求解带排序的流水车间调度问题，第一种是 M-MMAS 算法，它扩展了 Stutzle 等提出的 MMAS 算法以及其中的局部搜索技术；第二种是一种改进的蚁群算法 PACO。作者通过与当时求解该问题最优秀的方法比较后，发现这两种改进算法均显示了优秀的求解结果。

刘长平等通过结合量子计算中量子旋转门的量子信息，提出了一种求解最小化最大完工时间的作业间调度问题的量子蚁群调度算法，并通过仿真实验验证了该算法的可行性和有效性。

除了上述三类问题以外，蚁群算法还广泛应用于生物信息学、数据挖掘、图像处理等相关领域。此外，蚁群算法和其他启发式算法融合的混合算法，同样是蚁群算法理论研究的一大热点，如与遗传算法的融合、与人工神经网络的融合、与粒群优化算法的融合等。

6.4 粒群算法

6.4.1 粒群优化概念

粒群优化（Particle Swarm Optimization, PSO）算法是一种基于群体搜索的算法，它建立在模拟鸟群社会的基础上。粒群概念的最初含义是通过图形来模拟鸟群优美和不可预测的舞蹈动作，发现鸟群支配同步飞行和以最佳队形突然改变飞行方向并重新编队的能力。

在粒群优化中，被称为粒子（Particle）的个体是通过超维搜索空间"流动"的。粒子在搜索空间中的位置变化是以个体成功地超过其他个体的社会心理意向为基础的。因此，群中粒子的变化是受其邻近粒子（个体）的经验或知识影响的。一个粒子的搜索行为受到群中其他粒子的搜索行为的影响。由此可见，粒群优化是一种共生合作算法。建立这种社会行为模型的结果是：在搜索过程中，粒子随机地回到搜索空间中一个原先成功的区域。

6.4.2 粒群优化算法

粒群优化是以邻域原理（Neighborhood Principle）为基础进行操作的，该原理来源于社会网络结构研究。驱动粒群优化的特性是社会交互作用。群中的个体（粒子）相互学习，而且基于获得的知识移动到更相似于它们的、较好的邻近区域。邻域内的个体进行相互通信。

群是由粒子的集合组成的，而每个粒子代表一个潜在的解答。粒子在超空间流动，每个粒子的位置按照其经验和邻近粒子的位置而发生变化。令 $x_i(t)$ 表示 t 时刻 P_i 在超空间的位置。把速度 $v_i(t)$ 矢量加至当前位置，则位置 P_i 变为

$$x(t)=x_i(t-1)+v_i(t) \tag{6-7}$$

速度矢量推动优化过程，并反映出社会所交换的信息。下面给出 3 种不同的粒群优化算法，它们对社会信息交换扩展程度是不同的，这些算法概括了初始的 PSO 算法。

1．个体最佳算法

对于个体最佳（Individual Best）算法，每一个体只把它的当前位置与自己的最佳位置 pbest 相比较，而不使用其他粒子的信息，具体算法如下。

Step 1　对粒群 $P(t)$ 初始化，使 $t=0$ 时每个粒子 $P_i \in P(t)$ 在超空间中的位置 $x_i(t)$ 是随机的。

Step 2　通过每个粒子的当前位置评价其性能 F。

Step 3　比较每个个体的当前性能与其至今有过的最佳性能，如果 $F(x_i(t)) < \text{pbest}_i$，那么

$$\begin{cases} \text{pbest}_i = F\big(x_i(t)\big) \\ x_{\text{pbest}_i} = x_i(t) \end{cases} \tag{6-8}$$

Step 4　改变每个粒子的速度矢量

$$\boldsymbol{v}_i(t)=\boldsymbol{v}_i(t-1)+\rho\big(x_{\text{pbest}_i} - x_i(t)\big) \tag{6-9}$$

其中，ρ 为一位置随机数。

每个粒子移至新位置

$$\begin{cases} x_i(t) = x_i(t-1)+\boldsymbol{v}_i(t) \\ t = t+1 \end{cases} \tag{6-10}$$

式中，$v_i(t)=v_i(t)\Delta t$，而 $\Delta t=1$，所以 $v_i(t)\Delta t=v_i(t)$。

Step 5　转回 Step2，重复递归直至收敛。

上述算法中粒子离开其先前发现的最佳解答越远，使该粒子（个体）移回它的最佳解答所需要的速度就越大。随机值 ρ 的上限为用户规定的系统参数。ρ 的上限越大，粒子轨迹振荡就越大。较小的 ρ 值能够保证粒子的平滑轨迹。

2．全局最佳算法

对于全局最佳（Global Best）算法，粒群的全局优化方案 gbest 反映出一种被称为星形（Star）的邻域拓扑结构。在该结构中，每个粒子能与其他粒子（个体）进行通信，形成全连接的社会网络，如图 6-3(a)所示。用于驱动各粒子移动的社会知识包括全群中选出的最佳粒子位置。此外，每个粒子根据先前已发现的最好的解答来运用它的历史经验。

全局最佳算法如下。

Step 1　对粒群 $P(t)$ 初始化，使 $t=0$ 时每个粒子 $P_i \in P(t)$ 在超空间中的位置 $x_i(t)$ 是随机的。

Step 2　通过每个粒子的当前位置 $x_i(t)$ 评价其性能 F。

Step 3 比较每个个体的当前性能与其至今有过的最好性能，如果 $F(x_i(t)) <$ pbest$_i$，那么

$$\begin{cases} \text{pbest}_i = F(x_i(t)) \\ x_{\text{pbest}_i} = x_i(t) \end{cases} \tag{6-11}$$

Step 4 把每个粒子的性能与全局最佳粒子的性能进行比较，如果 $F(x_i(t)) <$ gbest$_i$，那么

$$\begin{cases} \text{gbest}_i = F(x_i(t)) \\ x_{\text{gbest}_i} = x_i(t) \end{cases} \tag{6-12}$$

Step 5 改变粒子的速度矢量

$$v_i(t) = v_i(t-1) + \rho_1 \left(x_{\text{pbest}_i} - x_i(t) \right) + \rho_2 \left(x_{\text{gbest}_i} - x_i(t) \right) \tag{6-13}$$

其中，ρ_1 和 ρ_2 为随机变量。称上式中的第 2 项为认知分量，而最后一项为社会分量。

Step 6 把每个粒子移至新的位置。

$$\begin{cases} x_i(t) = x_i(t-1) + v_i(t) \\ t = t+1 \end{cases} \tag{6-14}$$

Step 7 转向 Step 2，重复递归直至收敛。

对于全局最佳算法，粒子离开全局最佳位置和它自己的最佳解答越远，使该粒子回到它的最佳解答所需的速度变化越大。随机值 ρ_1 和 ρ_2 确定为 $\rho_1 = r_1 c_1$，$\rho_2 = r_2 c_2$，其中，r_1 和 $r_2 \sim U(0, 1)$，而 c_1 和 c_2 为正加速度常数。

3．局部最佳算法

局部最佳（Lobal Best）算法用粒群优化的最佳方案 lbest 反映一种称为环形（Ring）的邻域拓扑结构。该结构中每个粒子与它的 n 个中间邻近粒子通信。如果 $n=2$，那么一个粒子与它的中间相邻粒子的通信如图 6-3(b)所示。粒子受它们邻域的最佳位置和自己过去经验的影响。

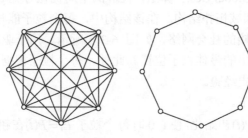

(a) 星形邻域拓扑结构　　　(b) 环形邻域拓扑结构

图 6-3　粒群优化的邻域拓扑结构

本算法与全局算法不同之处仅在 Step 4 和 Step 5 中，以 lbest 取代 gbest。在收敛方面，局部最佳算法比全局最佳算法慢得多，但局部最佳算法能够求得更好的解答。

以上各种算法的 Step 2 检测各粒子的性能。其中，采用一个函数来测量相应解答与最佳解答的接近度。在进化计算中，称这种接近度为适应度函数。

上述各算法继续运行直至其达到收敛为止。通常对一个固定的迭代数或适应度函数估计执行蚁群优化算法。此外，如果所有粒子的速度变化接近于 0，那么就终止蚁群优化算法。这时，粒子位置将不再变化。标准的粒群优化算法受问题维数、个体（粒子）数、ρ 的上限、最大速度上限、邻域规模和惯量这 6 个参数的影响。

除了上面讨论过的几种算法，即 pbest、gbest、lbest 以外，近年来的研究使这些原来的算法得以改进，其中包括改善其收敛性和提高其适应性。

粒群优化已用于求解非线性函数的极大值和极小值，也成功地应用于神经网络训练。这时，每个粒子表示两个权矢量，代表一个神经网络。粒群优化也成功地应用于人体颤抖分析，以便诊断帕金森（Parkinson）疾病。

总而言之，粒群优化算法已显示出它的有效性和鲁棒性，并具有算法的简单性。不过，需要开展更进一步的研究，以充分利用这种优化算法。

6.4.3　粒群优化与进化计算的比较

粒群优化扎根于一些交叉学科，包括人工生命、进化计算和群论等。粒群优化与进化计算存在一些相似之处。两者都是优化算法，都力图在自然特性的基础上模拟个体种群的适应性。它们都采用概率变换规则通过搜索空间求解。

粒群优化与进化计算也有几个重要的区别。粒群优化有存储器，而进化计算设有粒子保持它们及其邻域的最好解答。最好解答的历史对调整粒子位置起到重要作用。此外，原先的速度被用于调整位置。虽然这两种算法都建立在适应性的基础上，但是粒群的变化是通过向同等的粒子学习而不是通过遗传来重组和变异得到的。粒群优化不用适应度函数而是由同等粒子间的社会交互作用来带动搜索过程的。

6.5　生物地理算法

生物地理学优化（Biogeography Based Optimization, BBO）算法是基于群体的随机搜索算法，通过模拟生物物种在地理分布上的特征，采用整数编码，应用基于概率的个体移动算子和变异算子使群体得到进化。由于物种在迁徙过程中，信息得到共享，BBO 具有较好的群体信息利用能力，并在单目标优化及其实际应用中显现了一定的优越性。

6.5.1 生物地理算法的背景

适合生物种群聚居的岛屿，具有高的岛屿适宜指数（Habitat Suitability Index, HIS）。与 HSI 关联的特征包括降雨、植被多样性、地形多样性、岛屿面积、温度等。这些描述岛屿适宜指数的变量称为独立栖息变量，但岛屿适宜指数是非独立变量。

具有高 HSI 的栖息地容纳的种群数量多，而具有低 HSI 的栖息地的种群数量较少。高 HSI 的栖息地因为其拥有大量的物种种群，所以有许多种群迁徙到附近的栖息地；高 HSI 的栖息地已经接近物种饱和，有较低的种群迁入率，因此高 HSI 栖息地在物种分布上比低 HSI 栖息地更稳定。同样，高 HSI 比低 HSI 栖息地具有较高的生物迁出率，在高 HSI 栖息地上的大量物种可以有很多机会迁徙到邻近的栖息地，这并不意味着一个物种从它的发源地完全消失，而可能只有几个物种代表迁徙。这样，一个迁徙的物种仍然保持其家乡的生存空间，而同时迁徙到邻近的栖息地拓展生存空间，如图 6-4 所示。

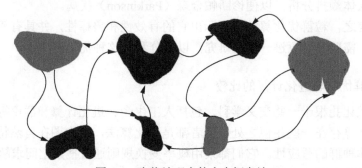

图 6-4 生物地理中的多个栖息地

低 HSI 栖息地有较高的物种迁入率，因为它们的群体比较松散。新物种迁入低 HSI 栖息地可以增加栖息地的 HSI，因为一个栖息地的岛屿适宜指数与其生物多样性呈正比。如果一个栖息地的 HSI 总是很低，则居住在这个栖息地上的物种将趋于灭绝。为了吸引更多物种迁入，需要进一步开放。这样在物种分布中，低 HSI 栖息地比高 HSI 栖息地更具有动态性。

以生物地理学数学模型为基础，将模型中各变量与优化算法中的量相对应，其对应关系如表 6-5 所示。

表 6-5 生物地理学数学模型和优化算法中的变量的对应关系

生物地理学数学模型	生物地理学优化（BBO）算法
栖息地	个体
适应指数变量（SIV）	个体的变量
栖息适应指数（HIS）	个体的适应度
HIS 较高的栖息地	优秀个体

在生物地理学优化算法中，具有较高适应度的个体有较大的迁出率 μ 和较小的迁入率 λ；相反，适应度较小的个体将有较大的迁入率 λ 及较小的迁出率 μ。适应度较高的个体将提供优秀个体的变量（SIV）与适应度较低的个体共享，使适应度低的个体接受来自优秀个体好的特征变量，从而有较大的可能提高自己的适应度。

生物地理学是生物种群分布的自然方法，类似于一般的求解问题。假设要解决有多个候选解的问题，只要给出给定解的可量化的适应度，一个好的解类似于一个高 HSI 的岛屿，一个较差的解类似于一个低 HSI 的岛屿。具有高 HSI 的解比具有低 HSI 的解更不易改变，同时高 HSI 解与低 HSI 解共享优良的特征。这并不意味着好的特征从高 HSI 解中消失，而好的特征仍然保持在高 HSI 解中，这类似于一个物种的代表迁徙到一个新的岛屿，而其他种仍居住在原来的岛屿。通过这样的迁徙过程，坏解从好解那里接收到很多新的特征。这些新特征的加入可以提高低 HSI 解的质量。根据这种思路提出的解决问题的新方法称为生物地理学优化算法。生物地理优化算法提出的最初目的是将生物地理学理论应用于工程问题，建立一种类似于遗传算法、神经网络、模糊逻辑、粒群算法等计算智能的，同时具有应用价值的新求解方法。

6.5.2　生物地理算法的迁徙模型

根据生物地理学不同的数学模型，可以得到不同的迁徙模型，如图 6-5 所示。

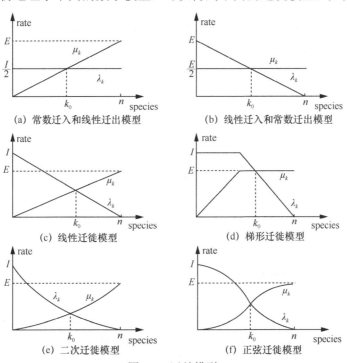

(a) 常数迁入和线性迁出模型　　(b) 线性迁入和常数迁出模型

(c) 线性迁徙模型　　(d) 梯形迁徙模型

(e) 二次迁徙模型　　(f) 正弦迁徙模型

图 6-5　迁徙模型

1. 线性模型

① 模型 1：迁入率是常数，迁出率是线性，即

$$\lambda_k = \frac{I}{2} \tag{6-15}$$

$$\mu_k = \frac{k}{n}E \tag{6-16}$$

其中，迁出率 μ_k 与种群数 k 成正比；迁入率 λ_k 是固定不变的，而且等于 I 的一半。

② 模型 2：迁入率是线性，迁出率是常数，即

$$P_{k_0} = \frac{\left(\frac{nI}{2E}\right)^{k_0}}{k_0!\left(1 + \sum_{i=1}^{n}\left(\frac{nI}{2E}\right)^i\left(\frac{1}{i!}\right)\right)} \tag{6-17}$$

$$\lambda_k = I\left(1 - \frac{k}{n}\right) \tag{6-18}$$

$$\mu_k = \frac{E}{2} \tag{6-19}$$

其中，迁入率 λ_k 与种群数 k 成正比；迁出率 μ_k 是固定不变的，而且等于 E 的一半。

③ 模型 3：线性迁徙

$$\lambda_k = I\left(1 - \frac{k}{n}\right) \tag{6-20}$$

$$\mu_k = \frac{k}{n}E \tag{6-21}$$

其中，迁入率 λ_k 和迁出率 μ_k 与种群数 k 成正比。

2. 非线性模型

除线性迁徙模型外，还包括非线性模型，如梯形迁徙模型、二次方迁徙模型、正弦迁徙模型等。

6.5.3 基本的 BBO 迁徙操作

1. 基于迁入率的部分迁徙

这是基于每个岛屿的迁入率进行迁徙，运用概率来决定是否独立地迁入每个变量 SIV（解的特征）。下面的迁徙操作算法描述了该方法的一代，这里使用 $X_i(s)$ 表示第 i 个种群成员的第 s 个特征。

2．基于迁出率的部分迁徙

这是基于每个岛屿的迁出率进行迁徙，运用概率来决定是否独立地迁入每个变量 SIV（解的特征）。

3．基于迁入率的单个迁徙

这是基于每个岛屿的迁入率进行迁徙，运用概率来决定是否迁入某一随机选择的变量 SIV（解的特征）。

4．基于迁出率的单个迁徙

这是基于每个岛屿的迁出率进行迁徙，运用概率来决定是否迁出某一随机选择的变量 SIV（解的特征）。

BBO 算法需要建立岛屿适应度与种群数量的映射函数。该映射函数先将所有岛屿按适应度优劣进行排序，并设 $S_{max}=n$，则 $S(x_i)=S_{max}-i$，$i=1, 2,\cdots,n$（向量 x_i 中的 i 是各岛屿经过排序后的标号）。用迁徙操作调节岛屿的过程中，岛屿被修改的概率正比例于其迁入率，且岛屿特征被引进的概率正比于其迁出率。

利用全局的修改概率 P_{modify} 来决定岛屿 i 是否被选择修改，进行信息共享。如果岛屿 i 被选择，则利用其迁入率 λ 来决定 x_i 的适应度变量 $x_i(j)$，$j=1, 2,\cdots,D$，是否被修改（且须将所有岛屿的迁入率映射到[0, 1]这个区间上，因为生成的随机数为[0, 1]均匀分布的随机数）。如果解 x_i 的 $x_i(j)$ 被选择修改，则利用其他栖息地的迁出率 μ 进行选择，如果选出的栖息地 k 为迁入特征的来源地，则将其向量 x_k 的变量 $x_k(j)$ 替代向量 x_i 的 $x_i(j)$。这个利用迁出率的选择过程类似于遗传算法中的轮盘选择，先将其他所有栖息地的迁出率进行累加，并计算其中每个栖息地的累积概率，然后取随机数落在相应区间，从而选取相应的栖息地。

BBO 的迁徙操作类似于进化策略（ES）中的全局重组，适应度较高的栖息地特征变量能够以较大概率被传播。不同的是，在进化策略中，全局重组是一个再生过程，用于创建新的解，而在 BBO 中，迁徙是一个适应过程，动态地调整现有的解。

与其他群体为基础的算法一样，这里引用精英策略，保存种群中一定数量的最优或较优解进入下次迭代，这可以防止由于迁徙而使当前的最优解遭到破坏，导致算法退化。精英策略可以通过参数设置实现，对于精英将其设置为 $\lambda=0$。

对于上述总结的 4 种方法，变异的采用增加了算法的搜索空间。就像对其他演化算法，BBO 的变异机制具有问题依赖性。

6.5.4 变异操作

疾病和自然灾害等因素能够彻底地改变一个栖息地的生态环境，导致该栖息地的种群数量脱离平衡点。一个栖息地的适应度会因为此类随机事件发生非常突然的变化。BBO 算法采用变异操作模拟这种现象。根据栖息地 i 的种群数量概率对栖息地的特征变量进行突变。

如何根据栖息地拥有种群数量的概率给出相应的突变率，是 BBO 突变操作的核心问题。适应度较高的栖息地和适应度较低的栖息地对应的种群数量概率较低，平衡点对应的数量概率则较高。每个栖息地的数量概率表示对于给定问题预先存在的可能性。如果一个栖息数量概率较低，则该方法存在的概率较小。如果发生突变，则它很有可能突变成更好的方法。相反地，具有较高数量概率的方法则具有很小的可能性突变到其他方法。因此，突变概率函数与该栖息地的数量概率成反比，相应的函数为

$$m_i = m_{\max}\left(1 - \frac{P}{P_{\max}}\right) \tag{6-22}$$

其中，$m_{\max}$ 为用户定义的突变率的最大值。

突变可以增加方法集的多样性。该突变函数可使低适应度的方案以较大概率发生突变，为该栖息地增加更多的机会搜索目标，但该突变方法会破坏较优方案的栖息地特征。可以在算法迭代过程中，保留群体中的部分精英个体，使这些较好栖息地的特征得到有效保护。处于平衡点的栖息地应该尽量避免发生突变，因为这些方案最有可能得到有效改善，突变反而破坏了其寻优过程。BBO 的突变机制具有问题依赖性，可以根据问题的不同进行相应调整。

以下是该算法的具体流程。

Step 1 初始化 BBO 算法各个参数，设定栖息地数量 n、优化问题的维度 D、栖息地种群最大容量 $S_{\max}$；设定迁入率函数最大值 I 和迁出率函数最大值 E、最大变异率 $m_{\max}$、迁徙率 P_{modify} 和精英个体留存数 k。

Step 2 随机初始化每个栖息地向量 x_i, i=1, 2,$\cdots$, n。每个向量都对应一个给定问题的潜在的解。

Step 3 计算栖息地 i 的适宜度 $f(x_i)$, i=1, 2,$\cdots$, n，并计算栖息地 i 对应的物种数量 S_i、迁入率 λ_i，以及迁出率 μ_i, i=1, 2,$\cdots$, n。

Step 4 利用 P_{modify} 循环（栖息地数量作为循环次数）判断栖息地 i 是否进行迁入操作。若栖息地 i 被确定发生迁入操作，则循环利用迁入率 λ_i；判断栖息地 i 的特征分量 x_{ij} 是否发生迁入操作（问题维度 D 作为循环次数）。若栖息地 i 的特征分量 x_{ij} 被确定，则利用其他栖息地的迁出率 μ_i 进行轮盘选择。选出栖息地 k 的对应位替换栖息地 i 的对应位。重新计算栖息地 i 的适宜度 $f(x_i)$, i=1, 2,$\cdots$, n。

Step 5 更新每个栖息地的种群数量概率 P_i；然后计算每个栖息地的突变率，进行变异操作，变异每一个非精英栖息地，用 m_i 判断栖息地 i 的某个特征分量是否进行突变，重新计算栖息地 i 的适应度 $f(x_i)$。

Step 6 是否满足停止条件。如果不满足则跳转到 Step 3；否则，输出迭代过程中的最优解。

🔍6.6　自然计算在空间信息处理中的应用

　　随着航空、航天技术的迅速发展，可以快速获取地面数据的遥感技术，成为研究人口资源环境、全球变化的重要方法，利用遥感应用技术动态监测陆表水体变化情况逐渐发展为遥感应用的重要方向。陆表水体，通常指的是陆地表层液态水的聚集体，其表现形式主要包括江、河、湖以及人工水库等。虽然陆表水体所存储的淡水只是淡水中的很小一部分（0.3%），覆盖面积只占地球面积的 2%～3%，但是由于其分布的特殊性以及与人类活动的密切相关性，陆表水体的研究对社会生产、生态健康、地质检测等领域都有着不可替代的作用。遥感技术近年来日趋成熟，可以快捷、全面地获取陆表水体的分布，并对其动态变化进行持续监测。遥感技术比传统的陆表水体测绘方法具有更多的优势，因为它是一种低成本、可靠的信息源，能够进行高频率和可重复的观测。

　　我国最新的气象卫星 FY-3 的 MERSI 传感器可以获得 5 个空间分辨率为 250 m 的影像以及 15 个空间分辨率为 1km 的影像，加强了对地表精细地物的观测能力，具备对部分自然灾害如台风、泥石流、滑坡等 250 m 空间分辨率的检测。利用遥感技术进行陆表水体的测绘在湿地监测、洪水监测、洪灾评估、陆表水体估算和水体资源管理有重要的意义。陆表水体的提取以及变化检测目前是遥感领域研究的重要方向之一，基于遥感影像的陆表水体提取是针对每个像素求解的问题，是离散的图像像素求解问题。基本的粒群算法主要用于解决连续空间的问题，却不能解决离散空间的问题，因此这里选择离散二进制粒群算法（DPSO）。相对于基本的粒群算法，DPSO 中的粒子采用二进制编码，速度公式不变，由速度公式决定位变量取值为 1 的机会。修改后的位置公式如下。

$$x_{id} = \begin{cases} 1, & s(v_{id}) \geqslant \mathrm{rand}() \\ 0, & 其他 \end{cases} \tag{6-23}$$

其中，$s(v_{id})$ 表示位置 x_{id} 取 1 的概率，如下式。

$$s(v_{id}) = \frac{1}{1 + e^{-v_{id}}} \tag{6-24}$$

1．模型的建立

　　首先，通过在 FY/MERSI 影像上选取标准光谱计算水体概率，将水体概率影像划分为 4×4 的块，对每个不同的块利用基于离散粒群的光谱匹配算法提取陆表水体，流程如图 6-6 所示。

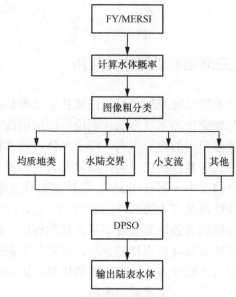

图 6-6　DPSO 流程

2．水体概率

陆表水体的光谱反射率随着波长的增加逐渐降低，而且比其他地物类型普遍偏低。从风云卫星影像中，可以由典型的水域获得近似标准的水体光谱。水体概率定义为该目标的光谱曲线与标准水体光谱曲线的差距，光谱的差异较大表示较低的水体概率，差异较小表示较大的水体概率。同时，由于归一化水指数（NDWI，Normalized Difference Water Index）充分利用了陆表水体反射光谱曲线的规律性，对陆表水体有良好的反应，在水体概率的计算中引入 NDWI 的值。这里，FY/MERSI 图像的标准水体光谱值为（前 4 个值为图像 4 个波段的反射率值，最后一个值为引入的标准水体的 NDWI 的值）。

水体概率（式（6-25））可以定义为余弦相似度（式（6-26））和距离相似度（式（6-27））的乘积。

$$P_w = \cos(\boldsymbol{W}, \boldsymbol{O}) \cdot \mathrm{dist}(\boldsymbol{W}, \boldsymbol{O}) \tag{6-25}$$

$$\cos(\boldsymbol{W}, \boldsymbol{O}) = \frac{\boldsymbol{W} \cdot \boldsymbol{O}}{\|\boldsymbol{W}\| \cdot \|\boldsymbol{O}\|} \tag{6-26}$$

$$\mathrm{dist}(\boldsymbol{W}, \boldsymbol{O}) = 1 - \frac{1}{\sqrt{b}} \sqrt{\sum_{i=0}^{b} (w_i - o_i)^2} \tag{6-27}$$

其中，$\boldsymbol{W}=(w_1, w_2, \cdots, w_b)$ 和 $\boldsymbol{O}=(o_1, o_2, \cdots, o_b)$ 分别代表目标的光谱矢量和标准水体的光谱矢量，b 是波段数。余弦相似度和距离相似度的值都在 0 到 1 的区间内。因

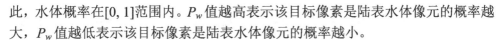

此，水体概率在[0, 1]范围内。P_w 值越高表示该目标像素是陆表水体像元的概率越大，P_w 值越低表示该目标像素是陆表水体像元的概率越小。

可以通过式（6-28）来定义非水体概率。

$$P_{nw}=1-P_w \tag{6-28}$$

3．图像粗分类

由于地表是连续的表面，陆表水体像素的出现与相邻像素有强关联性，该像素为陆表水体像元的机会受到其邻域范围内像素水体概率值的影响。同时，由于陆表水体在形态上表现出一定的聚集性，在计算目标函数的过程中引入距离的因素。遥感影像的水体概率图像被划分为行×列大小的块。例如，如果行和列都设定为 6，在该 6×6 的图像区域中，每个单独像素的类都相对地由其余 35 个像素来确定。

为了使 DPSO 算法在提取陆表水体的过程中对各种地表类型更加敏感，基于像素水体概率的均值（μ）和标准差（σ）对图像进行粗分类，4 种粗分类的判断条件和流程如图 6-7 所示。

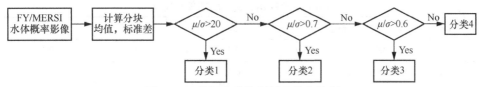

图 6-7　4 种粗分类的判断条件和流程

粗分类 1 的高 μ/σ 值，表明该块中，具有较高水体概率均质或者较低的标准差，该块的像素特征很可能是均质陆表水体或者均质非水体地类。粗分类 2、3、4 相对于粗分类 1 的较低 μ/σ 值，表明该块中具有较低的水体概率均值或者较高的标准差，该块的像素特征更可能是混合地物。针对低 μ/σ 值的粗分类中，根据水体概率值的大小，分类三类。粗分类 2 具有较高的水体概率均值，表明该块的像素特征更可能是水体和陆地的交界，更可能是小型水体和广大陆地区域的交界。粗分类 3 具有中等的水体概率均值，表明该块更可能存在小支流，块中混合了更多其他地类水体概率信息。粗分类 4 中，有最低的水体概率均值和相对较高的水体概率标准差，表明该块中更可能是非水体地类的混合块，如裸地和植被的交界，建筑和植被的交界。

4．目标函数

由于陆表水体的像素与邻域像素有强关联性，对水体概率影像进行分块，每一个块表示一个分类过程，其中通过 DPSO 的目标函数输出将每个像素分类为水体和非水体，这种分类持续进行直到目标函数 T 达到最大值，目标函数如式（6-29）所示。

$$\max T = c_1 \cdot \sum_{k=1}^{\text{rows} \times \text{cols}} P_{w,k} + c_2 \cdot \sum_{k=1}^{\text{rows} \times \text{cols}} P_{nw,k} - c_3 \cdot \frac{\overline{D}_{\text{nearest}}}{\sqrt{\text{rows}^2 + \text{cols}^2}} \quad (6\text{-}29)$$

其中，表 c_1，c_2，c_3 是根据表 6-6 设定的常数，表示水体、非水体以及邻域像素的权重值；P_w 是陆表水体像素的水体概率值，P_{nw} 是非陆表水体像素的非水体概率值；$\overline{D}_{\text{nearest}}$ 是块中从一个水体像素到另一个水体像素的最近距离。

$$\overline{D}_{\text{nearest}} = \begin{cases} 0, & \text{无水体像元} \\ \sqrt{\text{rows}^2 + \text{cols}^2}, & 1\text{个水体像元} \\ \text{两个像素最近距离}, & \text{其他} \end{cases} \quad (6\text{-}30)$$

每个粗分类的分类条件通过多次实验得出，每个部分的权重 c_1，c_2，c_3 可以通过不同的粗分类实验确定。粗分类 1 均质地类中，陆表水体像元本身具有较大的关联性，所以该类别中 c_3 的值设定为 0.5；粗分类 2 水陆交界和粗分类 3 小支流中，水陆交界和小支流更受像元关联性限制，所以通过增大 c_3 的值来增强陆表水体连通性的提取。通过大量实验确定表 6-6 中 c_1，c_2 和 c_3 的所有值以及均值和标准差的阈值。

表 6-6　参数 c_1、c_2、c_3 的值和定义

粗分类	描述	c_1	c_2	c_3
分类 1	均质水体或均质非水体	0.4	1.1	0.5
分类 2	水陆交界	0.5	1.0	1.5
分类 3	小支流	0.7	1.1	2
分类 4	其他，非水体交界	0.6	0.8	1

5. 粒子的编码

每个粒子的位置矢量 $X_i(X_{i1}, X_{i2}, \cdots, X_{iM})$ 代表一种陆表水体可能的解决方案，M 等于块中行×列的值。水体提取的离散粒群编码的对应陆表水体图像、编码图以及展开图如图 6-8 所示。图 6-8(a)表示分块中陆表水体像元的可能表现图像，其相应的陆表水体分布的离散二进制表示如图 6-8(b)所示，其中水体像元由 1 表示，非水体像元由 0 表示。将图 6-8(b)中每一行端到端地放置，其对应的粒子位置矢量的离散编码如图 6-8(c)所示。

(a) 陆表水体可能分布　　(b) 水体离散编码结果

（c）位置矢量的离散编码

图 6-8　粒子编码示例

粒群中所有粒子的位置矢量组成位置矩阵 $\boldsymbol{X}$，所有粒子的速度矢量组成速度矩阵 $\boldsymbol{V}$，如下。

$$\boldsymbol{X} = \begin{bmatrix} X_{11} & X_{12} & \cdots & X_{1M} \\ X_{21} & X_{22} & \cdots & X_{2M} \\ \vdots & \vdots & \vdots & \ddots \\ X_{N1} & X_{N2} & \cdots & X_{NM} \end{bmatrix} \tag{6-31}$$

$$\boldsymbol{V} = \begin{bmatrix} V_{11} & V_{12} & \cdots & V_{1M} \\ V_{21} & V_{22} & \cdots & V_{2M} \\ \vdots & \vdots & \vdots & \ddots \\ V_{N1} & V_{N2} & \cdots & V_{NM} \end{bmatrix} \tag{6-32}$$

其中，N 表示粒群中粒子的个数，M 表示每个粒子矢量的维度，每个粒子的速度矢量与其位置矢量具有相同的维数。位置矢量如二进制编码所示，每个像元都是对应的 0-1 表示，与位置矢量不同，速度矢量由实数构成。

6. 群搜索策略

将水体概率图像分为多个大小为 D=行×列的块，陆表水体的可能解 $\{X_1, X_2, \cdots, X_D\}$ 中的每一个像元分量值由式（6-25）确定。

$$x_d = \begin{cases} 0, & \text{非水体像元} \\ 1, & \text{水体像元} \end{cases} \tag{6-33}$$

DPSO 中陆表水体分块中的每个可能分布被视为具有 N 维的粒子。每个粒子具有位置 x、速度 v 和目标函数值 T。速度 v 通过方程式（6-33）、式（6-34）和式（6-35）定义，在每次迭代中更新速度 v，位置 x。

$$v_{id}^{t+1} = w v_{id}^{t} + s_1 r_1^{t} \left(p\text{Best}_{id}^{t} - x_{id}^{t} \right) + s_2 r_2^{t} \left(g\text{Best}_{d}^{t} - x_{id}^{t} \right) \tag{6-34}$$

$$w^{t} = w_{\max} - \frac{w_{\max} - w_{\min}}{t_{\max}} \times t_{\max} \tag{6-35}$$

$$v_{id}^{t+1} = \begin{cases} v_{\max}, & v_{id}^{t+1} > v_{\max} \\ v_{id}^{t+1}, & v_{\min} \ll v_{id}^{t+1} \ll v_{\max} \\ v_{\min}, & v_{id}^{t+1} < v_{\min} \end{cases} \tag{6-36}$$

$$x_{id}^{t+1} = \begin{cases} 1, & s(v_{id}^{t}) > \text{rand()} \\ 0, & \text{其他} \end{cases} \tag{6-37}$$

$$s(v_{id}^{t}) = \frac{1}{1+e^{-v_{id}^{t}}} \tag{6-38}$$

其中，i 是第 i 个粒子，d 是第 d 个维度，t 是第 t 个迭代，w 是惯性权重。在标准 PSO 中，w 定义为式（6-35）；w_{max} 和 w_{min} 通常分别设定为 0.95 和 0.4；t_{max} 是求解过程中迭代的最大次数。常数 s_1 和 s_2 是加速因子，通常设定为 2.05。r_1 和 r_2 是在[0,1]内均匀分布的随机数。每个粒子的 r_1 和 r_2 分别表示不同的值，这两个值将随着每一次的迭代随机产生。变量 $pBest_{id}$ 是第 i 个粒子的历史最优解，$gBest_d$ 是所有粒子历史最优解中的全局最优解；v_{max} 和 v_{min} 分别表示每个粒子速度的限制边界阈值，即最大最小速度值，为了避免粒子从限制区间[0,1]内逃脱，这里将粒子速度的边界阈值设定为 0 和 1。

粒子搜索模式流程如图 6-9 所示。

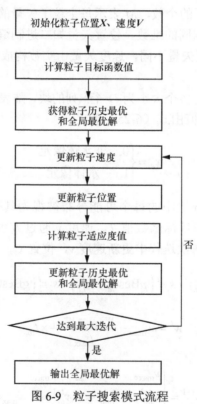

图 6-9　粒子搜索模式流程

Step 1　随机生成具有 D 维的 I 粒子，如矩阵 X（式（6-31））。其中，位置 X 是 0-1 矩阵。随机生成相应的速度矩阵 V，其中 V 受式（6-36）限制。

Step 2　对于 X 的每一行，图块中的像素分为两类（水体和非水体）。采用等式（式（6-29））得到每行 X 的目标函数值 T，将每个粒子的历史最优解更新为 X，然后将所有历史最优解中具有最大目标函数值 T 的行的历史最优解确定为全局最优解。

Step 3　使用式（6-34）和式（6-35）计算新的速度 V。使用式（6-37）更新位置 X。

Step 4　计算 X 的每一行的目标函数值 T。比较每一个粒子最新迭代中所求得的目标函数值与对应的历史最优解，将更大的目标函数值求解结果更新为历史最优解。接下来，将每一个粒子的历史最优解与粒群的全局最优解目标函数值进行比较，更新最大的目标函数值求解结果为全局最优解，如果比较发现最大的目标函数值仍然为之前的全局最优解，则不更新。

Step 5　如果 t 等于 t_{max}，则进入 Step 6；否则，返回 Step 3。

Step 6　全局最优解就是该分块中陆表水体像元和非陆表水体像元的最终分类表示。移至另一个分块并重复上述步骤。

采用基于离散粒群的光谱匹配算法提取陆表水体，减少了陆表水体过程中的人工干预。而基于离散粒群的光谱匹配算法，有标准水体光谱、分块尺寸大小以及迭代次数 3 个参数，这些参数都可以在前期陆表水体提取模型建立的过程中确定下来，有较好的提取效果。

6.7　小结

自然智能是受到大自然智慧和人类智慧启发而设计出的一类算法的统称，用于解决科学研究和工程实践遇到的复杂问题。近年来，研究者提出了很多具有启发式特征的计算智能算法，这些算法或模仿生物界的进化过程，或模仿生物的生理构造和身体机能，或模仿动物的群体行为，或模仿自然界的物理现象。本章结合相关实例，对受生物启发的计算的发展历程、研究前景、基本概念和理论应用意义进行了详细的分析说明：针对典型的受生物启发的群智能计算及其经典算法——粒群算法及在空间信息处理中的应用进行了深入剖析，并就自然计算的重要研究领域——人工生命的定理和方法进行了简要概述，有助于读者对受生物启发的人工智能算法的深入理解。

自然计算是一个庞大的研究领域，有许多具体的研究方向和子领域，需要来自数学、物理、化学、生物等基础学科，以及基因、电子、信息、纳米领域的专家通力合作，更好地促进自然计算的发展。面对千差万别的启发原型，建立自然计算的统一模型和理论，目前还不现实，在具体的自然计算分支中寻求基本的理论、算法模型是可行的。当前科学发展的一个重要特征是，不同学科的技术和概念之间不断地双向流动甚至多重交叉流动，这个趋势意味着新的计算方法的突破不再是盲目的，而是有方向性的、必然的。因此，综合利用数学工具、控制论、信息论、协同论、耗散论、复杂系统等现代理论，以及其他新理论等研究自然计算理论是必要的。21 世纪的新科学哲学观念表明，在系统层次上，不同学科之间的边界必须被超越，甚至被推翻。实际上，系统生物学的发展正不断推动生物学、工程和计算机科学的进步。这个过程中的某个步骤可能促使人们重新审视自然启发的计算或自然计算，可能自下而上重新发明新的计算方法，每个学科都可能做出自己的贡献，为解决空间信息处理领域的问题提供更有效的手段。

第7章
机器学习与空间信息处理

机器学习的出现使计算机的问题求解能力得到极大提升，同时有助于人类更好地理解自身的学习能力（包括缺陷）。目前，计算机具备的学习能力和人的学习能力还无法比拟，但机器学习的理论已逐步形成。针对特定学习任务，人们已经开发出很多具有实践性的计算机程序来实现不同类型的学习算法，也出现了许多商业化的应用，如语音识别、自动驾驶汽车、地物分类、对弈等。尤其是在空间信息处理领域，机器学习算法得到了非常广泛的应用。随着对计算机及其学习方法认识的日益成熟，机器学习将在地球空间信息科学和技术中扮演越来越重要的角色。以下将对机器学习的定义、基本结构进行简介，并通过实例介绍几种常用的机器学习算法在空间信息处理中的应用。

7.1 机器学习概述

7.1.1 机器学习的概念

"机器学习"就是让机器（计算机）来模拟人类的学习功能，主要研究内容如下。

（1）学习模拟，通过对人类学习机理的研究和模拟，研究机器学习的理论方法、实现技术。

（2）学习方法，从理论上探索各种可能的学习方法，建立具体应用领域的学习算法。

（3）学习系统，面向学习任务，根据特定任务的要求，建立相应的机器学习系统。通常，"学习系统"应该满足的基本要求如下。

① 具有适当的学习环境。学习系统的环境，是指学习系统进行学习时的信息来源。例如，当把学习系统比为学生的学习时，环境就是为学生提供学习信息的教师、书本和各种实验、实践条件等，没有这样的环境，学生就无法学习新知识和运用知识解决问题。

② 具有一定的学习能力。环境仅为学习系统提供了相应的信息和条件，要从中学到知识，还必须具有适当的学习方法和一定的学习能力。例如，同一个班的不同学生，尽管学习环境相同，但由于学习方法和学习能力不同，会导致不同的学习效果。

③ 能够运用所学知识求解问题。学以致用是对人类学习的一种要求，机器学习系统也是如此。学习系统应该能够把学到的信息用于未来的估计、分类、决策和控制，以便改进系统的性能。事实上，无论是人，还是学习系统，如果不能用学到的知识解决实际问题，就失去了学习的作用和意义。

④ 能通过学习提高自身性能。提高自身性能，是学习系统应该达到的最终目标。也就是说，一个学习系统应该能够通过学习增长知识、提高技能、改进性能，使自己做一些原来不能做的工作，或者把原来能做的工作做得更好。

通过以上分析可知，学习系统不仅与环境、知识库有关，而且包含学习、执行两个重要环节，如图 7-1 所示。

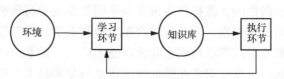

图 7-1　"机器学习"系统的基本模型

7.1.2　机器学习的策略

学习过程与推理过程是紧密相连的，学习中使用的推理方法称为学习策略。学习系统中推理过程实际上是一种变换过程，它将系统外部提供的信息变换为符合系统内部表达的新的形式，以便对信息进行存储和使用。这种变换的性质决定了学习策略的类型。几种基本策略是：记忆学习（Rote Learning）、传授学习（Learning by Being Told）、类比学习、归纳学习、解释学习。归纳学习又分为实例学习、观察与发现学习。人类的学习往往同时使用多种策略。这里划分不同的策略，不仅是为了介绍不同的方法，而且是便于设计学习系统。虽然现有的学习系统还只使用单一的策略，但多种策略系统将是未来研究发展的目标。

1．记忆学习

记忆学习又称为强记学习，这种学习方式直接记忆、存储环境提供的新知识，以后通过对知识库的检索，直接使用这些知识，而不再需要进行任何计算和推导。

记忆学习的过程是这样进行的：执行机构每解决一个问题，系统就记住这个问题和它的解。可以把执行机构抽象地看成某一函数 F，该函数得到输入是 $(x_1, x_2, \cdots, x_n)$，经推导计算后输出为 $(y_1, y_2, \cdots, y_n)$，如果经过评价得知该计算是正确的，

则把联想对

$$[(x_1,x_2,\cdots,x_n), (y_1,y_2,\cdots,y_m)]$$

存入知识库中，在以后需要计算 $F(x_1,x_2,\cdots,x_n)$ 时，系统的执行机构直接从知识库中把 $(y_1,y_2,\cdots,y_m)$ 检索出来，而不需要重复进行计算。简单的记忆学习模型如图 7-2 所示。

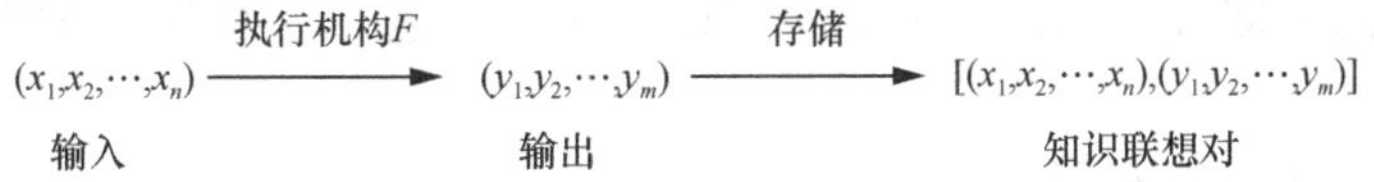

图 7-2　简单的记忆学习模型

2．传授学习

传授学习又称为指点学习，在这种学习方式下，由外部环境向系统提供一般性的指示或建议，系统把它们具体地转化为细节知识，并加入知识库中。在学习过程中要反复对形成的知识进行评价，使其不断完善。

一般来说，传授学习的学习过程包括下列 5 个步骤。

（1）请求。请求就是请求专家提出建议，有时对专家的请求是简单的，即请专家提供一般的建议；有时请求是复杂的，即请专家识别知识库的欠缺，并提出修改方法。有些系统是被动的，它会消极等待专家提出建议；而有些系统则是主动的，它会把专家注意力引向特定的问题。

（2）解释。解释就是把专家建议转成内部表示形式，属于知识表示问题，所得到的内部表示应该能反映专家建议的全部信息，如果专家的建议是用自然语言提出的，那么解释过程应包括自然语言理解。

（3）实用化。这是传授学习的信息变换过程，它把抽象的建议转成具体的知识。实用化过程类似于自动程序设计，前者是由专家建议得到实用的规则，而后者则是由程序说明得到程序，二者的差别在于：后者要求得到完全正确的程序，强调程序的正确性，而前者往往使用弱方法，不保证完全正确。实用化过程有时做试探性的假设和近似，只能要求其合理性，所得到的假设还要经过检验和修改完善。

（4）加入知识库。把得到的新知识加入知识库，在加入过程中，要对知识进行一致性检查，以防出现矛盾、冗余、环路等问题。

（5）评价。实用化得到的新知识往往是假设，要经过验证和修改。如果评价中出现了问题，就要进行故障分析和知识库修改。

上述 5 步中，实用化是过程的核心，正是在这一步实现信息水平的变换。传授学习是一种比较实用的学习方法，可用于专家系统的知识获取，它既可以避免由系统自己进行分析、归纳，从而使产生新知识困难，又无须领域专家了解系统内部知识表示的细节，因此应用较多。

3. 类比学习

类比学习是人类认识事物的一个重要手段，也是一种强有力的计算机制，通过类比学习，人们既可以学习新的概念或新的技巧，又可以学习到求解问题的方法。

类比学习有一个基本的假设，即人们每遇到一个新问题时，都会联想起一些以前遇到过的问题，这些问题和新问题的抽象级别虽然不一定相同，但它们具有一定程度上的相似性，因此，人们希望以前解决问题的行为也能适用于新的问题的求解。

（1）类比学习新概念

利用类比学习方法学习新概念或新技巧时，要把类似这些新概念或新技巧的已知知识转换为适于新情况的形式。其学习的步骤是：首先从记忆中（知识库中）找到类似的概念或技巧，然后把它们转换为新形式以便用于新情况。

例如，人类的一种学习方式是先由老师教学生解例题，再给学生留习题。学生寻找在例题和习题间的对应关系，利用解决例题的知识去解决习题中的问题。学生经过一般化归纳，就可推出一些解题原理，以便以后使用。再比如，有人说张三是个活雷锋，立刻就可以知道张三是个乐于助人的人。这就是把张三的行为和雷锋的行为进行了类比。如果一个外国人没有看过《梁山伯与祝英台》，但只要告诉他，这是中国版的《罗密欧与朱丽叶》，他就可以明白大概的剧情了。这里，要注意 3 个问题。

① 学习者必须要知道用来与新事物作类比的事物，即必须要有一定的知识，否则就达不到学习的效果。例如，如果上面所说的那位外国人根本就不知道什么是《罗密欧与朱丽叶》，那么用《罗密欧与朱丽叶》来做类比将毫无作用。

② 用来类比的事物之间必然具有相似的属性。但属性的选择不能是任意的，必须选择最重要、最能反映事物本质的属性。例如，在《梁山伯与祝英台》和《罗密欧与朱丽叶》中，主人公是中国人还是英国人并不重要，他们所处的时代也不重要，重要的是这两个爱情故事发展的结局和造成这种结局的原因。

③ 属性及其值之间的直接比较往往不能说明问题，只有经过抽象以后的属性才能反映类比的本质。例如，梁山伯是伤心过度病死的，而罗密欧则是服毒而亡，具体的死亡方式不能导出正确的类比，只有把它抽象为悲剧的结局后才能显示出两者的类似之处。

（2）类比学习新方法

另一种重要的类比学习是通过类比来学习解决问题的方法，日常生活中这样的例子很多。例如，通过与鸟类飞行类比，人们发明了飞机；通过与鱼类潜水类比，人们发明了潜艇。这种类比就是要机器像人一样，从分析已有的解题方法中找到解决新的、类似问题的方法。Carbonell 曾经提出两种用类比来学习解决问题的方法，一种称为变换类比法，另一种称为推导类比法。

变换类比法是在"手段-目的"分析法的基础上，发展起来的一种学习方法，"手段-目的"分析法的步骤如下。

① 把问题的当前状态与目标状态进行比较，找出它们之间的差异。

② 根据差异找出一个可减少差异的算符（或操作）。

③ 如果该算符可作用于当前状态，则用该算符将当前状态改变为另一个更接近于目标状态的状态；如果该算符不能作用于当前状态，即当前状态所具备的条件与算符所要求的条件不一致，则保留当前状态，并生成一个子问题，再对此子问题应用"中间-结局分析"法。

④ 当子问题被求解后，恢复保留的状态，继续处理原问题。

变换类比法与"手段-目的"分析法类似，由外部环境获得与类比有关的信息，学习系统找出与新问题相似的旧问题的有关知识，把这些知识进行转换，使之适应于新问题，从而获得新的知识。

变换类比学习主要由两个过程组成：回忆过程、转换过程。

回忆过程用于找出新旧问题间的差别，包括：新、旧问题初始状态的差别；新、旧问题目标状态的差别；新、旧问题路径约束的差别；新、旧问题求解方法可应用度的差别。由这些差别可以求出新旧问题的差别度，其差别越小，两者越相似。

转换过程是把旧问题的求解方法经适当变换后，使之成为求解新问题的求解方法。变换时，其初始状态是与新问题类似的旧问题的解，即一个算符序列，目标状态是新问题的解。变换中要用"中间-结局分析"法来减少目标状态与初始状态间的差异，使初始状态逐步过渡到目标状态，即求出新问题的解。

尽管人类表现出具有从任何任务中吸取经验的普遍能力，而且类比学习具有很多优点，但这方面的研究工作相对较少，因此成功的类比学习系统还不多，较有代表性的是 J. R. Anderson 的 ACT 类比学习系统。

4．归纳学习

归纳学习是应用归纳推理进行学习的一类学习方法，按其有无教师指导可分为实例学习和观察学习与发现学习（Learning from Observation and Discovery）两种形式。

（1）实例学习

实例学习又称为示例学习，它是通过从环境中取得若干与某概念有关的例子，经归纳得出一般性概念的一种方法。在这种学习方法中，外部环境（教师）提供给系统一些特殊的实例，这些实例事先由教师划分为正例和反例。实例学习系统由此进行归纳推理，得到一般的规则或一般性的知识，这些一般性知识应能解释所有给定的正例，并排除所有给定的反例。例如，教给一个程序下棋的方法，可以提供给程序一些具体棋局及相应的正确走法和错误走法，程序总结这些具体走法，发现一般的下棋策略。一般情况下，正例和反例是由信息源提供的。信息源有 3 种：①已经知道概念的教师；②学习者本身；③学习者以外的外部环境。

早在 20 世纪 50 年代，实例学习就引起人工智能学者的注意，实例学习是在机器学习领域中研究充分、成果丰富的一个分支，实例学习在某些系统中的应用，已经成为机器学习走向实用的先导。

（2）观察学习与发现学习

观察与发现学习是一种无教师指导的归纳学习，分为观察学习、发现学习两种。观察学习用于对事例进行概念聚类，形成概念描述；发现学习则用于发现规律，产生定律或规则。

① 观察学习。概念聚类就是一种观察学习，人类观察周围的事物，对比各种物体的特性，把它们划分成动物、植物和非生物，并给出每一类的定义。这种把观察的事物按一定的方式和准则进行分组，使不同的组代表不同的概念，并对每一个组进行特征概括，得到相应概念的语义符号描述的过程就是概念聚类。

例如，对喜鹊、麻雀、布谷鸟、乌鸦、鸡、鸭、鹅、啄木鸟等，通过观察，可根据它们是否家养分为如下两类。

鸟={喜鹊、麻雀、布谷鸟、乌鸦、啄木鸟……}

家禽={鸡、鸭、鹅……}

这里，"鸟"和"家禽"就是由聚类得到的新概念，并且根据相应动物的特征还可得知：鸟有羽毛、有翅膀、会飞、会叫、野生；家禽有羽毛、有翅膀、会飞、会叫、家养。如果把它们的共同特性抽取出来，就可进一步形成"鸟类"的概念。

② 发现学习。发现学习是指由系统的初始知识、观察事例或经验数据中归纳出规律或规则，这是最困难且最富创造性的一种学习。它使用归纳推理，在学习过程中除了初始知识外，教师不进行任何指导，所以也是无教师指导的归纳学习。它可分为经验发现与知识发现两种，前者指从经验数据中发现规律和定律，后者指从已观察的事例中发现新的知识。一个典型的发现学习系统是 AM，它是一个数学发现系统，用来学习数学概念。另外的一些典型学习系统有：发现定量规律的系统 BACON、确定化学反应用物质成分的系统 STAHL 和形成化学反应结构模型的系统 DALTON。

5．解释学习

解释学习属于演绎学习方法的一种，这种方法通过运用相关的领域知识，对当前提供的单个问题求解实例进行分析，构造出求解过程的因果解释结构，并通过对该解释结构一般化处理获取相应知识，以用于指导以后求解类似的问题。

1986 年，Mitchell 等提出"解释学习"方法的框架如下。

给定：领域知识（DT）；目标概念（TC）；训练实例（TE）；操作性准则（OC）。

找出：满足 OC 的关于 TC 的充分条件。

其中，领域知识是相关领域的事实和规则，在学习系统中作为背景知识；目标概念是要学习的概念；训练实例则是为学习系统提供的一个例子；操作性准则用于指导学习系统对用来描述目标的概念进行取舍，使通过学习产生的关于目标概念的一般性描述成为可用的一般性知识。

由这一描述可以看出，在基于解释的学习中，为了对某一目标概念进行学习，从而得到相应的知识，必须为学习系统提供完善的领域知识，以及能充分说明目标概念的一个实例。系统进行学习时，首先利用领域知识找出训练实例为什么是目标概念的实例的解释，然后根据操作性准则对这一解释进行推广，从而得到关于目标概念的一般性描述，也就是可供以后使用的一般性知识。

解释学习从本质上说属于演绎学习，它根据给定的领域知识，进行保真的演绎推理，存储有用结论，经过知识的求精和编辑，产生适于以后求解类似问题的相应一般性知识，而所获得的这些知识，可以明显提高系统求解问题的效率。

（1）解释学习的原理

Mitchell 等把基于解释的学习过程定义为两个步骤：①通过求解一个例子来构造解释结构；②对该解释结构进行一般化，从而获取一般性的知识或概念。其具体过程如下。

① 构造解释结构。这一步的任务是证明提供给系统的实例为什么是满足目标概念的一个实例。其证明的过程是通过领域知识进行演绎推理而实现的，证明的结果是得到一个解释结构。

用户输入实例后，系统首先进行问题求解。如由目标引导反向推理，从领域知识库中寻找有关规则，使其后件与目标匹配。找到这样的规则后，就把目标作为后件，该规则作为前件，并记录这一因果关系。然后以规则的前件作为子目标，进一步分解推理。如此反复，沿着因果链，直到求解结束。一旦得到解，便证明该例的目标是可满足的，并获得证明的因果解释结构。

构造解释结构通常有两种方式：一种是将问题求解的每一步推理所用的算子汇集，构成动作序列作为解释结构；另一种是采用自顶向下的方法对证明树的结构进行遍历。前者描述比较概括，略去了关于实例的某些事实描述；后者描述比较细致，每个事实都出现在证明树中。解释的构造既可以在问题求解的同时进行，也可在问题求解结束后沿着解路径进行。这两种方式形成了边解边学和解完再学两种方法。

② 解释结构处理。对得到的解释结构进行一般化处理，获取一般性的知识。这一步的任务是对上一步得到的解释结构进行一般化处理，从而得到关于目标概念的一般性知识。处理的方法通常是将常量转换为变量，即把例子中的某些具体数据转换成变量并略去不重要的信息，只保留求解所必需的关键信息。经过某种方式的组合形成产生式规则，从而获得以后可应用的一般性知识。当以后求解类似问题时，可直接利用这个知识进行求解，这就提高了系统求解问题的效率。

（2）解释学习的实例

举例说明如何利用解释学习方法，进行目标概念的学习。假设要学习的目标概念是"一个物体（obj_1）可以安全地放在另一个物体（obj_2）上"即 Safe-to-stack(v_1,v_2)，求解过程分两步进行。

Step 1 构造解释结构。

这里采用边解边学，即解释与一般化处理交替进行的方法来构造解释结构。

首先，对要学习的目标概念进行逻辑描述。对目标概念 Safe-to-stack(v_1,v_2)来说，训练实例为描述物体 obj_1 与 obj_2 的下述事实。

On(obj_1,obj_2)

Isa(obj_1, Endtable)

Color(obj_1, red)

Color(obj_2, blue)

Volume(obj_1, 1)

Density(obj_1, 0.1)

领域知识是把一个物体放置在另一个物体之上的安全性准则。

~Fragile (y)→Safe-to-stack(x, y)

Lighter(x, y)→Safe-to-stack(x, y)

Volume(p_1,v_1)∧Density(p_1,d_1)X(v_1,d_1,w_1)→Weight(p_1,w_1)

Isa(p_1,Endtable)→Weight(p_1,5)

Weight(p_1,w_1)∧Weight(p_2,w_2)∧Smaller(w_1,w_2)→Lighter(p_1,p_2)

然后，为了证明上述例子满足目标概念，系统由目标概念引导开始反向推理，根据知识库中的已有知识和规则对目标进行分解，每当使用一条规则时，都要返回去将该规则应用于变量化的目标概念上。这样在生成本例求解的解释结构的同时，生成了变量化以后的一般性解释结构。

本例的解释结构和变量化以后的一般性解释结构分别如图 7-3 和图 7-4 所示。

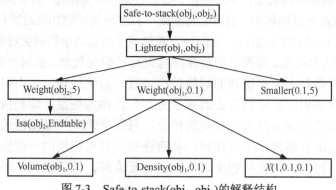

图 7-3 Safe-to-stack(obj_1, obj_2)的解释结构

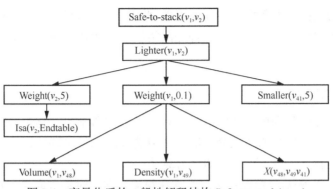

图 7-4　变量化后的一般性解释结构 Safe-to-stack(v_1,v_2)

Step 2　生成通用知识。

将通用解释结构的所有叶节点的合取作为前件，以顶点的目标概念为后件，略去解释结构的中间部件，生成通用的产生式规则，或称通用知识如下。

$$\text{Volume}(v_1,v_{48}) \land \text{Density}(v_1,v_{49}) \land (v_{48},v_{49},v_{41}) \land \text{Isa}(v_2,\text{Endtable}) \land$$
$$\text{Smaller}(v_{41},5) \to \text{Safe-to-stack}(v_1,v_2)$$

利用生成的这个通用知识求解类似问题时，求解速度快且效率高。但是，在对解释结构进行一般化处理时，简单地把常量转为变量的做法，可能会导致在某些特例下所生成的规则无效。

（3）领域知识的完善性

在基于解释的学习系统中，系统通过运用领域的知识逐步进行演绎构造出训练实例满足目标概念的解释结构。在这一过程中，领域知识的完善性起着非常重要的作用，只有完善的领域知识才能产生正确的学习描述。如果领域知识不完善，就有可能产生以下两种极端情况：一种是构造不出解释，这是由于系统中缺少某些相关的知识或包含相互矛盾的知识；另一种是在本应构造出一种解释的情况下却构造出了多种解释，这是由于领域知识不健全，已有的知识不足以把不同的解释区分开。解决以上问题的根本办法是对领域知识库进行全面的检查和修正，尽量提供完善的领域知识，意味着可以达到第一层子目标。随后，类似地扩充下去，最后一层节点则全部是通过一些简单的操作可立即达到的子目标。每一层节点的确定都必须经过"评论家"的检测，形成一级规划。

7.2　有监督分类

本节介绍有关模式识别的算法。模式识别是指对于输入的模式 $x \in \mathbb{R}^d$，将其分类到它所属的类别 $y \in \{1,\cdots,c\}$ 的方法，c 表示类别的数目。

分类是指根据样本数据的特征或属性，将其类型确定为某一已有的类别之中。常用的分类算法包括线性分类法、神经网络法、决策树分类法、贝叶斯分类法、SVM 等。

7.2.1 感知器学习

感知器学习可分为单层感知器学习和多层感知器学习。感知器学习实际上是一种基于纠错学习规则的线性分类器，采用迭代的思想对联结权值和阈值进行不断调整，直到满足结束条件为止的学习算法。

假设 $X(k)$ 和 $W(k)$ 分别表示学习算法在第 k 次迭代时输入向量和权值向量，为叙述方便，通常把阈值 $\theta(k)$ 作为权值向量 $W(k)$ 中的第一个分量，对应地把 "-1" 固定地作为输入向量 $X(k)$ 中的第一个分量，即 $W(k)$ 和 $X(k)$ 可分别表示为

$$X(k)=(-1, x_1(k), x_2(k), \cdots, x_n(k))$$
$$W(k)=(\theta(k), w_1(k), x_2(k), \cdots, w_n(k))$$

即 $x_0(k)=-1$，$w_0(k)=\theta(k)$。

感知器学习是一种有监督学习，它需要给出输入样本的期望输出。假设一个样本空间可被划分为 A、B 两类，其判别函数的定义为：如果一个输入样本属于 A 类，则判别函数的输出为+1，否则其输出为-1。对应地，可将期望输出（亦称为监督信号）定义为：当输入样本属于 A 类时，其期望输出为+1，否则为-1。

在上述假设下，单层感知器学习算法可描述如下。

Step 1 设 $t=0$，初始化联结权值和阈值，即给 $w_i(0)$（$i=1, 2, \cdots, n$）及 $\theta(0)$ 分别赋予一个较小的非零随机数，作为它们的初始值。其中，$w_i(0)$ 是第 0 次迭代时输入向量中第 i 个输入的联结权值；$\theta(0)$ 是第 0 次迭代时输出节点的阈值。

Step 2 提供新的样本输入 $x_i(t)$（$i=1, 2, \cdots, n$）和期望输出 $d(t)$。

Step 3 感知器的实际输出

$$y(t) = f\left(\sum_{i=1}^{n} w_i(t)x_i(t) - \theta(t) \right) \tag{7-1}$$

Step 4 若 $y(t)=1$，不需要调整联结权值，转 Step 6。否则，需要调整联结权值，执行下一步。

Step 5 调整联结权值

$$w_i(t+1)=w_i(t)+\eta[d(t) - y(t)]x_i(t) \qquad (i = 1, 2, \cdots, n) \tag{7-2}$$

式中，$0 < \eta \leqslant 1$，是一个增益因子，用于控制修改速度，其值不能太大，也不能太小。如果 η 的值太大，会影响 $w_i(t)$ 的收敛性；如果太小，会使 $w_i(t)$ 的收敛速度太慢。

Step 6 判断是否满足结束条件，若满足，算法结束；否则，将 t 值加 1，转 Step2 重新执行。这里的结束条件一般是指 $w_i(t)$ 对一切样本均稳定不变。

对上述算法，如果输入的两类样本是线性可分的，即这两类样本可以分别落在某个超平面的两边，则该算法一定会最终收敛于将这两类模式分开的那个超平面上，否则，该算法将不会收敛。其原因是，当输入不可分且重叠分布时，在上述算法的收敛过程中，其决策边界会不断地摇摆。

7.2.2　贝叶斯学习

英国学者 T. Bayesian（贝叶斯）于 1763 年提出一种归纳推理的理论，即贝叶斯学习，对应论文为*"An essay towards solving a problem in the doctrine of chances"*。数学家拉普拉斯（Laplace）采用贝叶斯方法导出重要的"相继律"，机器学习、数据挖掘等为贝叶斯学习的发展和应用提供了广阔空间。

贝叶斯学习的基本公式如下。

$$P(A|B) = \frac{P(A|B)P(A)}{P(B)} \tag{7-3}$$

其中，$P(A)$表示 A 的先验概率（也称边缘概率），之所以称为"先验"是因为它不考虑任何 B 方面的因素。$P(B)$表示 B 的先验概率（边缘概率）。$P(B|A)$表示已知 A 发生后 B 的条件概率，就是先有 A 而后才有 B，被称作 B 的后验概率。$P(A|B)$表示已知 B 发生后 A 的条件概率，称作 A 的后验概率。比例 $P(B|A)P(B)$称作标准相似度（Standardized Likelihood），因此贝叶斯学习可表述为

$$后验概率＝标准相似度×先验概率 \tag{7-4}$$

贝叶斯学习的推导过程可以用以下实例描述。假设某所大学中男生和女生的比例是 3:1，男生中留长发的比例是 10%，女生中留长发的比例是 80%。假设随机观测到 N 个留长发的学生的背影经过，如何推导出这 N 个学生中女生比例是多少？

这里，假设 U 表示该学校的学生总数，$P(\text{Boy})$表示男生概率，可以简单理解为男生比例（即 75%），$P(\text{LongHair}|\text{Boy})$表示在 Boy 这个条件下留长发的概率（即 10%），此为条件概率，可以推导出留长发的男生的总人数为 $U \times P(\text{Boy}) \times P(\text{LongHair}|\text{Boy})$。类似地，可以推导出留长发的女生的总人数为 $U \times P(\text{Girl}) \times P(\text{LongHair}|\text{Girl})$。其中，$P(\text{Girl})＝25\%$，$P(\text{LongHair}|\text{Girl})=80\%$。

因此，这所学校中留长发的学生总数为

$U \times P(\text{Boy}) \times P(\text{LongHair}|\text{Boy}) + U \times P(\text{Girl}) \times P(\text{LongHair}|\text{Girl})$

当前要求解的是 $P(\text{Girl}|\text{LongHair})$，即留长发的学生中女生的比例。

$$P(\text{Girl}|\text{LongHair}) = \frac{U \times P(\text{Girl}) \times P(\text{LongHair}|\text{Girl})}{U \times P(\text{Boy}) \times P(\text{LongHair}|\text{Boy}) + U \times P(\text{Girl}) \times P(\text{LongHair}|\text{Girl})}$$

$$\tag{7-5}$$

化简之后，可以表示为

$$P(\text{Girl}|\text{LongHair}) = \frac{P(\text{Girl}) \times P(\text{LongHair}|\text{Girl})}{P(\text{LongHair})}$$　　（7-6）

其中，$P(\text{LongHair})$表示留长发的学生比例。用 A 表示 Girl，用 B 表示 LongHair，即可得到贝叶斯学习的通用表达。

7.3　无监督学习

本节介绍在没有输出的信息时，只利用输入样本的信息进行无监督学习的方法，包含检测样本中异常值的方法，把高次维的样本变为低次维进行求解的降维方法，以及基于样本各自相似度的分组方法，即聚类方法。

7.3.1　异常检测

异常检测，是指找出给定的输入样本中包含的异常值的问题。虽然有一些对异常值具有较高鲁棒性的学习法，但是当样本中包含较多异常值时，先除去异常值再进行学习的方法，一般会更高效。

如果是给定了带有正常值或异常值标签的数据，异常检测可以看作有监督学习的分类问题。但是异常值的种类繁多，从少量的异常数据中训练出有效的、可以区分正常和异常数据的分类器是很困难的。这里介绍只利用输入样本信息的无监督异常检测方法——局部异常因子法。

局部异常因子法，是指对偏离大部分数据的异常数据进行检测的方法。首先，从 x 到 x' 的可达距离（Reachability Distance, RD）可以由下式定义。

$$\text{RD}_k(x, x') = \max\left(\|x - x^{(k)}\|, \|x - x'\|\right)$$　　（7-7）

$x^{(k)}$ 表示训练样本 x_i 中距离 x 第 k 近的样本。从 x 到 x' 的可达距离是指，从 x 到 x' 的直线距离为 $\|x-x'\|$，如果 x' 比 $x^{(k)}$ 距 x 更近，则直接用 $\|x-x^{(k)}\|$ 的值来表示。使用这个可达距离，x 的局部可达密度（Local Reachability Density, LRD）可由下式加以定义。

$$\text{LRD}_k(x) = \left(\frac{1}{k}\sum_{i=1}^{k}\text{RD}_k(x^{(i)}, x)\right)^{-1}$$　　（7-8）

x 的局部可达密度是从 $x^{(i)}$ 到 x 的可达距离的平均值的倒数。当 x 的训练样本密度值很高时，局部可达密度的值也较大。

应用这个局部可达密度（Local Outlier Factor, LOF），x 的局部异常因子可由下式加以定义。

$$\text{LOF}_k(x)=\frac{\frac{1}{k}\sum_{i=1}^{k}\text{LRD}_k(x^{(i)})}{\text{LRD}_k(x)} \tag{7-9}$$

$\text{LOF}_k(x)$ 的值越大、x 的异常度越大。$\text{LOF}_k(x)$ 是 $x^{(i)}$ 的局部可达密度的平均值和 x 的局部可达密度的比。当 $x^{(i)}$ 周围的密度比较高而 x 周围的密度比较低时，局部异常因子就比较大，x 就会被看作异常值。与此相对，当 $x^{(i)}$ 周围的密度比较低而 x 周围的密度比较高时，局部异常因子就比较小，x 就会被看作正常值。

局部异常因子的实例如图 7-5 所示。偏离大部分正常值的数据点具有较高的异常值。各个样本周围的圆的半径，与样本的局部异常因子的值成正比。圆的半径越大，其样本越倾向于异常值。

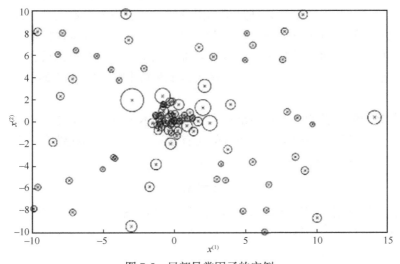

图 7-5　局部异常因子的实例

局部异常因子法，是遵循预先制定的规则（偏离大部分正常值的数据被认为是异常值），寻找异常值的无监督的异常检测算法。如果事先制定的规则与用户的期望不相符，就不能找到正确的异常值。虽然通过改变近邻数 k 的值可以在某种限度上对异常检测做出调整，但是对于无监督学习而言，由于通常不会给定有关异常值的任何信息，决定近邻数 k 的取值一般比较困难。另外，为了寻找 k 近邻样本，需要计算所有 n 个训练样本间的距离并进行分组，当 n 非常大时，计算负荷会相应地增加，这也是需要考虑的问题。

7.3.2　数据降维

如果输入样本 x 的维数增加，不论什么机器学习算法，其学习时间都会增加，学习过程也会变得更加困难。例如，假设在一维空间的[0,1]区间中有 5 个训练样本，以相同的密度在 d 次维空间配置相同种类的训练样本，最终的样本数达到 5^d 个。即使维数 $d=10$，样本总数也高达 5^{10}（$\approx10^7$）。收集并计算这么多的训练样本，是一件相当困难的事情。因此，在高维空间里，训练样本经常以稀疏的方式加以配置。

另外，高维空间不如低维空间那样容易给人直观的感觉。以单位立方体 $[0,1]^d$ 的内接球为例，当维数 d 为 1 时，单位立方体与真内接球的体积均为 1；当维数 d 为 2 和 3 时，单位立方体的体积仍然为 1，但是内接球的体积则变为 0.79 和 0.52，即有所减少。但是，仅从低维空间来看，低维的内接球体积还是比较大的。不论维数 d 如何变化，单位立方体的体积一直保持为 1，但其内接球的体积会随着维数 d 的增大而朝着 0 的方向收敛。也就是说，高维空间中单位立方体的内接球所占的比例会变小，甚至小到可以忽略，与低维空间的直观感觉是相反的。

综上所述，高维数据的处理是相当困难的，一般称为维数灾难。为了使机器学习算法从维数灾难中解放出来，一般采取的有效方法是尽量保持输入数据中包含的所有信息，并对真维数进行削减。降维算法可以分为两类：只利用训练输入样本的无监督降维，以及同时有训练输入样本和输出样本的监督降维。

1. 线性降维的原理

无监督降维的目的，是把高维的训练输入样本 x_i 变换为低维的训练样本 z_i，并在降维后能尽可能地保持原本包含的所有信息。通过 x_i 的线性变换求解 z_i 时，使用维数为 $m\times d$ 的投影矩阵 T。根据下式

$$z_i=Tx_i \tag{7-10}$$

来求解 z_i，称为线性降维。线性降维基本原理如图 7-6 所示，使用长条形的矩阵 T 进行降维，与向局部线性空间的投影相对应。

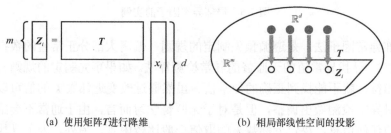

(a) 使用矩阵 T 进行降维　　　　　(b) 相局部线性空间的投影

图 7-6　线性降维基本原理

接下来介绍降维操作的各种规则。为了简便起见，假定训练输入样本 x_i 的平

均值为 0。

$$\frac{1}{n}\sum_{i=1}^{n}\boldsymbol{x}_i=0 \tag{7-11}$$

如果平均值不是 0，则预先减去平均值，使训练输入样本的平均值保持为 0。

$$\boldsymbol{x}_i \leftarrow \boldsymbol{x}_i - \frac{1}{n}\sum_{i'=1}^{n}\boldsymbol{x}_{i'} \tag{7-12}$$

这种变换称为数据的中心化（Centralization），如图 7-7 所示。

图 7-7　数据的中心化

2．主成分分析

本节介绍最基本的无监督线性降维方法——主成分分析法。

主成分分析法，是尽可能地忠实再现原始数据的所有信息的降维方法。具体而言，就是在降维后的输入 $\boldsymbol{z}_i$ 是原始训练输入样本 $\boldsymbol{x}_i$ 的正投影这一约束条件下，设计投影矩阵 $\boldsymbol{T}$，使 $\boldsymbol{z}_i$ 和 $\boldsymbol{x}_i$ 尽可能相似。$\boldsymbol{z}_i$ 是 $\boldsymbol{x}_i$ 的正投影这一假设，与投影矩阵 $\boldsymbol{T}$ 满足 $\boldsymbol{T}\boldsymbol{T}^{\mathrm{T}}=\boldsymbol{I}_m$ 是等价的。其中，$\boldsymbol{I}_m$ 表示 $m\times m$ 的单位矩阵。

如图 7-6 所示，当 $\boldsymbol{z}_i$ 和 $\boldsymbol{x}_i$ 的维度不一样时，并不能直接计算其平方误差。因此，一般先把 m 次维的 $\boldsymbol{z}_i$ 通过 $\boldsymbol{T}^{\mathrm{T}}$ 变换到 d 次维空间，再计算其与 $\boldsymbol{x}_i$ 的距离。所有训练样本的 $\boldsymbol{T}^{\mathrm{T}}\boldsymbol{z}_i=(\boldsymbol{T}^{\mathrm{T}}\boldsymbol{T}\boldsymbol{x}_i)$ 与 $\boldsymbol{x}_i$ 的平方距离的和，可以通过下式表示。

$$\sum_{i=1}^{n}\left\|\boldsymbol{T}^{\mathrm{T}}T\boldsymbol{x}_i-\boldsymbol{x}_i\right\|^2=-\operatorname{tr}(\boldsymbol{T}\boldsymbol{C}\boldsymbol{T}^{\mathrm{T}})+\operatorname{tr}(\boldsymbol{C}) \tag{7-13}$$

其中，$\boldsymbol{C}$ 为训练输入样本的协方差矩阵。

$$\boldsymbol{C}=\sum_{i=1}^{n}\boldsymbol{x}_i\boldsymbol{x}_i^{\mathrm{T}} \tag{7-14}$$

综合以上过程，主成分分析的学习过程可以用下式表示。

$$\max_{T\in\mathbb{R}^{m\times d}}\operatorname{tr}(\boldsymbol{T}\boldsymbol{C}\boldsymbol{T}^{\mathrm{T}})\ \text{约束条件}\ \boldsymbol{T}\boldsymbol{T}^{\mathrm{T}}=\boldsymbol{I}_m \tag{7-15}$$

这里考虑到矩阵 $\boldsymbol{C}$ 的特征值问题

$$\boldsymbol{C}\xi=\lambda\xi \tag{7-16}$$

将特征值和相对应的特征向量分别表示为 $\lambda_1 \geqslant \cdots \geqslant \lambda_d \geqslant 0$ 和 $\xi_1, \cdots, \xi_d$。这样主成分分析的解可以通过下式求得

$$T=(\xi_1, \cdots, \xi_m)^{\mathrm{T}} \tag{7-17}$$

也就是说，主成分分析的投影矩阵是通过输入训练样本的协方差矩阵 C 中较大的 m 个特征值所对应的特征向量张成的局部空间正投影得到的。与此相反，通过把较小的特征值所对应的特征向量进行削减，与原始样本的偏离可以达到最小。

图 7-8 是主成分分析的实例。在这个例子中，通过把 $d=2$ 次维的数据降到 $m=1$ 次维，使得到的结果尽可能地再现原始数据的所有信息。但是，簇构造并不一定能通过主成分分析法实现原始数据的保存。

另外，主成分分析中求得的低维 $\{z_i\}_{i=1}^n$，其各个元素之间是无关联的、相互独立的，即协方差矩阵为对角矩阵。

$$\sum_{i=1}^n z_i z_i^{\mathrm{T}} = \mathrm{diag}(\lambda_1, \cdots, \lambda_m) \tag{7-18}$$

上式中，$\mathrm{diag}(a, b, \cdots, c)$ 表示对角元素为 $a, b, \cdots, c$ 的对角矩阵。

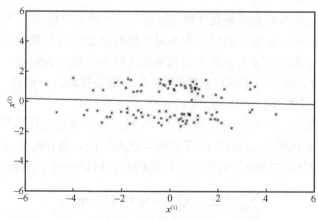

图 7-8　主成分分析的实例

3. 聚类

分类是一种监督学习方法，必须事先明确知道各个类别的信息。在面向海量数据进行分类时，通常而言，为降低使数据满足分类算法要求而所需的预处理代价，可选择使用聚类算法。k 均值聚类（k-Means Clustering）是最典型的聚类算法之一。为提高特征的可鉴别性，设计特征时应尽量引入领域知识，同时可对提取到的特征进行选择、变换和再学习。

这里介绍将训练输入样本 x_i 基于真相似度而进行分类的聚类方法。聚类是无

监督机器学习方法的一种。k 均值聚类是最基础的一种聚类方法。k 均值聚类，就是把看起来最集中、最不分散的簇标签 $\{y_i | y_i \in \{1,\cdots,c\}\}_{i=1}^{n}$ 分配到输入训练样本 x_i 中。具体而言，通过下式计算簇 y 的分散状况。

$$\sum_{i:y_i=y}\left\|\boldsymbol{x}_i - \boldsymbol{\mu}_y\right\|^2 \tag{7-19}$$

这里，$\displaystyle\sum_{i:y_i=y}$ 表示满足 $y_i{=}y$ 的 y 的和。

上式中 μ_y 为簇 y 的中心。利用上述定义，对于所有的簇 $y=1,\cdots,c$ 在下式和为最小时，决定其所属的簇标签。

$$\sum_{y=1}^{n}\sum_{i:y_i=y}\left\|\boldsymbol{x}_i - \boldsymbol{\mu}_y\right\|^2 \tag{7-20}$$

上述最优化过程的计算时间是随着样本数 n 的增加呈指数级增长的，当 n 为较大的数值时，很难对其进行高精度的求解。在实际应用中，一般是将样本逐个分配到距离其最近的聚类中，并重复进行这一操作，直到最终求得其局部最优解。

$$y_i \leftarrow \arg\min_{y\in\{1,\cdots,c\}}\left\|\boldsymbol{x}_i - \boldsymbol{\mu}_y\right\|^2 \tag{7-21}$$

图 7-9 是 k 均值聚类算法的一个实例。在这个例子中，k 均值聚类算法得到了较好的聚类结果。以下是 k 均值聚类的算法流程。

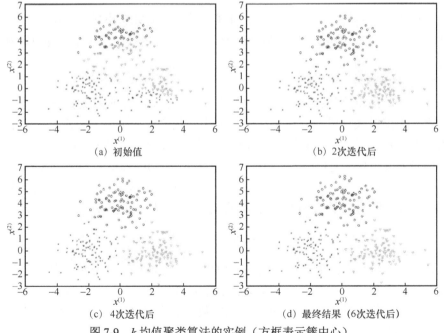

(a) 初始值　　　　　　　　　　　　　(b) 2次迭代后

(c) 4次迭代后　　　　　　　　　(d) 最终结果（6次迭代后）

图 7-9　k 均值聚类算法的实例（方框表示簇中心）

Step 1 给各个簇中心 μ_1, $\cdots$, μ_c 以适当的初值。

Step 2 更新样本 x_1, $\cdots$, x_n 对应的簇标签 y_1, $\cdots$, y_n。

$$y_i \leftarrow \arg\min_{y \in \{1,\cdots,c\}} \|x_i - \mu_y\|^2, i=1,\cdots,n \tag{7-22}$$

Step 3 更新各个簇中心 μ_1, $\cdots$, μ_n。

$$\mu_y \leftarrow \frac{1}{n_y} \sum_{i:y_i=y} x_i, y=1,\cdots,c \tag{7-23}$$

上式中，n_y 为属于簇 y 的样本总数。

Step 4 直到簇标签达到收敛精度为止，重复上述 Step 2、Step 3 的计算。

7.4 统计学习与支持向量机

统计学习是一种基于小样本统计学习理论的机器学习方法，其最典型的学习方法是支持向量机（Support Vector Machine, SVM）。本节主要讨论小样本统计学习的基本理论和支持向量机学习方法。

7.4.1 小样本统计学习理论

小样本（也称有限样本）统计学习理论是一种研究在小样本情况下机器学习规律的理论，其核心是结构风险最小化原理，涉及的主要概念包括经验风险和 VC 维等。

1. 经验风险

经验风险最小是统计学习理论的基本内容之一。其主要目的是根据给定的训练样本，求出以联合概率分布函数 $P(x, y)$ 表示的输入变量集 x 和输出变量集 y 之间未知的依赖关系，并使其期望风险最小。这一过程可大致描述如下。

假设有 n 个独立且同分布（即具有相同概率分布）的训练样本 (x_1, y_1), (x_2, y_2), $\cdots$, (x_n, y_n)，为了求出 x 和 y 之间的依赖关系，可以先在函数集 $\{f(x, w)\}$ 中找出最优函数 $f(x, \omega_0)$，再用该最优函数对依赖关系进行估计，并使期望风险函数最小。

$$R(\omega) = \int L(y, f(x,w)) dP(x, y) \tag{7-24}$$

在式（7-24）中，函数集 $\{f(x, w)\}$ 被称为学习函数（或预测函数）集，它可以是任何函数集，如数量集、向量集、抽象元素集等。$f(x, w)$ 通过对训练样本的学习，得到最优函数 $f(x, w_0)$，w 是广义参数，w_0 是使 $f(x, w)$ 为最优的具体的 w。$L(y, f(x, w))$ 是特定的损失函数，表示因预测失误而产生的损失，其具体表示形式与学习问题的类型有关。

对上述期望风险函数，其概率分布函数 $P(x, y)$ 未知，因此无法直接计算。解决这一问题的常用方法是，先用样本损失函数的算术平均值计算出经验风险函数

$$R_{emp}(\omega)=\frac{1}{n}\sum_{i=1}^{n}L(y_i, f(x_i, \omega)) \tag{7-25}$$

再用该经验风险函数对上述期望风险函数进行估计。

统计学习的目标是设计学习算法，使该经验风险函数最小化。这一原理也称为经验风险最小化原理。

2．VC 维

VC 维是小样本统计学习理论的又一个重要概念，用于描述构成学习模型的函数集合的容量及学习能力。通常，函数集合的 VC 维越大，其容量越大、学习能力越强。VC 维是通过"打散"操作定义的，因此在讨论 VC 维概念之前，先讨论打散操作。

（1）打散操作

样本集的打散（Shatter）操作可描述如下。

假设 X 为样本空间，S 是 X 的一个子集，H 是由指示学习函数所构成的指示函数集。指示学习函数是指其值只能取 0 或 1（或者–1 或 1）的学习函数。对一个样本集 S，若其大小为 h，则它应该有 2^h 种划分（Dichotomy）。假设 S 中每一种划分都能被 H 中某个指示函数将其分为两类，则称函数集 H 能够打散样本集 S。

例 7.1　对二维实空间 $\boldsymbol{R}^2$，假设给定的样本集 S 为 $\boldsymbol{R}^2$ 中不共线的 3 个数据点，每个数据点有两种状态，指示函数集 H 为有向直线的集合，问 H 是否可以打散 S?

解　S 中不共线的 3 个数据点可构成 2^3 种不同的点集，如图 7-10 所示。可以看出，每一点集中的数据点，都能被 H 中的一条有向直线按其状态分为两类：位于有向直线正方向一侧的数据点为一类，而位于有向直线负方向一侧的数据点为另一类。因此，H 能够打散 S。

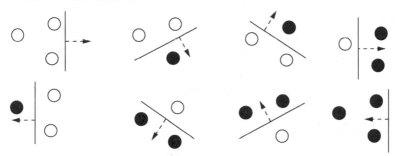

图 7-10　在 $\boldsymbol{R}^2$ 中被 H 打散的 3 个数据点

（2）VC 维的确定

VC 维用来表示指示函数集 H 能够打散一个样本集 S 的能力。其值定义为能被 H 打散的 X 的最大有限子集的大小。若样本空间 X 的任意有限子集都可以被 H 打散，则其 VC 维为∞。

例如，对例 7.1，指示函数集 H 中有向直线能够将大小为 3 的 X 的子集 S 打散，因此 H 的 VC 维至少为 3。现在的问题是，它有可能更高吗？

为确定 H 的 VC 维的值，还需要进一步进行分析。在 $\boldsymbol{R}^2$ 中，H 是否可以打散由 4 个数据点构成的样本集 S？由图 7-11 可以看出，具有 4 个数据点的样本集，不能用 H 中的有向直线将其打散。

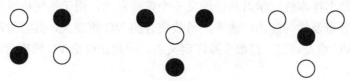

图 7-11   在 $\boldsymbol{R}^2$ 中不能被 H 打散的 4 个点

可见，在 $\boldsymbol{R}^2$ 中，由有向直线所构成的指示函数集 H 所能打散的 $\boldsymbol{R}^2$ 的最大子集为 3，因此 H 的 VC 维为 3。

需要指出的是，目前还没有一套关于任意 H 的 VC 维的计算理论，只是对一些特殊空间，才知道其 VC 维。例如，对 n 维空间，知道其 VC 维为 $n+1$。

3. 结构风险最小化原理

统计学习理论的研究表明，对线性可分问题有如下结论：期望风险函数与经验风险函数之间至少以概率 $1-\eta$ 满足如下量化关系。

$$R(\omega) \leqslant R_{\text{emp}}(\omega) + \sqrt{\frac{h(\ln(2n/h)+1) - \ln(\eta/4)}{n}} \qquad (7\text{-}26)$$

式中，h 为 VC 维，n 为样本数，η 为满足 $0 \leqslant \eta \leqslant 1$ 的参数。

从式（7-26）可以看出，期望风险函数由两部分组成：一部分是基于样本的经验风险函数，即训练误差；另一部分是置信范围，即期望风险函数与经验风险函数差值的上确界。其中，置信范围反映了结构复杂度所带来的风险，它和 VC 维 h 及训练样本数 n 有关。若定义

$$\Phi(h/n) = \sqrt{\frac{h(\ln(2n/h)+1) - \ln(\eta/4)}{n}} \qquad (7\text{-}27)$$

则式（7-27）可简单地表示为

$$R(\omega) \leqslant R_{\text{emp}}(\omega) + \Phi(h/n) \qquad (7\text{-}28)$$

当训练样本有限时，VC 维越高，经验风险函数和期望风险函数的差别越大。

由此可知，对统计学习，不仅要使经验风险函数最小化，还要降低 VC 维，以缩小置信范围，进而使经验风险函数最小化。

据此，可对结构风险最小化原理做如下描述：同时降低经验风险和置信范围（即 VC 维），使期望风险函数最小化。

7.4.2　支持向量机

支持向量机是一种基于统计学习理论，以 VC 维理论为基础，利用最大间隔算法近似地实现结构风险最小化原理的新型通用机器学习方法。该方法不仅可以很好地解决线性可分问题，而且可以利用核函数有效地解决线性不可分问题。

1．线性可分与最优分类超平面

线性可分问题的分类是支持向量机学习方法的基础。对线性可分问题，支持向量机是通过最优分类超平面来实现其分类的。

（1）最优分类超平面的概念

假定有以下 n 个独立、同分布且线性可分的训练样本

$$(x_1, y_1), (x_2, y_2), \cdots, (x_n, y_n)$$

其中，$x_i \in R^n$，n 为输入空间的维数；$y_i \in \{-1, +1\}$，表示仅有两类不同的样本。支持向量机学习的目标是找到一个最优超平面

$$\omega \cdot x + b = 0 \tag{7-29}$$

将两类不同的样本完全分开。式中，ω 是权重向量，"·"是向量的点积，x 是输入向量，b 是一个阈值。

图 7-12 是一个线性可分的最优超平面。其中，H 为分类超平面，H_1 和 H_2 分别为两个不同类的边界分割平面，它们均与 H 平行，且 H_1 和 H_2 分别表示相应类中离 H 最近的样本点。对分类超平面 H，若能满足 H 与两个类边界分割平面 H_1 和 H_2 等距，且使两个类边界分割平面 H_1 和 H_2 之间的分类间隔最大，则称该分类超平面为最优分类超平面。

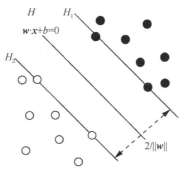

图 7-12　线性可分的最优超平面

两个类边界分割平面之间的分类间隔（Margin）指它们之间的距离。每个类边界分割平面到最优分类超平面的距离均为 $1/\|\omega\|$，因此两个类边界分割平面的间隔为 $2/\|\omega\|$，其中 $\|\omega\|$ 是欧几里得模函数。

从图 7-12 还可以看出，最优超平面仅与在 H_1 和 H_2 上的训练样本点有关，而与其他训练样本点无关。这些分布在 H_1 和 H_2 上的样本点被称为支持向量。因此，支持向量，就是指那些分布在两个类边界分割平面上的样本点。

（2）最优分类超平面的分类间隔

最优分类超平面作为使分类间隔最大的超平面，可以实现期望风险函数及结构化风险的最小化。对上面所给出的类边界分割平面到最优分类超平面的距离，进一步讨论如下。

对线性分类问题，其分类超平面方程的一般形式为

$$\boldsymbol{\omega} \cdot \boldsymbol{x} + b = 0 \qquad (7\text{-}30)$$

由该方程可以得到一般形式的判别函数

$$g(x) = \boldsymbol{\omega} \cdot \boldsymbol{x} + b = 0 \qquad (7\text{-}31)$$

利用该判别函数，通过对 $\boldsymbol{\omega}$ 和 b 的调整，可以将样本空间的样本点分为如下两类。

$$y_i = \begin{cases} +1, & \boldsymbol{\omega} \cdot x_i + b \geq 0 \\ -1, & \boldsymbol{\omega} \cdot x_i + b < 0 \end{cases} \qquad (7\text{-}32)$$

为使两个不同类中的所有样本都满足 $g(x) \geq 1$，且只有那些离最优分类超平面最近的样本点才有 $|g(x)| = 1$，需要对判别函数进行归一化处理，使它满足

$$y_i(\boldsymbol{\omega} \cdot x_i + b) \geq 1, \ (i = 1, 2, \cdots, n) \qquad (7\text{-}33)$$

事实上，由于一个样本点到判别式的距离为

$$\frac{|\boldsymbol{\omega} \cdot \boldsymbol{x} + b|}{\|\boldsymbol{\omega}\|} \qquad (7\text{-}34)$$

且 $\qquad\qquad\qquad\qquad y_i \in \{-1, +1\}$

一个样本点到判别式的距离可改写为如下形式。

$$y_i \frac{|\boldsymbol{\omega} \cdot \boldsymbol{x} + b|}{\|\boldsymbol{\omega}\|} \geq D \qquad (7\text{-}35)$$

希望 D 能够最大化。D 越大，说明样本点到分类超平面的距离越大。

改变 $\boldsymbol{\omega}$，可以得到 D 的无穷多个解。为了得到唯一解，约定

$$D\|\boldsymbol{\omega}\| = 1 \text{ 或 } D = \frac{1}{\|\boldsymbol{\omega}\|}$$

此时，要使 D 最大化，需要使$\|\boldsymbol{\omega}\|$最小化。可归结为如下二次优化问题

$$\min \frac{1}{2} \| \boldsymbol{\omega} \|^2 \qquad (7\text{-}36)$$

其约束条件为 $y_i(\boldsymbol{\omega}\cdot x_i + b) \geqslant 1$ $(i=1, 2, \cdots, n)$。

通过对上述二次优化问题的求解，可得到相应的 $\boldsymbol{\omega}$，b，以及最优分类超平面到类边界分割平面的距离 $1/\|\boldsymbol{\omega}\|$。

事实上，对 n 维空间中的线性可分问题，已经证明：若输入向量 $\boldsymbol{x}$ 位于一个半径为 r 的超球内，则对于满足$\|\boldsymbol{\omega}\| \leqslant A$ 的指示函数集

$$\{ f(\boldsymbol{x}, \boldsymbol{\omega}, b) = \mathrm{sgn}(\boldsymbol{\omega} \cdot \boldsymbol{x} + b) \}$$

能够推出其 VC 维 h 满足如下上界，即

$$h \leqslant \min(r^2 A^2, n) + 1 \qquad (7\text{-}37)$$

由于 r 和 h 已经确定，当$\|\boldsymbol{\omega}\|^2/2$ 最小时会有 A 最小，从而使 VC 维 h 的上界最小。这一结论实际上是支持向量机对结构风险最小化原理的近似实现。

（3）求解最优分类超平面

求解最优分类超平面，就是要解决式（7-36）给出的二次优化问题，可通过求解拉格朗日函数的鞍点来实现。为此，引入拉格朗日函数

$$L(\boldsymbol{\omega}, b, a) = \frac{1}{2} \| \boldsymbol{\omega} \|^2 - \sum_{i=1}^{n} \alpha_i (y_i(\boldsymbol{w} \cdot \boldsymbol{x} + b) - 1) \qquad (7\text{-}38)$$

式中，α_i 为拉格朗日乘子，$\alpha_i \geqslant 0$，$i=1,2,\cdots,n$。该二次规划问题存在唯一的最优解。

在鞍点上，该最优解必须满足对 $\boldsymbol{\omega}$ 和 b 的偏导数为 0，即

$$\frac{\partial L}{\partial \boldsymbol{\omega}} = \boldsymbol{\omega} - \sum_{i=1}^{n} \alpha_i y_i x_i = 0 \qquad (7\text{-}39)$$

$$\frac{\partial L}{\partial b} = \sum_{i=1}^{n} \alpha_i y_i = 0 \qquad (7\text{-}40)$$

将式（7-39）和式（7-40）代入式（7-38），消去 $\boldsymbol{\omega}$，b，即可得到原问题式（7-36）的对偶问题

$$\max W(a) = \sum_{i=1}^{n} \alpha_i - \frac{1}{2} \sum_{i,j=1}^{n} \alpha_i \alpha_j y_i y_j (x_i \cdot x_j) \qquad (7\text{-}41)$$

并满足约束条件

$$\sum_{i=1}^{n} \alpha_i y_i = 0, \alpha_i \geqslant 0, i=1, 2, \cdots, n \qquad (7\text{-}42)$$

满足此约束条件的上述函数的解就是原始问题的最优解。

从上述函数可以看出，那些使 $\alpha_i=0$ 的样本点对 $\max W(a)$ 函数没有影响，即对分类问题不起作用。只有那些可以使 $\alpha_i>0$ 的样本点对分类问题起作用，而这些样本点正是所定义的支持向量。从支持向量开始求最优超平面的主要过程如下。

从支持向量的样本点中取出任意一个 x_i，根据式（7-33），求出参数 b。

$$b=y_i-\boldsymbol{\omega}\cdot x_i$$

为了保证稳定性，可对所有支持向量按上式计算，以其平均值作为参数 b 的值。然后，求出分类判别函数

$$f(\boldsymbol{x}) = \mathrm{sgn}(\boldsymbol{\omega}\cdot\boldsymbol{x}+b) = \mathrm{sgn}\left(\sum_{i=1}^{m}\alpha_i y_i(x_i\cdot\boldsymbol{x})+b\right) \tag{7-43}$$

式中，m 为支持向量的个数。

这就是线性可分问题的支持向量机。由支持向量机所实现的分类超平面具有最大的分类间隔，故相应算法也称为最大间隔算法。

2．非线性可分与核函数

尽管上述支持向量机可以有效解决线性可分问题，但对非线性可分问题却无能为力。为有效解决非线性可分问题，支持向量机采用特征空间映射的方式，将非线性可分的样本集映射到高维空间，使其在高维空间中被转变为线性可分。支持向量机实现这一技巧的方法是核函数（Kernel Function）。

（1）核函数的概念

核函数是一种可以采用非线性映射方式，将低维空间的非线性可分问题映射到高维空间进行线性求解的基函数。支持向量机利用核函数实现非线性映射的思路如下。

在前面对分类超平面的讨论中，无论是寻优目标函数式（7-41）还是判别函数式（7-43），仅涉及样本点之间的点积运算，如 $x_i\cdot x_j$。设 R^d 是输入空间，H 是高维空间，映射

$$\Phi:R^d\to H$$

是由输入空间到高维空间的非线性映射。当由 Φ 把输入空间 R^d 中的样本映射到 H 后，在高维空间 H 中构造最优超平面的训练算法，就可以仅使用 H 中的点积运算，如 $\Phi(x_i)\cdot\Phi(x_j)$。假设函数 K 可以在 H 中实现如下点积运算

$$K(x_i,x_j)=\Phi(x_i)\cdot\Phi(x_j) \tag{7-44}$$

则函数 $K(x_i,x_j)$ 称为核函数。

（2）核函数的使用

根据泛函理论，可以构造满足上述高维空间 H 中点积运算要求的核函数。这里，先讨论高维空间 H 中的寻优目标函数和分类判别函数。

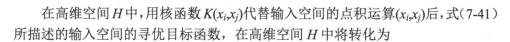

在高维空间 H 中,用核函数 $K(x_i,x_j)$ 代替输入空间的点积运算 (x_i,x_j) 后,式(7-41)所描述的输入空间的寻优目标函数,在高维空间 H 中将转化为

$$\max W(a) = \sum_{i=1}^{n} \alpha_i - \frac{1}{2} \sum_{i,j=1}^{n} \alpha_i \alpha_j y_i y_j (x_i \cdot x_j) \tag{7-45}$$

同样地,式(7-43)所描述的输入空间的分类判别函数,在高维空间 H 中将转化为

$$f(x) = \text{sgn}(\boldsymbol{\omega} \cdot \boldsymbol{x} + b) = \text{sgn}\left(\sum_{i=1}^{m} \alpha_i y_i (x_i \cdot x) + b \right) \tag{7-46}$$

这就是非线性可分问题的支持向量机。

综上所述,支持向量机是一种用点积函数定义的非线性变换,将非线性可分问题从输入空间变换到高维空间,并在高维空间中求取最优分类面的学习机器。

（3）核函数的类型

核函数作为一种基函数,有多种构造方法。常用的核函数主要有多项式核函数、径向基核函数、S 型核函数等。

① 多项式核函数

多项式核函数为

$$K(x, x_i)=[(x \cdot x_i)+1]^4 \tag{7-47}$$

该支持向量机为一个 d 阶多项式分类器。

② 径向基核函数

径向基核函数为

$$K(x, x_i) = \exp\left(-\frac{\| x - x_i \|^2}{\sigma^2} \right) \tag{7-48}$$

它定义了一个球形核,中心为 x,半径 σ 由用户提供。该支持向量机为一种径向基分类器。

③ S 型核函数

S 型核函数为

$$K(x, x_i)=\tanh(v(x \cdot x_i)+c) \tag{7-49}$$

它采用 S 函数作为点积,实际上是定义了一种包含隐含层的多层感知器,其隐含层节点的数目由算法自动确定。

3. 支持向量机的结构与实现

（1）支持向量机的结构

根据前面的讨论,支持向量机是一种基于支持向量构造分类判别函数的学习机器，其结构如图 7-13 所示。其核心是核函数，因此其结构复杂度主要由支持向量的数目决定，并非由输入空间的维数决定。

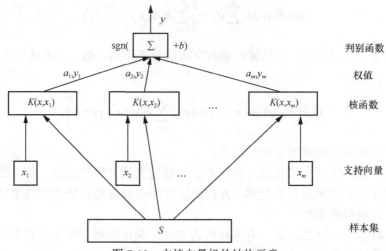

图 7-13　支持向量机的结构示意

从结构上看，支持向量机类似于三层神经网络，包括输入层、输出层和隐含层，但支持向量机与三层神经网络的隐含层节点含义不同。在三层神经网络中，其隐含层节点是神经元，这些神经元的理论意义和作用过程还不太清楚。而在支持向量机中，其隐含层节点是支持向量机，每个支持向量机的理论意义和作用过程非常清楚，就是要实现由样本空间到高维空间的非线性映射。

（2）支持向量机的实现

一般而言，支持向量机可用任何一种程序设计语言来实现，但考虑到其实现效率，采用专门的开发工具会更好。LibSVM 是一个通用的支持向量机开源软件包。该软件包提供线性函数、多项式函数、径向基函数和 S 型函数 4 种常用的核函数，可有效地解决分类等问题。

目前，支持向量机已经在手写数字识别、文本分类、语音识别、人脸检测等众多领域得到成功应用，但它仍处在发展阶段，还有许多理论和应用问题需要解决。

7.5　决策树学习

决策树学习是一种以示例为基础的归纳学习方法，也是目前最流行的归纳学习方法之一，有着广泛的应用领域。在现有的各种决策树学习算法中，较有影响的是 ID3 算法。

7.5.1　决策树的概念

决策树是一种由节点和边构成的用来描述分类过程的层次数据结构。该树的根节点表示分类的开始，叶节点表示一个实例的结束，中间节点表示相应实例中的某一属性，而边则代表某一属性可能的属性值。

在决策树中，从根节点到叶节点的每一条路径都代表一个具体的实例，并且同一路径上的所有属性之间为合取关系，不同路径（即一个属性的不同属性值）之间为析取关系。决策树的分类过程是从树的根节点开始，按照给定实例的属性值测试对应的树枝，并依次下移，直至到达某个叶节点。

图 7-14 是一个简单的鸟类识别决策树。在该树中，根节点包含了各种鸟类，叶节点是所能识别的各种鸟的名称，中间节点是不同鸟类的一些属性，边是鸟的某一属性的属性值。从根节点到叶节点的每一条路径都描述了一种鸟，它包括该种鸟的一些属性及相应的属性值。

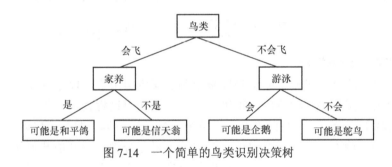

图 7-14　一个简单的鸟类识别决策树

决策树还可以表示成规则的形式。图 7-14 所示的决策树可表示为如下规则集。

IF	鸟类会飞	AND	是家养的	THEN	该鸟类可能是和平鸽
IF	鸟类会飞	AND	不是家养的	THEN	该鸟类可能是信天翁
IF	鸟类不会飞	AND	会游泳	THEN	该鸟类可能是企鹅
IF	鸟类不会飞	AND	不会游泳	THEN	该鸟类可能是鸵鸟

决策树学习过程实际上是一个构造决策树的过程，其学习前提是必须有一组训练实例，学习结果是由这些训练实例构造出来的一棵决策树。当学习完成后，可以利用这棵决策树对未知事物进行分类。

7.5.2　ID3 算法

ID3 算法是一种以信息熵（Entropy）下降速度最快作为属性选择标准的学习算法，其输入是一个用来描述各种已知类别的例子集，学习结果是一棵用于进行分类的决策树。

1. ID3 算法的数学基础

ID3 算法的数学基础是信息熵和条件熵，为了便于对该算法的理解，先讨论熵的两个相关概念。

信息熵是对信源整体不确定性的度量。假设 X 为信源，x_i 为 X 所发出的单个信息，$P(x_i)$ 为 X 发出 x_i 的概率，则信息熵可定义为

$$H(X) = -P(x_1)\log P(x_1) - P(x_2)\log$$
$$P(x_2) - \cdots - P(x_k)\log P(x_k) = -\sum_{i=1}^{k} P(x_i)\log P(x_i) \tag{7-50}$$

式中，k 为信源 X 发出的所有可能的信息类型；对数运算可以是以各种数为底的对数，在 ID3 算法中，采用以 2 为底的对数。信息熵反映信源每发出一个信息所提供的平均信息量。

条件熵是收信者在收到信息后对信源不确定性的度量。假设 X 为信源，Y 为收信者，$P(x_i|y_i)$ 是当 Y 为 y_i 时 X 为 x_i 的条件概率，则条件熵可定义为

$$H(X|Y) = -\sum_{i=1}^{k}\sum_{j=1}^{s} P(x_i|y_i)\log P(x_i|y_i) \tag{7-51}$$

2. ID3 算法及举例

ID3 算法的学习过程实际上是以整个例子集为根节点，以条件熵下降最大为原则去分裂子树，逐步构造出决策树的过程。其学习过程为：首先以整个例子集作为决策树的根节点 S，并计算 S 关于每个属性的期望熵（即条件熵）；然后选择能使 S 的期望熵为最小的一个属性，对根节点进行分裂，得到根节点的一层子节点；接着用同样的方法对这些子节点进行分裂，直至所有叶节点的熵值都下降为 0。这时，可得到一棵与训练例子集对应的熵为 0 的决策树，这棵树就是 ID3 算法学习过程所得到的最终决策树。

在上述决策树的构造过程中，每当选择例子集中的一个属性对决策树进行扩展时，就相当于引入了一个信源。学习完成后，最终决策树中每一条从根节点到叶节点的路径，都代表着一个分类过程，该分类过程实际上也是一个决策过程。

下面通过一个学生选课的简单例子来说明 ID3 算法的学习过程。

例 7.2 假设学生对学习人工智能课程（即 AI）有以下 3 种选择，即以下 3 类决策。

y_1：必修 AI

y_2：选修 AI

y_3：不修 AI

做出这些决策的依据有以下 3 个属性。

x_1：学历层次 $x_1=1$ 研究生，$x_1=2$ 本科

x_2：专业类别 $x_2=1$ 电信类，$x_2=2$ 机电类

x_3：学习基础 $x_3=1$ 修过 AI，$x_3=2$ 未修 AI

表 7-1 给出了一个关于选课决策的训练例子集 S。

表 7-1　关于选课决策的训练例子集

序号	属性值			决策方案 y_i
	x_1	x_2	x_3	
1	1	1	1	y_3
2	1	1	2	y_1
3	1	2	1	y_3
4	1	2	2	y_2
5	2	1	1	y_3
6	2	1	2	y_2
7	2	2	1	y_3
8	2	2	2	y_3

在表 7-1 中，给出的训练例子集 S 的大小为 8。这里，可以把整个 S 看成一个离散信息系统，其中的决策方案 y 可看成随机事件，属性 x_i 可看成引入的分类信息。ID3 算法依据这些训练例子，以 S 为根节点，按照信息熵下降最大的原则来构造决策树。

解　对根节点，尽管它包含了所有的训练例子，但却没有包含任何分类信息，因此具有最大的信息熵，即

$$H(S) = -\sum_{i=1}^{3} P(y_i) \log_2 P(y_i) \tag{7-52}$$

式中，3 为可选的决策方案数，并且 $P(y_i)$ 为

$$P(y_1) = \frac{1}{8}, \quad P(y_2) = \frac{2}{8}, \quad P(y_3) = \frac{5}{8}$$

即

$$H(S) = -\left(\frac{1}{8}\right) \times \log_2\left(\frac{1}{8}\right) - \left(\frac{2}{8}\right) \times \log_2\left(\frac{2}{8}\right) - \left(\frac{5}{8}\right) \times \log_2\left(\frac{5}{8}\right) = 1 \tag{7-53}$$

按照 ID3 算法，需要选择一个能使 S 的期望熵为最小的属性对根节点进行扩展，因此，需要先计算 S 关于每个属性的条件熵

$$H(S \mid x_i) = \sum_t \frac{|S_t|}{|S|} \cdot H(S_t) \qquad (7\text{-}54)$$

式中，t 为属性 x_i 的属性值；S_t 为 $x_i = t$ 时的例子集；$|S|$ 和 $|S_t|$ 分别是例子集 S 和 S_t 的大小。

下面先计算 S 关于属性 x_1 的条件熵。

在表 7-1 中，x_1 的属性值可以为 1 或 2。当 $x_1 = 1$，$t = 1$ 时，有 $S_1 = \{1,2,3,4\}$；当 $x_1 = 2$，$t = 2$ 时，有 $S_2 = \{5,6,7,8\}$；

其中，S_1 和 S_2 中的数字均为例子集 S 中各个例子的序号，且有 $|S| = 8$，$|S_1| = |S_2| = 4$。

由 S_1 可知

$$P_{s_1}(y_1) = \frac{1}{4}, \quad P_{s_1}(y_2) = \frac{1}{4}, \quad P_{s_1}(y_3) = \frac{2}{4}$$

则有

$$
\begin{aligned}
H(S_1) &= -P_{s_1}(y_1)\log_2 P_{s_1}(y_1) - P_{s_1}(y_2)\log_2 P_{s_1}(y_2) - P_{s_1}(y_3)\log_2 P_{s_1}(y_3) \\
&= -\left(\frac{1}{4}\right) \times \log_2\left(\frac{1}{4}\right) - \left(\frac{1}{4}\right) \times \log_2\left(\frac{1}{4}\right) - \left(\frac{2}{4}\right) \times \log_2\left(\frac{2}{4}\right) = 1.5
\end{aligned}
\qquad (7\text{-}55)
$$

再由 S_2 可知

$$P_{s_2}(y_2) = \frac{1}{4}, \quad P_{s_2}(y_3) = \frac{3}{4}$$

则有

$$
\begin{aligned}
H(S_2) &= -P_{s_2}(y_2)\log_2 P_{s_2}(y_2) - P_{s_2}(y_3)\log_2 P_{s_2}(y_3) \\
&= -\left(\frac{1}{4}\right) \times \log_2\left(\frac{1}{4}\right) - \left(\frac{3}{4}\right) \times \log_2\left(\frac{3}{4}\right) = 0.8113
\end{aligned}
\qquad (7\text{-}56)
$$

将 $H(S_1)$ 和 $H(S_2)$ 代入条件熵公式，有

$$
\begin{aligned}
H(S \mid x_1) &= \left(\frac{|S_1|}{|S|}\right) \cdot H(S_1) + \left(\frac{|S_2|}{|S|}\right) \cdot H(S_2) \\
&= \left(\frac{4}{8}\right) \times 1.5 + \left(\frac{4}{8}\right) \times 0.8113 = 1.1557
\end{aligned}
\qquad (7\text{-}57)
$$

同样可以求得
$$H(S|x_2) = 1.557$$
$$H(S|x_3) = 0.75$$

可见，应选择属性 x_3 对根节点进行扩展。用 x_3 对 S 扩展后所得到的部分的决策树如图 7-15 所示。

在该树中，节点"不修 AI"为决策方案 y_3。由于 y_3 已是具体的决策方案，故

该节点的信息熵为 0，已经为叶节点，不需要再扩展；节点"学历和专业?"的含义是需要进一步考虑学历和专业这两个属性，它是一个中间节点，还要继续扩展。至于对该节点的扩展方法，与上面的过程类似。

　　通过计算可知，该节点对属性 x_1 和 x_2，其条件熵均为 1，由于它对属性 x_1 和 x_2 的条件熵相同，因此可以先选择 x_1，也可以先选择 x_2，本例是先选择 x_1。如此进行下去，可得到如图 7-16 所示最终的决策树。在该决策树中，各节点的含义与图 7-15 类似。

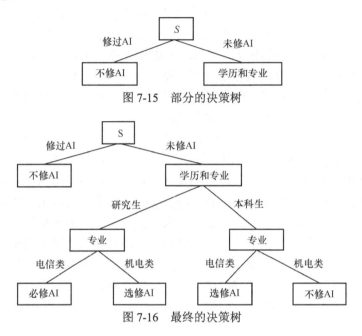

图 7-15　部分的决策树

图 7-16　最终的决策树

　　ID3 算法的主要优点是算法效率比较高，其存在的主要问题是当属性较多、取值范围较大时，信息熵的计算量很大，得到的决策树也很庞大。目前，已有多种 ID3 算法的改进算法。

7.5.3　Bagging 集成学习

　　为了提高决策树的预测精度和稳定性，避免出现对训练数据过拟合，一种常用思路是采用集成学习方法。

　　集成学习通过结合多个相同或不同的简单分类器对应同一数据的预测结果，进而提高预测精度和稳定性，可以达到"三个臭皮匠顶个诸葛亮"的效果。

　　对于集成学习，给定一个训练数据集 L，包含 N 个训练样本 $\{(y_i, x_i)|\ i=1,2,\cdots,N\}$，其中 y_i 为样本的类别或某种数字值，x_i 为样本预测特征数据。由此训练样本通过某种学习模型可以创建一个预测器 $\varphi(x,L)$，满足 $y_i=\varphi(x_i,L)$。

如果给定一系列训练数据集$\{L_k\}$，其中每个L_k包含N个独立的且与L的样本数据具有相同概率分布的观测样本数据，则能够得到一组预测器$\{\varphi(x, L_k)\}$。

对某特征数据x进行预测时，可由各个$\varphi(x, L_k)$分别得到一个预测值y_k。对回归问题，可取所有y_k值的平均值作为最终预测结果；对于分类问题，则采取投票的多少来决定。

上述集成学习和预测方案要求存在一系列训练数据集$\{L_k\}$，实际中往往不满足此假定，经常只存在少量的训练数据。Bagging 是一种典型的集成学习方法，采取对训练数据进行有放回的随机抽样策略，通过自助生成训练数据，能够解决训练数据单一、无法满足创建多个预测器的问题，即自助聚集方法。具体地，假定只存在一个训练样本数据集L，采取对L进行N次有放回的随机抽取样本，得到一个新的同样大小的自助数据集$L^{(B)}$，按此进行多次采样可得到一系列自助训练样本数据集$L^{(B)}$，由$L^{(B)}$创建得到$\{\varphi(x, L_k^{(B)})\}$。同样地，对新数据进行预测时，取各个预测器结果的平均值或投票多少来决定。

在 Bagging 的自助数据生成中，由于采用的是有放回的随机抽样，自助样本数据集$L^{(B)}$大约包含63%的原始训练数据。Bagging 方法的集成预测效果取决于单预测器创建的稳定性。如果单预测器创建很稳定，即对不同的训练数据集都能够稳定地得到近似性能的预测器，采取 Bagging 技术则无法获得更好的预测效果，甚至可能会降低单预测器的性能，这是因为 Bagging 使用的数据比原始训练数据大约少37%。但如果预测器创建过程不够稳定，即对训练数据L的少量改变会生成具有较大变化的不同的预测器，则 Bagging 能够减小训练数据的随机波动导致的误差，其集成预测会得到较好的结果。决策树是不稳定的，训练数据集的微小变化会导致完全不同的决策树。因此，Bagging 技术很适合对决策树的集成。

7.5.4　随机森林

1995 年，Ho 首次提出随机决策森林（Random Decision Forests）概念；1996年，Breiman 提出 Bagging 算法；1998 年，Dietterich 提出从K个最好的分裂中随机选择对节点的分裂方法，Ho 提出从特征空间中随机选择一组子特征，用于决策树生长的随机子空间理论。

Random Forest 专门以决策树作为基预测器设计集成学习。除了采用 Bagging方法从训练数据集中随机抽取产生不同的自助训练样本以构建众多不同的决策树模型外，Random Forest 还将另一层随机性加入各个单棵决策树的创建过程中。

Random Forest 是一种有效的预测方法，由于在每个节点只需要对大小为m的特征子集进行考察，Random Forest 的计算量大为减少。通过对众多决策树的集成，Random Forest 在计算量没有显著提高的前提下提高了预测精度，同时对噪声和异常值鲁棒，不会出现对训练数据过拟合问题。

给定随机森林分类器 $\{h_k(\boldsymbol{x})\}_{k=1}^{K}$，定义边缘函数

$$mg(\boldsymbol{x}, y) = av_k I(h_k(\boldsymbol{x}) = y) - \max_{j \neq y} av_k I(h_k(\boldsymbol{x}) = j) \qquad （7\text{-}58）$$

其中，$I(\cdot)$指示函数，$\boldsymbol{x}$ 为特征数据，y 为正确分类结果。边缘函数越大，正确分类的置信度越高。

随机森林的泛化误差为

$$\text{PE}^* = P_{x,y}(mg(\boldsymbol{x}, y) < 0) \qquad （7\text{-}59）$$

PE*定义随机森林对给定样本集的分类错误率，当随机森林的决策树数量很大时，根据大数定律可以证明 PE^* 是收敛的，即当决策树数目足够大时，泛化误差 PE*逼近一个上界。

$$\text{PE}^* \leqslant \frac{\bar{\rho}(1 - s^2)}{s^2} \qquad （7\text{-}60）$$

其中，$\bar{\rho}$ 是各个决策树之间平均相关性系数，s 是代表各个决策树分类能力的系数。因此，Random Forest 的预测能力主要取决于单棵决策树的强度和各个决策树之间的相关位。由于随机森林的分类错误率存在一个上界，随机森林对未知数据具有良好的扩展能力，只要决策树数目足够大，就不会出现对数据过拟合问题。

对随机森林的预测误差可以基于训练数据进行估计。首先，由每个自助数据集生成一棵决策树，由于采用 Bagging 采样的自助数据集仅包含部分原始训练数据，将没有被 Bagging 采样的数据称为 OOB（Out-of-Bag）数据，把 OOB 数据用生成的决策树进行预测，得到一组预测结果。然后，对 OOB 数据对应的预测结果进行合计，每个数据均有约36%概率成为 OOB 数据，对每个 OOB 数据的预测结果错误率进行统计，得到的平均错误率即随机森林的错误率估计。因此，随机森林的训练不需要将样本数据分为训练和测试数据进行交叉验证，可以采用一组数据同时进行。当 OOB 错误率稳定时，则完成随机森林的训练。

7.6 新兴机器学习方法

现代机器学习模型的特点是数据需求量大，往往越大的样本集越能够训练出准确的数据集，但在实际研究的过程中，存在大量数据的难以获取、对图像进行人工标注的方法费时费力、训练集和测试集的样本分布必须符合概率同分布等现实问题，另外，由于训练样本过期和训练数据缺乏，重新采集标注数据变得有必要，如果数据量较大（这是通常情况）就会耗时耗力，并且成本高昂。为了研究如何解决这些问题，出现了许多新的学习方法，包括主动学习、强化学习（Reionforcement Learning, RL）、迁移学习等。

7.6.1　流形学习

流形学习（Manifold Learning）假定数据样本采样一个高维欧几里得空间中的低维流形，从高维采样的数据空间中恢复低维流形结构，找到高维空间中的低维流形，并求出相应映射，实现高维数据维数的约简或高维数据的可视化。流形学习可以从观测到的现象中寻找事物的本质，发现相关数据的内在规律。

流形是对自然界中一些几何对象的总称，包括各种各样维数的曲线和曲面等。与传统的降维分析方法相似，流形学习是寻找一组高维空间中的数据在低维流形空间中表示的方法。与传统的降维分析方法不同的是，在流形学习中有一个假设，就是这些高维数据样本点均匀采样于一个潜在的流形，或假设这组高维数据样本点存在于一个潜在的内部流形。对于不同的流形学习方法，流形假设的性质和要求各不相同。例如，在 R^3 空间中的球面是二维曲面，并且这个球面上只有两个自由度，球面上的点通常采用外围 R^3 中球面上的三维坐标点来表示。针对 R^3 中的球面，流形学习可以表述为给定 R^3 中的样本表示，在保持球面几何性质不变的条件下，找出一组对应的内蕴坐标来对样本进行表示，显然这个坐标表示是两维的，同时球面是两维的，参数化的过程就是把这个球面在原点的平面上尽量好地展开。

流形学习通常分为非线性流形学习方法和线性流形学习方法，非线性流形学习方法又分为等距映射（ISOMAP）、拉普拉斯特征映射（LE）、局部线性嵌入（LLE）、海赛特征映射（HE）等。线性流形学习方法是对非线性流形学习方法的线性扩展，如主分量分析（PCA）、Fisher 线性判别分析（LDA）、多尺度变换（MDS）等。

7.6.2　强化学习

强化学习又称增强学习，强化学习是一种以环境反馈作为输入的、特殊的、适应环境的机器学习方法。强化学习对环境的先验知识要求低，是一种可以应用到实时环境的在线学习方式。该领域公认的经典著作为 Sutton 和 Barto 于 1998 年撰写的"*Reinforcement learning: an introduction*"，被引用次数超过 14 000 次。

如图 7-17 所示，在强化学习中，Agent 首先选择一个动作 a 作用于环境，环境接受该动作后发生变化，产生一个反馈信号 r 传递给 Agent；Agent 根据该反馈信号和环境当前状态选择下一个动作，选择原则为使受到正的反馈的概率增大。选择的动作不仅影响当前强化值，而且影响环境下一时刻的状态及最终增强值。

图 7-17　强化学习的基本模型

强化学习的数学模型一般是马尔可夫决策过程，常用算法有动态规划、瞬时差分、Q 学习和 Sarsa 等。强化学习包括 4 个主要要素：环境模型、策略（Policy）、奖赏函数（Reward Function）和值函数（Value Function）。

1．环境模型

环境模型是模拟的外界环境状态，Agent 在特定状态下做出某个动作，模型将针对该动作预测出下一状态和奖励信号。Agent 依据环境模型考虑后续可能的状态，做出决策。

2．策略

策略是 Agent 在各种可能的状态下计划采取的动作集合，即决策函数，是强化学习的核心部分；策略具有随机性，其好坏将决定 Agent 的行动和整体性能。

针对状态集合 S 中的每一个状态 s，Agent 对应完成动作集 A 中的一个动作 a，策略 π：$S{\rightarrow}A$ 是一个从状态到动作的映射。

任意状态所能选择的策略组成的集合 F，称为允许策略集合，$\pi \in F$。在 F 中使动作具有最优效果的策略，称为最优策略。

3．奖赏函数

奖赏函数是在 Agent 试探环境的过程中，获取的奖励信号。奖赏函数反映 Agent 所面临的任务性质，可以作为 Agent 修改策略的基础。

奖赏信号 R 对所产生动作的好坏做出评价，奖赏信号通常是一个标量，如用一个正数表示奖赏，用负数表示惩罚，正数越大表示奖赏越多，负数越小表示惩罚越多。

强化学习的目的是使 Agent 最终得到的总奖赏值达到最大，奖赏函数是确定的、客观的，为策略选择提供依据。

4．值函数

值函数是对一个状态（动作）的即时评价，值函数从长远角度考虑一个状态（或状态–动作对）的好坏，即评价函数。

状态 s_t 的值记为 $V(s_t)$，即 Agent 在状态 s_t 执行动作 a_t 及后续策略 π 所得到的积累奖赏的期望，是所有将来奖赏值通过衰减率 $\gamma(\gamma \in [0,1])$ 作用后的总和。

$$V(s_t)=E\left(\sum_{i=0}^{\infty}\gamma^i r_{t+i}\right) \tag{7-61}$$

其中 $r_t=R(s_t,at)$ 为 t 时刻的奖赏。

对于策略 π，值函数为无限时域累积折扣奖赏的期望值，即

$$V_{\pi}(s)=E_{\pi}\left(\sum_{i=0}^{\infty}\gamma^i r_t|s_0=s\right) \tag{7-62}$$

其中 r_t 和 s_t 分别为 t 时刻的立即奖赏和状态，衰减系数 γ（$\gamma\in[0,1]$）的作用是使邻近奖赏比未来奖赏更重要。

强化学习的 4 个元素关系如图 7-18 所示。

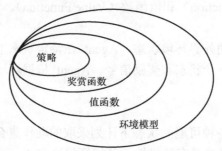

图 7-18　强化学习的 4 个元素关系

强化学习中值函数与策略间的相互作用如图 7-19 所示：利用值函数改善策略；利用策略评价进行值函数学习，改进值函数。在这种交互过程中，逐步得到最优值函数和最优策略。

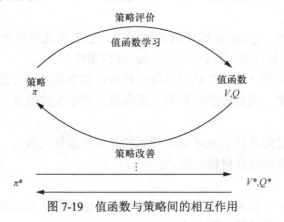

图 7-19　值函数与策略间的相互作用

7.6.3　字典学习

在自然图像分析领域，自适应稀疏表示方法备受关注，从一组自然图像中提

取小图像块作为训练样本，通过计算图像块稀疏表示的方式得到图像字典，字典中的元素具有类似于简单细胞反应的特性，可以利用这种字典表示自然图像。

近十几年来，稀疏（Sparsity）已成为信号处理及其应用领域中最热门的概念之一，它能提供一个广阔范围的生成元素（Atoms），而冗余（Redundant）信号表示能经济（紧致）地表示一大类信号。对稀疏性的兴趣源自于新的抽样理论，即压缩传感（Compressed Sensing），这是香农采样理论的一种替代，其利用的是信号本身稀疏的先验知识。通过建立采样和稀疏的直接联系，在压缩编码和信息论、信号和图像处理、医学成像、地理和航天数据分析等领域得到了应用。

原子（Atom）是信号表示模板的元素。字典是原子的排序集合，可看作一个 $N \times T$ 的矩阵，如果 $T>N$，则为过完备（Over Complete）或冗余字典。

设信号 x 是 R_N 的有限维子空间向量，$x=[x_1, x_2, \cdots, x_n]$，如果 x 的绝大多数元素为 0，则 x 是严格稀疏的。

不稀疏的信号可能在某种变换域中稀疏，可以用 T 个基本波形的线性组合来建模 x，即

$$x=\varphi a=\text{sum}(a_i\varphi_i) \tag{7-63}$$

其中 a_i 称为在字典 φ 中信号 x 的表示系数。

给定样本 x_1, x_2, $\cdots$, x_n, $x_i \in \mathbb{R}^m$，字典学习可以采用以下优化问题进行描述。

$$\min_{D\in\mathcal{D},A\in\mathcal{A}}\left[\sum_{i=1}^{n}\left\|x_i-D\alpha_i\right\|_2^2+\lambda\Omega(\alpha_i)\right] \tag{7-64}$$

其中，$\mathcal{D}$ 和 $\mathcal{A}$ 为凸集，$A=[\alpha_1,\alpha_2,\cdots,\alpha_n]$。

在通常情况下，训练样本的数目 n 非常大，而字典的大小 p 相对小（$p<<n$），每个样本利用字典中少数几个原子进行表示。

在字典学习中，字典可以是过完备的，即允许 $p>m$。

字典学习问题可以描述为矩阵分解问题。

$$\min_{D\in\mathcal{D},A\in\mathcal{A}}\sum_{i=1}^{n}\left\|X-DA\right\|_F^2+\lambda\Omega'(A) \tag{7-65}$$

其中，$\|\cdot\|_F$ 为矩阵 Frobenius 范数，$\mathcal{A}$ 为 $\mathbb{R}^{p\times n}$，且有

$$\Omega'(A)=\sum_{i=1}^{n}\lambda\Omega(\alpha_i) \tag{7-66}$$

常见情况如下。

$$\Omega(\alpha)=\left\|\alpha\right\|_1 \tag{7-67}$$

$$\mathcal{D}\triangleq\{D\in\mathbb{R}^{m\times p}\left|\forall i,\left\|d_i\right\|_2\leqslant 1\right. \} \tag{7-68}$$

字典学习问题是在 D 和 A 上的联合优化问题，该问题不是凸的；但是当其中一个固定时，相对另一个却是凸的，所以要采用交替优化，即不断交替地固定其中一个，优化另一个直至收敛。把固定 D 求 A 称为稀疏编码阶段，把固定 A 求 D 称为字典更新阶段。

字典学习方法有最优方向法、K-SVD 法、在线字典学习法、贝叶斯字典学习法等。

7.6.4 Boosting 学习

之前介绍了如何通过对样本集进行重采样的方法训练多个决策树，并采用投票决策的方法构造随机森林。下面介绍一种融合多个分类器进行决策的方法——Boosting 方法。Boosting 一词的本意是通过增压加大发动机的功率，Boosting 方法通过融合多个分类器，大大提高分类的性能。

与随机森林方法的基本思想类似，当采用基于简单模型的单个分类器对样本进行分类的效果不理想时，人们希望能够通过构建并整合多个分类器来提高最终的分类性能，通常称这种不太理想的单个分类器为"弱分类器"。与随机森林方法不同，Boosting 方法并不是简单地对多个分类器的输出进行投票决策，而是通过一个迭代过程对分类器的输入和输出进行加权处理。在不同应用中可以采用不同类型的弱分类器，在每一次迭代过程中，根据分类的情况对各个样本进行加权，而不仅是简单的重采样。

（1）Boosting 方法

Boosting 方法要求提前预知弱分类器错误率上限，难以应用于实际问题。Freund 等发现在线分配问题与 Boosting 问题之间存在很强的相似性，引入在线分配算法的设计思想，有助于设计出更实用的 Boosting 算法。Boosting 方法的基本思想是通过不断地训练提高对数据的分类能力，从而提升简单的弱分类算法，实现过程如下。

Step 1 从包含 n 个样本的样本集 X 中，不放回地随机抽样 $n_1 < n$ 个样本，得到集合 X_1，训练弱分类器 h_1。

Step 2 从样本集 X 中，抽取 $n_2 < n$ 个样本，其中合并一半被 h_1 错误分类的样本，得到样本集合 X_2，训练弱分类器 h_2。

Step 3 抽取样本集 X 中 h_1 和 h_2 分类不一致的样本，组成样本集 X_3，训练弱分类器 h_3。

Step 4 最后分类结果采用 3 个分类器投票。通过投票的多数表决某个数据被分为哪一类。

Boosting 方法存在两个问题：一是训练集的调整使弱分类器训练得以进行；二是弱分类器联合组成强分类器。

（2）Adaboost 算法

目前，最为广泛使用的 Boosting 方法是 Freund 和 Schapire 提出的 Adaboost 算法。Freund 根据在线分配算法，改进了 Boosting 方法，提出了著名的 Adaboost 算法。使用加权后选取的训练样本代替随机选取的训练样本，将训练焦点集中在比较难分的训练样本之上；将弱分类器联合起来，使用加权投票机制代替平均投票机制，赋予分类效果好的弱分类器较大的权重，分类效果差的分类器赋予较小的权重。将加权投票与在线分配问题结合，在 Boosting 框架下进行推广，得到 Adaboost 算法。

Adaboost 算法通过维护一个定义于训练样本集的样本权值分布，改变数据分布实现强分类器；判断当前轮迭代时训练集中的每个样本是否正确分类，结合上轮迭代时的总体分类正确率，确定下一轮迭代时训练集样本的权值；将修改过权值的新数据集送给下轮迭代中的分类器进行训练，最后将每轮训练得到的分类器赋予不同的权重系数并叠加融合起来，作为最后的决策分类器。在每一轮迭代中，Adaboost 算法会加重错分样本的权值，迫使下一个子分类器聚焦于当前难以被分类的样本；在融合分类器时，Adaboost 算法使用加权投票策略为那些分类准确率高的子分类器赋予更重的投票权值。Adaboost 算法同时解决子分类器生成和集成两大问题。

Adaboost 算法通过调整每个样本对应的权重，实现不同的训练集。每个样本对应相同的初始权重，训练出一个弱分类器。加大分类错误样本的权重，降低分类正确样本的权重，突显分错样本，据此得到一个新的样本分布。在新的样本分布下，再次对弱分类器进行训练。依次类推，经过 T 次循环，得到 T 个弱分类器。最后，赋予这 T 个弱分类器一定的权重并叠加，得到最终的强分类器。Freund 和 Schapire 详细分析了 Adaboost 算法错误率的上界，并研究了在指定错误率下强分类器最多所需的迭代训练次数等问题。

7.6.5　主动学习

主动学习（Active Learning, AL）作为机器学习的一个重要分支，利用不确定度函数筛查无标记样本集，并在其中挑选有价值的样本进行人工标记，最大限度地减少训练样本数量，尽可能地保持分类器的判别能力。不确定性作为查询函数的研究方法有很多，如委员会查询方法、基于后验概率的方法和基于边界启发式的方法。委员会查询方法的思路是通过学习者委员会之间的最大方差来度量样本的不确定性。熵为研究分类输出的不确定性提供了一种思路。信息熵作为衡量信息离散程度的重要指标，其值随信息量的增大而增大，信息量越大，不确定性越高。最先提出的是熵值装袋（Entropy Query-By-Bagging, EQB）算法，该算法在遥感数据集上表现良好，但由于样本的不确定性并不能由熵值完全决定，对于多分类问题效果并不理想。对于 EQB 算法主要有两种改进方法：一种是均值熵值装袋算法，通过权值函数的引入，改善了取样的多样性；另一种是归一化熵值装袋算法，通过引入一个无偏的不确定性查询函数使分类结果更可靠。Rajan 等通过引入后验概率提出了改进的主动学习方法，该算法通过对比样本加入训练集前后的最大后验概率，利用 KL 散度度量信息增益，实现利用较少的标记样本有效地更新分类器，适用于在光谱特征发生重大变化时学习和适应分类器。Mitra 等提出了一种基于边缘采样（Margin Sampling, MS）的主动支持向量机学习方法，该算法用于面向对象的遥感图像分割，选择距分离超平面最近的数据点，清晰地度量出未标记样本的不确定度。针对多分类问题，Demir 和 Shi 在 MS 算法的基础上，提出了多类别不确定采样（Multi-Class Level Uncertainty, MCLU）算法。根据置信值选取信息量最大的样本，在二分类问题中该算法与 MS 算法实质相同，但在多分类问题中 MCLU 表现更优秀。

7.6.6 迁移学习

迁移学习（Transfer Learning），指的是运用数据、任务或模型之间的相似性，将在旧领域学习过的模型，应用于新领域的一种深度学习方法。现实中大量辅助域的非标签数据的存在，以及随着卷积神经网络的设计越来越深层化所带来的越来越强的图像特征表达能力，迁移学习日渐壮大起来，它的发挥并不只局限于特定的领域。只要在满足迁移学习问题情景的范畴，它都可以发挥作用，如计算机视觉、文本分类、自然语言处理、室内定位、视频监控、舆情剖析等。值得一提的是，迁移学习是我国领先于世界的少数几个人工智能领域之一。学者对于如何利用原有领域（一般称为源域）数据来帮助新领域（一般称为目标域）的学习问题做了大量研究工作，目的在于试图找寻一个连接目标域与源域的纽带，使从原有的某个环境中学习获得的知识和技能被应用于协助当前任务环境的学习。

基于"迁移什么"的问题，迁移学习可分为 4 类：基于样本的迁移、基于特征表示的迁移、基于参数的迁移、基于关系的迁移。

（1）基于样本的迁移

基于样本的迁移是最为便捷直接的迁移学习方式。通过重新赋权对特定数据样本进行重用，使源域选取的部分最大限度地与目标域相似。一般来说，如果任务中源域的训练样本或类别标签数量充足，目标域训练样本或类别标签较少时，可以很好地应用样本迁移的方法。针对源域与目标域概率分布不同且未知的情况，TrAdaboost、核均值匹配、传递迁移学习（Transitive Transfer Learning, TTL）和远域迁移学习（Distant Domain Transfer Learning, DDTL），对这个问题提出了解决方法。

（2）基于特征表示的迁移

基于特征表示的迁移是归纳迁移的一种，核心是找到源域与目标域之间一个

"好"的特征表示，以使域间差异和回归模型误差最小化。例如，迁移成分分析方法（TCA）应用了 MMA 作为度量准则，将不同数据领域中的分布差异最小化。

（3）基于参数的迁移

基于参数的迁移尝试寻找源域和目标域中存在的可共享的参数或者模型信息，以实现迁移。现实情况中的不同任务之间必然存在一定的差异性，把源域和目标域中所共享的模型参数提取出来，会对解决目标域中的问题带来很大帮助。

（4）基于关系的迁移

基于关系的迁移方法与其余几种不同，基于关系的迁移关注的重点是源域和目标域的样本之间的关系，目前还没有引起太多的关注。Mihalkova 与 Mooney 设计了 SR2LR 算法，成功地构建了将源域迁移到仅包含单一实体信息的目标域的模型，并与 Huynh 共同设计了一个基于马尔可夫逻辑网络（Markov Logic Net, MLN）将源域中的谓语自动传入目标域中进行学习，然后以此为根据完善映射的系统。Davis 等提出的系统则成功避免了深度学习所要求的源域目标域同分布问题，借助了具有谓词变量的马尔可夫逻辑公式来挖掘不同领域之间的关系相似性。

此外，按照是否在线的方式，可将迁移学习分为离线迁移学习（Offline Transfer Learning）和在线迁移学习（Online Transfer Learning），目前绝大多数迁移学习方法采用离线方式，给定源域和目标域，迁移一次即可。离线学习有无法学习新加入的数据并更新模型的缺点，与之相对，在线迁移学习随着数据的动态加入，可以不断地更新迁移算法。

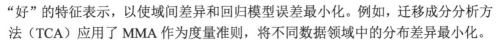 7.7　机器学习在空间信息处理中的应用

7.7.1　基于随机森林的土地覆盖遥感分类

获取土地覆盖的变化情况对农业生产、城市规划、环境保护等方面的政策制定有着十分重要的意义。利用不同时相风云卫星 250 米分辨率 MERSI 数据，以黑龙江省佳木斯三江平原地区为例，结合相应农作物物候信息和实地采样数据，采用随机森林分类算法对整个东北地区进行土地覆盖分类，获得土地覆盖分类图，可以实现对东北地区土地覆盖变化的监测。在随机森林分类算法中决策树的数量、树的深度都会直接影响分类效果。本实验中使随机森林决策树自由生长，可得到最佳的分类结果。而决策树的数量过少，会导致分类精度降低，而树的数量过多，不仅对分类精度没有提升，而且会增加运行时长，降低分类的效率。在试验区内，以 2016 年 6 月 20 日、2016 年 7 月 10 日、2016 年 8 月 15 日、2016 年 9 月 21 日为例，将通过野外调研和图像中采集到的优质样本随机分成 70%和 30%，分别作为训练样本及验证样本，其中训练样本个数为 3 223 个，

验证样本为 1 381 个。将决策树数量定为 60 至 180 棵不等。从原始训练样本中有放回地随机选取 n 个数据集,把每次获取到数据集当作每棵决策树的训练样本。随机森林分类算法在此研究中可保持在 80% 以上的高精度分类效果,且当决策树数目达到 80 以上后总体波动幅度不大,这也体现出随机森林分类算法是一种十分优质的分类算法,同时可以发现,当决策树的数量在 120 棵时,分类精度可以达到一个小高峰。为了达到最佳分类效果,这里将树的棵数定为 120 棵。

通过对试验区内影像目视解译以及野外调研,现将主要地物类型拟分为水稻、玉米、大豆、树木、建筑以及水体。以 2016 年 6 月 28 日影像为例,结合训练样本,得到不同地物各波段统计值如表 7-2 所示。

表 7-2 不同地物各波段统计值

地物类型		B1	B2	B3	B4	B5	B6	B7
水稻	最小值	0.09	0.08	0.05	0.11	0.10	0.11	0.33
	最大值	0.14	0.14	0.15	0.50	0.18	0.18	1.02
	平均值	0.109	0.101	0.08	0.236	0.148	0.135	0.692
	标准差	0.012	0.013	0.016	0.06	0.011	0.012	0.092
玉米	最小值	0.09	0.07	0.05	0.07	0.11	0.10	0.43
	最大值	0.33	0.36	0.36	0.51	0.17	0.17	1.03
	平均值	0.122	0.114	0.098	0.236	0.141	0.132	0.655
	标准差	0.026	0.029	0.031	0.53	0.01	0.01	0.088
大豆	最小值	0.09	0.08	0.06	0.10	0.11	0.11	0.42
	最大值	0.17	0.18	0.18	0.35	0.17	0.15	0.91
	平均值	0.115	0.111	0.099	0.244	0.142	0.131	0.632
	标准差	0.012	0.017	0.024	0.049	0.011	0.01	0.087
树木	最小值	0.08	0.07	0.05	0.11	0.10	0.10	0.34
	最大值	0.47	0.50	0.54	0.79	0.18	0.17	0.99
	平均值	0.105	0.098	0.077	0.321	0.16	0.152	0.472
	标准差	0.038	0.041	0.046	0.072	0.015	0.015	0.13
建筑	最小值	0.09	0.08	0.06	0.08	0.11	0.11	0.42
	最大值	0.40	0.43	0.43	0.55	0.17	0.15	0.97
	平均值	0.131	0.128	0.119	0.238	0.134	0.126	0.679
	标准差	0.036	0.041	0.045	0.056	0.011	0.009	0.096
水体	最小值	0.09	0.07	0.06	0.06	0.07	0.08	0.48
	最大值	0.61	0.67	0.70	0.79	0.16	0.15	1.32
	平均值	0.127	0.126	0.124	0.113	0.09	0/098	1.093
	标准差	0.047	0.053	0.055	0.079	0.024	0.014	0.226

其中，B1、B2、B3、B4 分别代表图像中原始蓝波段、绿波段、红波段以及近红外波段，新增归一化植被指数（NDVI）、增强植被指数（EVI）、水体指数（NDWI）波段则用 B5、B6、B7 表示。

根据上述地物不同波段均值，可以得到，B1：建筑>水体>玉米>大豆>水稻>树木；B2：建筑>水体>玉米>大豆>水稻>树木；B3：水体>建筑>大豆>玉米>水稻>树木；B4：树木>大豆>建筑>水稻>玉米>水体；B5：树木>水稻>大豆>玉米>建筑>水体；B6：树木>水稻>玉米>大豆>建筑>水体；B7：水体>水稻>建筑>玉米>大豆>树木。

根据以上不同地物光谱信息的规律，可构造如下随机森林决策树（列举其中两棵随机森林决策树），分别如图 7-20 和图 7-21 所示。

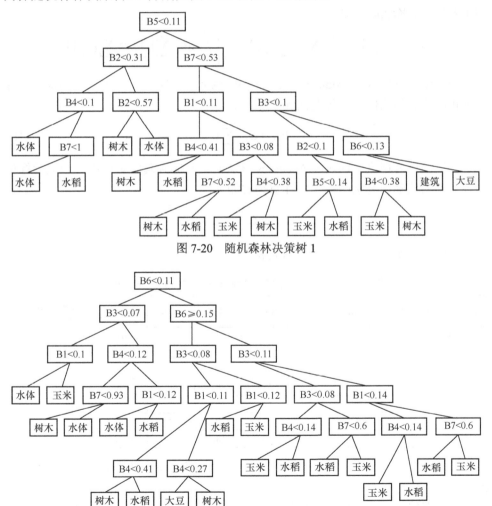

图 7-20　随机森林决策树 1

图 7-21　随机森林决策树 2

在分类实验中，精度验证环节包含下列几个重要参数。

（1）混淆矩阵（Confusion Matrix）：详细展示各类别的分类情况，以及类别之间互为错分的情况，并可通过其计算出总体精度、Kappa系数等重要参数。

（2）总体精度（Overall Accuracy, OA）：表示分类结果与真实地面点相一致的比例，计算如下。

$$OA = \sum_{i=1}^{N} C_{ii} / n \tag{7-69}$$

其中，N为类别总数。

（3）Kappa系数（Kappa Coefficient, KC）：当一些分类结果存在不确定性时，其可以更好地表现出图像分类整体的误差性，是除OA之外另一个评价分类精度的重要参数。Kappa系数的计算如下。

$$KC = \left(n \left(\sum_{i=1}^{N} C_{ii} \right) - \sum_{i=1}^{N} \left(\sum_{j=1}^{N} C_{ij} \sum_{j=1}^{N} C_{ji} \right) \right) \Big/ \left(n^2 - \sum_{i=1}^{N} \left(\sum_{j=1}^{N} C_{ij} \sum_{j=1}^{N} C_{ji} \right) \right) \tag{7-70}$$

（4）生产者精度（Producer's Accuracy, PA）：真实地面点中某一类别在影像中被正确分类的比例，计算公式如下。

$$PA = C_{ii} / \sum_{i=1}^{N} C_{ij} \tag{7-71}$$

（5）使用者精度（User's Accuracy, UA）：对应到真实影像中，分类后标记的各类别为该确切类别的比例，计算公式如下。

$$UA = C_{ii} / \sum_{j=1}^{N} C_{ij} \tag{7-72}$$

某时相影像分类精度验证数据如表7-3所示。

表7-3　某时相影像分类精度验证数据（总体精度：91.69%，Kappa系数：0.89）

地物类型	水稻	玉米	大豆	树木	建筑	水体	总计	生成者精度	使用者精度
水稻	374	13	7	7	4	2	407	93.97%	91.89%
玉米	13	343	3	7	6	3	375	91.47%	91.47%
大豆	0	2	40	0	0	0	42	75.07%	90.91%
树木	4	4	0	189	8	1	206	91.30%	91.75%
建筑	7	11	3	3	162	1	187	89.01%	85.71%
水体	0	2	0	1	0	129	132	94.85%	97.73%
总计	398	375	53	207	180	136	1349	—	—

随机森林算法利用袋外数据（OOB）误差做随机森林算法中特征变量重要性分析。

首先根据随机森林中袋外数据计算每个决策树的袋外误差，记为errOOB1。

袋外数据是指每次建立决策树时，通过重复抽样得到一些数据用于训练决策树，这时还剩下大约 1/3 的数据没有被利用，即没有参与决策树的建立。利用这部分数据可以对决策树计算模型的预测错误率，称为袋外数据误差。

然后随机对袋外数据所有样本的特征波段 X 加入随机噪声干扰，即可以随机更改样本在特征波段 X 处的值，再次计算袋外数据误差，记为 errOOB2。假设森林中有 N 棵树，则特征 X 的重要性 X_{imp} 为

$$X_{imp}=\Sigma(\text{errOOB2}-\text{errOOB1})/N \tag{7-73}$$

加入随机噪声后，如果袋外数据准确率大幅度下降（即 errOOB2 上升），那么此特征变量较为重要，即这个特征对于样本的预测结果有很大影响，进而说明重要程度比较高。

该研究中，风云卫星数据各波段值作为特征变量决定着随机森林分类模型的建立以及最终的分类结果，根据公式可得到如下随机变量重要性排序。

B5>B7>B3>B6>B4>B2>B1

用控制变量的方法，得到 B5、B6、B7 即 NDVI、EVI、NDWI 波段对分类精度影响如表 7-4 所示。

表 7-4　NDVI、EVI、NDWI 波段对分类精度影响

	总体精度	水稻	旱田	树木	建筑	水体
原始四波段+B5+B6+B7	89.87%	92.92%	93.47%	89.67%	84.42%	96.41%
原始四波段+B5 +B6	87.45%	87.42%	93.86%	88.79%	84.56%	83.53%
原始四波段+B5 +B7	89.16%	91.81%	90.63%	83.95%	83.78%	96.35%
原始四波段+B6 +B7	83.15%	88.19%	80.56%	82.39%	80.32%	96.27%

根据表 7-4，NDVI 波段对于旱田分类精度影响较大，同时对树木的分类起到了较为重要的积极作用。而 EVI 波段是对 NDVI 波段的一个补充，对于植被分类精度有明显提升。NDWI 波段对于水体提取效果提升是最为显著的。因此，对提高各地物分类精度，NDVI、EVI 以及 NDWI 波段是必要的。

通过对三江平原试验区 2016 年土地覆盖分类结果图的精度验证，基于随机森林分类算法、决策树分类算法、RBF 神经网络分类算法以及支持向量机分类算法的分类精度如表 7-5 所示。

表 7-5　各分类算法的分类精度对比

分类算法	总体精度	Kappa 系数	水稻	旱田	树木	建筑	水体
随机森林	89.87%	0.85	92.92%	93.47%	89.67%	84.42%	96.41%
决策树	85.70%	0.81	90.45%	88.63%	80.39%	77.72%	89.68%
RBF 神经网络	80.83%	0.78	84.83%	79.32%	66.61%	76.10%	85.87%
支持向量机	81.12%	0.78	85.66%	83.73%	63.51%	78.81%	86.24%

由表 7-5 可知，无论是在总体分类精度还是在单一地物分类精度上，随机森林相对其他优质算法都具有明显优势。其中，决策树算法达到较高分类精度，但相比随机森林在旱田及建筑等较难分辨的地物上略显逊色。而神经网络和支持向量机这两种传统算法可以达到 80.83% 和 82.12% 的总体分类精度，但都在某些地物上分类精度过低，以支持向量机举例，其树木分类精度仅为 63%，并不能达到分类精度要求。

7.7.2 基于流形学习的高光谱遥感图像维数分析

高光谱图像是由多维空间所组成的超立方体（在二维图像的基础上多了一维光谱信息的三维图像），超立方体所包含的大量信息为探测地物的性质提供了可能。数据量大是高光谱数据最为显著的特点，高光谱数据几乎连续的地物光谱，能够使图像的波段数达到几十乃至几百，因此其具有其他遥感数据不可比拟的识别地物物理特性的潜力。但是，高光谱图像在获取几乎连续光谱和丰富数据信息的同时不可避免地存在波段之间相关性强、数据冗余明显的问题。研究表明，高光谱图像不同波段像素之间存在极强的互相关性，大量的冗余信息随之产生。这一问题给数据处理和分析造成了很大的麻烦，在一定程度上制约着高光谱数据的应用。因此，在大大降低高光谱数据维数的同时，如何使原始高维空间中的地物信息得到有效保留，成为高光谱数据处理技术研究的重要方向。

近年来，流形学习在包括数据挖掘、图像分析、机器学习等许多研究领域吸引了广泛的关注并产生了大量的研究成果。等距映射（Isometric Mapping, ISOMAP）、局部线性嵌入（Locally Linear Embedding, LLE）、拉普拉斯特征映射（Laplacian Eigenmap, LE）和局部切空间排列（Local Tangent Space Alignment, LTSA）是最具代表性的流形学习算法。

ISOMAP 建立在多维尺度变换（MDS）的基础上，它用流形上点 x_i 和 x_j 的测地距离取代经典的 MDS 方法中的欧几里得距离 $d(x_i, x_j)$，力求保持两点间的测地距离，即保持数据点的内在几何性质。样本点 x_i 和它的邻域点之间的测地距离用它们之间的欧几里得距离来代替；样本点 x_i 和它邻域外的点用流形上它们之间的最短路径来代替。

LLE 的基本思想是在样本点和它的邻域点之间构造一个重构权向量，假设嵌入映射在局部是线性的条件下，最小化重构误差以保持低维空间中每个邻域中的权值不变。LLE 首先寻找每个样本点的最近邻域，通过求解一个有约束的最小二乘问题以获得重构权，在求解最小二乘问题时，LLE 通过引入一个小的正则因子来保证线性方程组系数矩阵的非奇异性，将求解最小二乘问题转化成求解一个可能奇异的线性方程组；然后利用所获取的重构权构造一个稀疏矩阵，通过求解这个稀疏矩阵的最小特征向量来获得全局的低维嵌入。

　　LE 首先通过样本点构建近邻图，图中的点为样本点，每个样本点 x_i 同它的邻域点 x_j 之间用边连接；再对每条边赋予权值 ω，ω 等于 1 或 $e^{-\|x_i-x_j\|^2/2\sigma^2}$，计算图拉普拉斯算子的广义特征向量；最后分析所得广义特征向量得到低维嵌入结果。

　　LTSA 认为理想的低维嵌入同局部的投影坐标之间应该只相差一个仿射变换，并由此能够构造出一个最小重构误差，而求解最小重构误差问题可以转化为求解一个稀疏矩阵的特征值问题。其基本思想是利用样本点邻域的切空间来表示局部的几何结构切空间，然后将这些局部切空间排列起来形成流形的全局坐标。LTSA 首先寻找出样本点的局部邻域；其次通过对局部邻域的 PCA 变换获取样本点的切空间及邻域在这个切空间上的投影坐标。

　　将流形学习运用到高光谱数据的维数分析中，可以确定高光谱模拟数据和真实数据的本征维数，得到高维数据的二维平面流形。基于流形学习的高光谱数据处理是指从高光谱数据中找到高维空间的低维流形，即从观测到的现象中寻找事物的本质，找到产生数据的内在规律。其最重要的特点是：在高维空间中原本"相近"的点映射到低维后依然"相近"，而原本"较远"的点映射到低维后依然"较远"。即给定 N 维高光谱观测数据 $X(X_1, X_2, \cdots, X_N)$，存在映射 $f: X \in R^N \to Y \in R^M$（其中，$M \ll N$，$Y(Y_1, Y_2, \cdots, Y_M)$）。根据高光谱数据集 X，发现未知嵌入映射 $f(\cdot)$，得到 X 的映射空间 Y，细致分析流形子空间 Y，得出高光谱数据的本征维数。

　　图 7-22 是用确定的模块化成像光谱仪 OMIS 高光谱数据的本征维数，对一个场景图像进行 k 均值聚类结果。其中，HFC 特征门限法、ISOMAP-DA、LLE-DA、LE-DA 和 LTSA-DA 得到的本征维数分别为 4、11、13、19、23。图 7-22(a)为在 OMIS 遥感图像的可见光波长范围中选取三个波段合成的伪彩色图像，作为评判聚类效果的参考，图 7-22(b)～图 7-22(f)分别表示当确定维数分别是 4、11、13、19、23 时，聚类后得到的结果图像。为方便描述将图像划分为 6 个区域，图中数字表示划分区域的序号。参照图 7-22(a)，从总体效果看，图 7-22(b)显得过于简单，而图 7-22(c)、图 7-22(f)则过于复杂，只有图 7-22(d)、图 7-22(e)显得较为合理。从局部上看，图 7-22(b)～图 7-22(f)都将最为简单的区域 6 归为一类，说明各种维数分析算法都能够有效地分析出简单的地物特征；从图 7-22(c)、图 7-22(e)、图 7-22(f)可以知道，ISOMAP-DA、LE-DA 和 LTSA-DA 将相对简单的区域 1 划分得较为复杂，没有真实反映该区域的地貌特征；对于相对复杂的区域 3，HFC 将其划分得过于简单，把原本不同的类合并为同一类，而 LE-DA 和 LTSA-DA 则将此区域划分得过于复杂，同样未能表现该地区真实的地貌特征。而对于最为复杂的区域 5，ISOMAP-DA、

LLE-DA、LE-DA 和 LTSA-DA 确定维数进行聚类的效果明显优于 HFC。综上所述，从聚类效果看，ISOMAP-DA 和 LLE-DA 确定的本征维数相对其他算法较为合理。

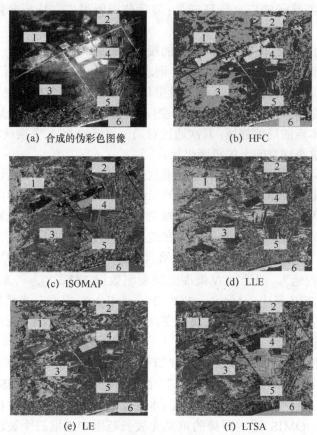

(a) 合成的伪彩色图像　　　　(b) HFC

(c) ISOMAP　　　　(d) LLE

(e) LE　　　　(f) LTSA

图 7-22　OMIS 高光谱遥感图像 k 均值聚类结果

7.7.3　基于强化学习的地理文本大数据实体关系抽取

地理文本大数据是大数据的重要组成部分，也是构建地理知识图谱的重要数据来源，但是这些数据中含有大量无用信息，如何从这些数据中过滤出有价值的数据是人们急需解决的问题。而实体关系抽取是构建知识图谱的重要任务之一。实体关系抽取大多是运用深度学习的方法完成，但是地理领域的标注语料库非常稀缺，人工标注数据又费时费力，导致难以使用有监督的方法进行抽取，且无监督的抽取方法效果较差。目前的研究大多使用基于远程监督的实体关系抽取方法，该方法能够通过小量知识库与大规模语料库对齐获取大量标注数据，然后利用算法对数据进行去噪处理，最后进行实体关系抽取。

　　Mintz 等首次将远程监督理论运用到实体关系抽取领域，但存在数据集标签噪声的问题。对远程监督存在噪声的地理数据集，采用强化学习框架进行抽取，此框架包含关系抽取器与标签学习器两部分。关系抽取器能够对输入句子的关系进行分类预测，以 BiLSTM 作为句子编码器，设计了基于地理实体周围词语注意力机制、实体类型和依存句法分析的关系抽取器，实体注意力机制考虑地理实体周围词语在关系抽取中的重要性，提升编码效果，实体类型帮助关系抽取器过滤错误关系，依存句法分析句子结构，利用句子中各个地理词与其他词语之间的语法相关性进行实体和关系的匹配度比较，帮助关系抽取器从句子中得到更多信息，进一步提升关系抽取器的预测效果，对预测的关系打分，将分数结合 DS 关系标签作为强化学习的状态。标签学习器用来产生软标签，根据策略网络的结果采取下一步行动。该行动就是选择 DS 的标签还是关系抽取器抽取的关系标签作为软标签，然后标签学习器根据软标签进行学习训练，这可以提供一个奖励给标签学习器，并给强化学习的下一轮（Episode）提供输入状态。最后，联合训练关系抽取器与标签学习器使软标签的预测更可靠，以提高关系抽取的性能。基于强化学习的关系抽取框架如图 7-23 所示，整个框架的运行过程是不断循环的，如下。

　　（1）将输入的句子编码为向量，输入关系抽取器。

　　（2）根据关系抽取器的输出定义强化学习的状态。

　　（3）根据标签学习器的策略和第二步的输出结果得到软标签。

　　（4）从关系抽取器中接收延迟奖励，并将它传送给标签学习器。

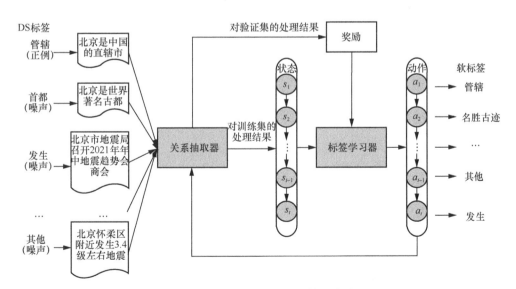

图 7-23　基于强化学习的关系抽取框架

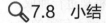

7.8 小结

　　机器学习领域日新月异，研究的重要性与可行性已得到广泛认可，且在空间信息处理领域有着广泛应用。本章的侧重点不在于机器学习原理的相关推导，而在于结论的分析和应用。读者可以更快地掌握各种算法的特点和使用方法，提纲挈领地消化应用，而不必拘泥于算法的细节。从机器学习最基础的算法到新发展起来的各种新兴算法，以及利用最小二乘法或梯度法等简单算法进行机器学习的实例，本书都做了详细介绍，从而使机器学习对空间信息专业背景的学习者来说不再深不可测。

第8章
神经网络与空间信息处理

本章主要讲述人工神经网络（Artificial Neural Network，ANN）的相关内容，并着眼于人工神经网络的发展和应用：首先介绍两种典型的人工神经网络——BP网络和 Hopfield 神经网络；然后详细介绍深度神经网络的基本概念和几种典型的网络结构，针对当前的热点研究，探讨深度神经网络的具体应用领域；同时，介绍人工神经网络在空间信息处理中的应用实例。

8.1 联结学习概述

联结学习也称神经学习，它是一种基于人工神经网络的学习方法。本章在神经计算的基础上重点讨论联结学习问题，包括感知器学习、BP 网络学习和 Hopfield网络学习。

利用神经网络解决问题，一般分为训练和工作两个阶段。训练阶段的主要目的是从训练样本中提取隐含知识和规律，并存储在网络中，供工作阶段解决问题使用。联结学习是指神经网络的训练过程，其主要表现为联结权值和阈值的调整。本节主要讨论联结学习的生理学基础和学习规则。

8.1.1 联结学习的生理学基础

联结学习是对人脑神经系统学习机理的一种模拟，揭示人脑神经系统的学习机理是联结学习研究的重要基础。根据脑科学研究，人脑学习和记忆的生理基础是中枢神经系统，记忆和学习的基本单位是单个神经元。

1. 人脑神经网络的可塑性

现代神经生理学研究表明，人脑中枢神经系统中的每个神经元都具有根据刺激变化随时形成新的突触连接的能力，神经元及其突触连接的这种变化特性被称为神经元的可修饰性。在神经网络中，神经元的修饰可直接引起神经网络连接及连接权值的变化，这种由神经元修饰引起神经网络变化的特性又被称为神经网络的可塑性。

人类中枢神经系统是一个具有高度可塑特性的神经网络系统，它为人类一生的不断学习提供了可靠的神经基础。

2. 人脑学习研究的不同学派

关于人脑学习和记忆机制的研究有两大学派，一个是化学学派，另一个是突触修正学派。化学学派认为人脑学习所获得的信息是记录在某些生物大分子之上的。例如，蛋白质、核糖核酸、神经递质，就像遗传信息是记录在 DNA 上一样。而突触修正学派认为人脑学习所获得的信息是分布在神经元之间的突触联结上的。按照后一种观点，人脑的学习和记忆过程实际上是一个在训练中完成的突触联结权值的修正和稳定过程。其中，学习表现为突触联结权值的修正，记忆则表现为突触联结权值的稳定。

实际上，突触修正假说已成为人工神经网络学习和记忆机制研究的心理学基础，与此对应的权值修正学派也一直是人工神经网络研究的主流学派。该学派认为，人工神经网络的学习过程就是一个不断调整网络联结权值的过程。

8.1.2 联结学习规则

联结学习可以有多种不同的分类方法。例如，按照学习方式分为有导师学习、无导师学习和强化学习；按照学习规则可分为 Hebb 学习、纠错学习、竞争学习及随机学习等。学习规则，可简单地理解为学习过程中联结权值的调整规则。下面按照学习规则的分类方法，重点讨论常用的神经学习规则。

1. Hebb 学习规则

Hebb 学习是为了纪念神经心理学家赫布（D. O. Hebb）而以其名字命名的一种学习规则。Hebb 规则主要用于调整神经网络的突触联结权值，可概括地描述为：如果神经网络中某一神经元同另一直接与它联结的神经元同时处于兴奋状态，那么这两个神经元之间的联结强度将得到加强，反之则减弱。Hebb 学习对联结权值的调整可表示为

$$\omega_{ij}(t+1)=\omega_{ij}(t)+\eta[x_i(t)x_j(t)] \tag{8-1}$$

式中，$\omega_{ij}(t+1)$ 表示对时刻 t 的权值修正一次后所得到的新的权值；η 是一正常量，也称为学习因子，它取决于每次权值的修正量；$x_i(t)$ 和 $x_j(t)$ 分别表示 t 时刻第 i 个和第 j 个神经元的状态。

Hebb 是神经学习中影响较大的一种学习规则，现已成为许多神经网络学习的基础。但许多神经生理学的研究表明，Hebb 学习规则并未准确地反映出生物学习过程中突触变化的基本规律。它只是简单地将突触在学习中的联想特性形式化，

认为对神经元重复同一刺激就可以产生性质相同、程度增强的反应。但目前神经生理学的研究并没有得到 Hebb 突触特性的直接证据，相反地，同一刺激模式对生物机体的重复作用，有可能造成机体的习惯化。习惯化将减弱机体对刺激的反应，这与 Hebb 学习规则的含义正好相反。因此，Hebb 学习规则不能作为生物神经元间突触变化和生物机体学习的普遍规律。

2．纠错学习规则

纠错学习也叫误差修正学习，或叫 Delta 规则。它是一种有导师的学习过程，其基本思想是将神经网络的期望输出与实际输出之间的偏差作为联结权值调整的参考，并最终减少这种偏差。

最基本的误差修正规则规定：联结权值的变化与神经元期望输出和实际输出之差成正比。该规则的联结权值的计算式为

$$\omega_{ij}(t+1)=\omega_{ij}(t)+\eta[d_j(t)-y_j(t)]x_i(t) \tag{8-2}$$

式中，$\omega_{ij}(t)$ 表示时刻 t 的权值；$\omega_{ij}(t+1)$ 表示对时刻 t 的权值修正一次后所得到的新的权值；η 是一正常量，也称为学习因子；$d_j(t)$ 为神经元 j 的期望输出，$y_j(t)$ 为实际输出，$d_j(t)-y_j(t)$ 表示神经元 j 的输出误差；$x_i(t)$ 为第 i 个神经元的输入。

误差修正学习的学习过程可由以下 4 个步骤来实现。

Step 1　选择一组初始权值 $\omega_{ij}(t)$。

Step 2　计算某一输入模式对应的实际输出与期望输出的误差。

Step 3　按照上述修正规则更新权值。

Step 4　返回 Step 2，直到对于所有的训练模式其网络输出均能满足要求为止。

需要指出，上述简单形式的误差修正规则只能解决线性可分模式的分类问题，不能直接用于多层网络。为克服这种局限性，出现了改进规则，对此不再介绍。

3．竞争学习规则

竞争学习是指网络中某一组神经元相互竞争对外界刺激模式响应的权力，在竞争中获胜的神经元，其联结权值会向着对这一刺激模式竞争更为有利的方向发展。相对来说，竞争获胜的神经元抑制了竞争失败神经元对刺激模式的响应。

竞争学习的最简单形式是任一时刻都只允许有一个神经元被激活，其学习过程描述如下。

Step 1　将一个输入模式送给输入层 LA。

Step 2　将 LA 层神经元的激活值送到下一层 LB。

Step 3　LB 层神经元对 LA 层送来的刺激模式进行竞争，即每一个神经元将一个正信号送给自己（自兴奋反馈），同时将一个负信号送给该层其他神经元（横向邻域抑制）。

Step 4 LB 层中输出值最大的神经元被激活，其他神经元不被激活，被激活的神经元就是竞争获胜者，LA 层神经元到竞争获胜神经元的联结权值将发生变化，而 LA 层神经元到竞争失败的神经元的联结权值不发生变化。

竞争学习是一种典型的无导师学习，学习时只需要给定一个输入模式集作为训练集，网络自行组织训练模式，并将其分成不同类型。

4．随机学习规则

随机学习的基本思想是结合随机过程、概率和能量（函数）等概念来调整网络的变量，从而使网络的目标函数达到最大（或最小），其网络变化通常遵循以下规则。

① 如果网络变量的变化能使能量函数有更低的值，那么接受这种变化。

② 如果网络变量变化后能量函数没有更低的值，那么按某一预先选取的概率分布接受这一变化。

可见，随机学习不仅可以接受能量函数减少（性能得到改善）的变化，而且可以以某种概率分布接受使能量函数增大（性能变差）的变化。对后一种变化，实际上是给网络变量引入噪声，使网络有可能跳出能量函数的局部极小点，而向全局极小点的方向发展。模拟退火（Simulated Annealing, SA）算法就是一种典型的随机学习算法。

🔍 8.2 神经元与神经网络

人工神经网络是一个用大量简单处理单元经广泛连接而组成的人工网络，是对人脑或生物神经网络若干基本特性的抽象和模拟。神经网络理论为机器学习等许多问题的研究提供了一条新的思路，目前已经在模式识别、机器视觉、联想记忆、自动控制、信号处理、软测量、决策分析、智能计算、组合优化问题求解、数据挖掘等方面获得成功应用。

神经网络的研究已经获得许多成果，提出了大量的神经网络模型和算法。本章着重介绍最基本、最典型、应用最广泛的 BP 神经网络和 Hopfield 神经网络及其在模式识别、联想记忆、软测量、智能计算、组合优化问题求解等方面的应用。

8.2.1 生物神经元结构

人的大脑内约有 10^{11} 个神经元，每个神经元与其他神经元之间约有 1 000 个连接，这样，大脑内约有 10^{14} 个连接。如果将人大脑中所有神经细胞的轴突和树突依次连接起来，拉成一条直线，则可以从地球连到月亮，再从月亮连到地球。人的智能行为就是由如此高度复杂的组织产生的。浩瀚的宇宙中，也许只有包含数千亿颗星球的银河系的复杂性能够与大脑相比。

从生物控制与信息处理的角度看，生物神经元结构如图 8-1 所示。

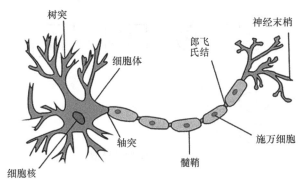

图 8-1　生物神经元结构

神经元的主体部分为细胞体（Soma）。细胞体由细胞核（Cell Nucleus）、细胞质、细胞膜等组成。每个细胞体都有一个细胞核，埋藏在细胞体之中，进行呼吸和新陈代谢等生化过程。神经元还包括树突和一条长的轴突，由细胞体向外伸出的最长的一条分支称为轴突，即神经纤维。

轴突末端部分有许多分支，叫轴突末梢。典型的轴突长 1cm，是细胞体直径的 100 倍。一个神经元通过轴突末梢与 10～10 万个其他神经元相连接。轴突是用来传递和输出信息的，其端部的许多轴突末梢为信号输出端子，将神经冲动传给其他神经元。由细胞体向外伸出的其他许多较短的分支称为树突。树突相当于细胞的输入端，树突的全长各点都能接收其他神经元的冲动。神经冲动只能由前一级神经元的轴突末梢传向下一级神经元的树突或细胞体，不能做反方向的传递。

神经元具有两种常规工作状态（兴奋与抑制），即满足"0-1"律。当传入的神经冲动使细胞膜电位升高超过阈值时，细胞进入兴奋状态，产生神经冲动并由轴突输出；当传入的冲动使膜电位下降低于阈值时，细胞进入抑制状态，没有神经冲动输出。

8.2.2　神经元的数学模型

1943 年，神经和解剖学家麦克洛奇（McCulloch）和数学家匹兹（Pitts）提出了神经元的数学模型（M-P 模型），开创了神经科学理论研究的时代。从 20 世纪40 年代开始，根据神经元的结构和功能不同，先后提出几百种神经元模型。下面介绍神经元的一种标准、统一的数学模型，它由三部分组成，即加权求和、线性动态系统和非线性函数，如图 8-2 所示。

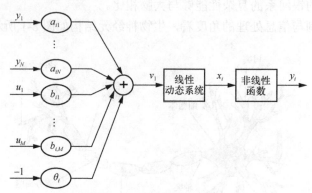

图 8-2 神经元数学模型

图 8-2 中，$y_i(t)$ 为第 i 个神经元的输出，θ_i 为第 i 个神经元的阈值（$i=1, 2, \cdots, N$）；$u_k(t)$（$k=1, 2, \cdots, M$）为外部输入；a_{ij}，b_{ik} 为权值。

加权求和

$$v_i(t) = \sum_{j=1}^{N} a_{ij} y_j(t) + \sum_{k=1}^{M} b_{ik} u_k(t) - \theta_i \tag{8-3}$$

将式（8-3）记为矩阵形式

$$V(t) = AY(t) + BU(t) - \theta \tag{8-4}$$

式中，$A=[a_{ij}]_{N\times N}$，$B=[b_{ik}]_{N\times M}$，$V=[v_1,\cdots,v_N]^{\mathrm{T}}$，$U=[u_1,\cdots,u_M]^{\mathrm{T}}$，$\theta=[\theta_1,\cdots,\theta_N]^{\mathrm{T}}$。

线性动态系统的传递函数描述为

$$X_i(s)=H(s)V_i(s) \tag{8-5}$$

式中，$H(s)$ 通常取为 1、$\dfrac{1}{s}$、$\dfrac{1}{Ts+1}$、e^{-Ts} 及其组合等。

神经元输出 $y_i(t)$ 与 $x_i(t)$ 之间的非线性函数关系最常用的有以下两种。

（1）阶跃函数

$$f(x_i) = \begin{cases} 1, & x_i \geqslant 0 \\ 0, & x_i < 0 \end{cases} \tag{8-6}$$

或

$$f(x_i) = \begin{cases} 1, & x_i \geqslant 0 \\ -1, & x_i < 0 \end{cases} \tag{8-7}$$

（2）S 型函数

它具有平滑和渐近性，并保持单调性，是最常用的非线性函数。最常用的 S 型

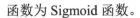

函数为 Sigmoid 函数。

$$f(x_i) = \frac{1}{1 + e^{-\alpha x_i}} \tag{8-8}$$

式中，α 可以控制其斜率。

当需要神经元输出在[−1, 1]区间时，S 型函数可以选为双曲正切函数（Hyperbolic Tangent Function）。

$$f(x_i) = \frac{1 - e^{-\alpha x}}{1 + e^{-\alpha x}} \tag{8-9}$$

8.2.3　神经网络的结构与工作方式

1. 神经网络的结构

神经网络是由众多简单的神经元连接而成的一个网络。尽管每个神经元结构、功能都不复杂，但神经网络的行为并不是各单元行为的简单相加，网络的整体动态行为则是极为复杂的，可以组成高度非线性动力学系统，从而能表达很多复杂的物理系统，表现出一般复杂非线性系统的特性（如不可预测性、不可逆性、多吸引子、可能出现混沌现象等）。神经网络具有大规模并行处理能力和自适应、自组织、自学习能力以及分布式存储等特点，在许多领域得到了成功应用，展现了非常广阔的应用前景。

众多神经元的轴突和其他神经元或者自身的树突相连接，构成复杂的神经网络。根据神经网络中神经元的连接方式，神经网络可以划分为不同类型的结构。目前人工神经网络主要有前馈型和反馈型两大类。

① 前馈型

在前馈型神经网络中，各神经元接收前一层的输入，并输出给下一层，没有反馈。前馈网络可分为不同的层，第 i 层只与第 $i-1$ 层输出相连，输入与输出的神经元与外界相连。后面着重介绍的 BP 神经网络就是一种前馈型神经网络。

② 反馈型

在反馈型神经网络中，存在一些神经元的输出经过若干个神经元后，再反馈到这些神经元的输入端。最典型的反馈型神经网络是 Hopfield 神经网络。它是全互联神经网络，即每个神经元和其他神经元都相连。

2. 神经网络的工作方式

当满足兴奋条件时，神经网络中的神经元就会改变为兴奋状态，当不满足兴奋条件时，它就会改变为抑制状态。如果神经网络中各个神经元同时改变状态，则称为同步（Synchronous）工作方式；如果神经网络中神经元是一个一个地改变状态，即当某个神经元改变状态时，其他神经元保持状态不变，则称为异步（Asynchronous）工作方式。

8.2.4 神经网络的学习

神经网络方法是一种知识表示方法和推理方法。神经网络知识表示方法与谓词、产生式、框架、语义网络等完全不同。谓词、产生式、框架、语义网络等是知识的显式表示。例如，在产生式系统中知识独立地表示为一条规则。神经网络知识表示是一种隐式的表示方法。这里，将某一问题的若干知识通过学习表示在同一网络中。

神经网络的学习是指调整神经网络的连接权值或者结构，使输入输出具有需要的特性。1944 年，Hebb 提出了改变神经元连接强度的 Hebb 学习规则。由于 Hebb 学习规则的基本思想很容易被接受，得到了较为广泛的应用，至今仍在各种神经网络模型的研究中起着重要的作用。但近年来神经科学的许多发现表明，Hebb 学习规则并没有准确反映神经元在学习过程中突触变化的基本规律。

Hebb 学习规则：当某一突触两端的神经元同时处于兴奋状态，那么该连接的权值应该增强。用数学方式描述调整权值的方法为

$$w_{ij}(k+1)= w_{ij}(k)+\alpha y_i(k)y_i(k)(\alpha>0) \tag{8-10}$$

式中，$w_{ij}(k+1)$为权值的下一步值；$w_{ij}(k)$为权值的当前值。

🔍8.3 经典浅层神经网络

8.3.1 BP 神经网络的结构

BP 神经网络就是多层前向网络，其结构如图 8-3 所示。

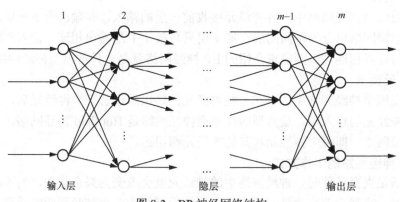

图 8-3　BP 神经网络结构

设 BP 神经网络具有 m 层。第一层称为输入层，最后一层称为输出层，中间各层称为隐层。输入层起缓冲存储器的作用，把数据源加到网络上，因此，输入层的

神经元的输入与输出关系一般是线性函数。隐层中各个神经元的输入与输出关系一般是非线性函数。隐层与输出层中各个神经元的非线性输入与输出关系记为 $f_k(k=2,\cdots,m)$。由第 $k-1$ 层的第 j 个神经元到第 k 层的第 i 个神经元的连接权值为 ω_{ij}^k，并设第 k 层中第 i 个神经元输入的总和为 u_i^k，输出为 y_i^k，则各变量之间的关系为

$$y_i^k = f_k(u_i^k) \tag{8-11}$$

$$u_i^k = \sum_j w_{ij}^{k-1} y_j^{k-1} \quad k = 2, \cdots, m \tag{8-12}$$

当 BP 神经网络输入数据 $X=[x_1,x_2,\cdots,x_{p1}]^{\mathrm{T}}$（设输入层有 p_1 个神经元），从输入层依次经过各隐层节点，可得到输出数据 $Y=[y_1^m,y_2^m,\cdots,y_{pm}^m]$（设输出层有 p_m 个神经元）。因此，可以把 BP 神经网络看成一个从输入到输出的非线性映射。

给定 N 组输入输出样本为 $\{X_{si}, Y_{si}\}$，$i=1, 2,\cdots,N$，如何调整 BP 神经网络的权值，使 BP 神经网络输入为样本 X_{si} 时，神经网络的输出为样本 Y_{si}，这就是 BP 神经网络的学习问题。

要解决 BP 神经网络的学习问题，关键是解决两个问题。

第一，是否存在一个 BP 神经网络能够逼近给定的样本或者函数。下述定理可以回答这个问题。

Kolmogorov 定理：给定任意 $\varepsilon>0$，对于任意的连续函数 f，存在一个三层 BP 神经网络，其输入层有 p_1 个神经元，中间层有 $2p_1+1$ 个神经元，输出层有 p_m 个神经元，它可以在任意 ε 平方误差精度内逼近 f。

上述定理不仅证明了映射网络的存在，而且说明了映射网络的结构。就是说，总存在一个结构为 $p_1(2p_1+1)p_m$ 的三层前向神经网络能够精确地逼近任意的连续函数 f。但对于多层 BP 神经网络，如何合理地选取 BP 网络的隐层数及隐层的节点数，目前尚无有效的理论和方法。

第二，如何调整 BP 神经网络的权值，使 BP 神经网络的输入与输出之间的关系与给定的样本相同。BP 学习算法给出了具体的调整算法。

8.3.2　BP 学习算法

BP 学习算法最早是由 Werbos 在 1974 年提出的。Rumelhart 等于 1985 年发展了 BP 学习算法，实现了 Minsky 多层感知器的设想。

BP 学习算法通过反向学习过程使误差最小，因此选择目标函数为

$$\min J = \frac{1}{2} \sum_{j=1}^{P_m} (y_j^m - y_{sj})^2 \tag{8-13}$$

即选择神经网络权值使期望输出 y_{sj} 与神经网络实际输出 y_j^m 之差的平方和最小。

这种学习算法实际上是求目标函数 J 的极小值，约束条件是式（8-11）和式（8-12），可以利用非线性优化中的"快速下降法"，使权值沿目标函数的负梯度方向改变，因此，神经网络权值的修正量为

$$\Delta w_{ij}^{k-1} = -\varepsilon \frac{\partial J}{\partial w_{ij}^{k-1}} (\varepsilon > 0) \tag{8-14}$$

式中，ε 为学习步长，一般小于 0.5。

下面推导 BP 学习算法。先求 $\frac{\partial J}{\partial w_{ij}^{k-1}}$。

$$\frac{\partial J}{\partial w_{ij}^{k-1}} = \frac{\partial J}{\partial u_i^k} \frac{\partial J}{\partial w_{ij}^{k-1}} = \frac{\partial J}{\partial u_i^k} \frac{\partial}{\partial w_{ij}^{k-1}} (\sum_j w_{ij}^{k-1} y_j^{k-1}) = \frac{\partial J}{\partial u_i^k} y_j^{k-1} \tag{8-15}$$

记

$$d_i^k = \frac{\partial J}{\partial u_i^k} (k = 2, \cdots, m)$$

则

$$\Delta w_{ij}^{k-1} = -\varepsilon d_i^k y_j^{k-1} (k = 2, \cdots, m) \tag{8-16}$$

下面推导计算 d_i^k。

$$d_i^k = \frac{\partial J}{\partial u_i^k} = \frac{\partial J}{\partial y_i^k} \frac{\partial y_i^k}{\partial u_i^k} = \frac{\partial J}{\partial y_i^k} f_k'(u_i^k) \tag{8-17}$$

下面分两种情况求 $\frac{\partial J}{\partial y_i^k}$。

对于输出层（第 m 层）的神经元，即 $k=m$，$y_i^k = y_i^m$ 由误差定义式得

$$\frac{\partial J}{\partial y_i^k} = \frac{\partial J}{\partial y_i^m} = y_i^m - y_{si} \tag{8-18}$$

则

$$d_i^m = (y_i^m - y_{si}) f_m'(u_i^m) \tag{8-19}$$

若 i 为隐单元层 k，则有

$$\frac{\partial J}{\partial y_i^k} = \sum_l \frac{\partial l}{\partial u_l^{k+1}} \frac{\partial u_l^{k+1}}{\partial y_i^k} = \sum_l d_l^{k+1} w_{li}^k$$

则

$$d_i^k = f_k'(u_i^k) \sum_l d_l^{k+1} w_{li}^k \tag{8-20}$$

综上所述，BP 学习算法可以归纳为

$$\Delta w_{ij}^{k-1} = -\varepsilon d_i^k y_j^{k-1} \tag{8-21}$$

$$d_i^m = (y_i^m - y_{si})f_m'(u_i^m) \tag{8-22}$$

$$d_i^k = f_k'(u_i^k)\sum_l d_l^{k+1}w_{li}^k \ (k = m-1,\cdots,2) \tag{8-23}$$

若取 $f_k(\cdot)$ 为 S 型函数，即

$$y_i^k = f_k(u_i^k) = \frac{1}{1+e^{-u_i^k}} \tag{8-24}$$

则

$$\frac{\partial y_i^k}{\partial u_i^k} = f_k'(u_i^k) = \frac{e^{-u_i^k}}{[1+e^{-u_i^k}]} = y_i^k(1-y_i^k) \tag{8-25}$$

则 BP 学习算法可以归纳为

$$\Delta\omega_{ij}^{k-1} = -\varepsilon d_i^k y_j^{k-1} \tag{8-26}$$

$$d_i^m = y_i^m(1-y_i^m)(y_i^m - y_{si}) \tag{8-27}$$

$$d_i^k = y_i^k(1-y_i^k)\sum_l d_l^{k+1}w_{li}^k \ (k = m-1,\cdots,2) \tag{8-28}$$

从以上计算式可以看出，求第 k 层的误差信号 d_i^k，需要上一层的 d_i^{k+1}。因此，误差函数的求取是一个始于输出层的反向传播的递归过程，称为反向传播（Back Propagation, BP）学习算法。通过多个样本的学习，修改权值，不断减少偏差，最后达到满意的结果。

8.3.3　BP 学习算法的实现

BP 学习算法流程如图 8-4 所示。

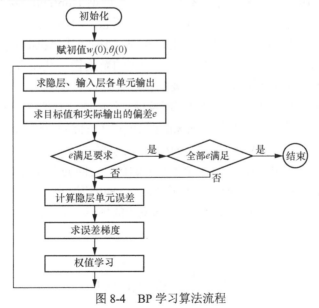

图 8-4　BP 学习算法流程

在 BP 算法实现时，要注意下列问题。

① 训练数据预处理。预处理过程包含一系列线性的特征比例变换，将所有的特征变换到区间[0, 1]或者[−1, 1]，使在每个训练集上，每个特征的均值为 0，且具有相同的方差。预处理过程也称为尺度变换或者规格化。

② 后处理过程。当应用神经网络进行分类操作时，通常将输出值编码成名义变量，具体的值对应类别标号。在两类分类问题中，可以仅使用一个输出，将它编码成一个二值变量（如+1, −1）。当具有更多的类别时，应为每个类别分配一个代表类别决策的名义输出值。例如，对于一个三类分类问题，可以设置 3 个名义输出，每个名义输出取值为{+1, −1}，对应的各个类别决策为{+1, −1, −1}，{−1, +1, −1}，{−1, −1, +1}。利用阈值可以将神经网络的输出值变换成为合适的名义输出值。

③ 初始权值的影响及设置。和所有梯度下降算法一样，初始权值对 BP 神经网络的最终解有很大的影响。虽然全部设置为 0 显得比较自然，但从式（8-21）和式（8-26）可以看出，这将导致很不理想的结果。如果输出层的权值全部为 0，则反向传播误差也将为 0，输出层前面的权值将不会改变。因此，一般以一个均值为 0 的随机分布设置 BP 神经网络的初始权值。

8.3.4 Hopfield 神经网络

从 20 世纪 60 年代初到 20 世纪 80 年代初，神经网络的研究处于“冰河期”，到了 20 世纪 80 年代中期，美国加州理工学院生物物理学家霍普菲尔德（J. J. Hopfield）在神经网络建模及应用方面的开创性成果，重新掀起了神经网络的研究热潮。

1982 年和 1984 年，霍普菲尔德先后提出离散型 Hopfield 神经网络和连续型 Hopfield 神经网络，引入“计算能量函数”的概念，给出了网络稳定性判据，尤其是给出了 Hopfield 神经网络的电子电路实现，为神经计算机的研究奠定了基础，同时开拓了神经网络用于联想记忆和优化计算的新途径，从而有力地推动了神经网络的研究。这两种模型是目前最重要的神经优化计算模型。

Hopfield 神经网络（HNN）是全互联反馈神经网络，它的每一个神经元都和其他神经元相连接。具有 N 个神经元的离散型 Hopfield 神经网络 NN，可由一个 $N \times N$ 阶矩阵 $w = [\omega_{ij}]_{N \times N}$ 和一个 N 维行向量 $\boldsymbol{\theta} = [\theta_1, \theta_1, \cdots, \theta_N]$ 唯一确定，记为 $NN = (w, \boldsymbol{\theta})$，其中，$\omega_{ij}$ 为从第 j 个神经元的输出到第 j 个神经元的输入之间的连接权值，表示神经元 i 与 j 的连接强度，且 $\omega_{ji} = \omega_{ij}, \omega_{ii} = 0$；$\theta_i$ 表示神经元 i 的阈值。若用 $v_i(k)$ 表示 k 时刻神经元所处的状态，那么神经元 i 的状态随时间变化的规律（又称演化律）如下。

二值硬限器

$$v_i(k+1) = \begin{cases} 1, & u_i(k) \geqslant 0 \\ 0, & u_i(k) < 0 \end{cases} \qquad (8\text{-}29)$$

或者双极硬限器

$$v_i(k+1) = \begin{cases} 1, & u_i(k) \geqslant 0 \\ -1, & u_i(k) < 0 \end{cases} \qquad (8\text{-}30)$$

式中

$$u_i(k) = \sum_{j=1, j \neq i}^{n} w_{ij} v_j(k) - \theta_i (1 \leqslant i \leqslant N) \qquad (8\text{-}31)$$

Hopfield 神经网络可以是同步工作方式，也可以是异步工作方式，即神经元更新既可以同步（并行）进行，也可以异步（串行）进行。在同步进行时，神经网络中所有神经元的更新同时进行。在异步进行时，在同一时刻只有一个神经元更新，而且这个神经元在网络中每个神经元都更新之前不会再次更新。在异步更新时，神经元的更新顺序可以是随机的。

Hopfield 神经网络中的神经元相互作用，不断演化。如果神经网络在演化过程中，从某一时刻开始，神经网络中所有神经元的状态不再改变，则称该神经网络是稳定的。Hopfield 神经网络是高维非线性动力学系统，可能有若干个稳定状态。从任一初始状态开始运动，总可以达到某个稳定状态，这些稳定状态可以通过改变各个神经元之间的连接权值得到。

8.4 深度学习

深度学习是机器学习研究中一个新的领域，其概念源于人工神经网络。通过模拟人脑进行分析学习的神经网络，模仿人脑的机制来解释数据，是一种含多隐层的多层感知器的学习结构。本节详细介绍深度学习方面常用的几种模型，从神经网络的基础上逐层理解深度学习这一思想，着重介绍深度学习在计算机视觉、语音识别和自然语言处理等方面的应用，并对深度学习的发展和应用前景进行了简要概述。

8.4.1 深度学习的基本思想

大多数机器学习和信号、信息处理技术使用的是浅层结构，这种结构难以在给定有限数量的样本和计算单元时有效地表示复杂函数，在目标对象具有丰富含义的复杂分类问题中也存在缺陷。浅层结构是利用单层结构进行非线性特征学习，缺乏自适应非线性特征的多层结构，如常规的隐马尔可夫模型、线性或非线性动态系统、条件随机场、最大熵模型、支持向量机和具有单个隐含层的多层感知器的神经网络等。它们将原始输入信号或输入特征转换为特定问题的特征空间的过程是不可观察的。深度学习利用大量的简单神经元，对观测样本进行拟合，实现复杂函数逼近，展现了很强的从少数样本集中学习数据集本质特征的能力。

深度学习的概念是 Hinton 等于 2006 年提出的，通过神经网络模拟人的大脑的学习过程，借鉴人脑的多层抽象机制实现对显示对象或数据的抽象表达。深度学习由大量简单的神经元组成，每层神经元接收更低层的神经元的输入，通过输入与输出之间的非线性关系，将低层特征组合成更高层的抽象表示，并发现观测数据的分布式特征。因此，利用深度学习得到的网络结构将输入的样本数据映射到各层，成为每层的特征，再利用分类器或者匹配算法对顶层的输出单元进行分类识别。这种自下向上的学习形成的多层次的特征学习过程是一个自动的无人工干预的过程。深度学习的主要思想为：假想存在一个系统 S，它有 n 层（$S, \cdots, S_n$），它的输入是 I，输出是 O，深度学习可以表示为 $I \Rightarrow S_1 \Rightarrow S_2 \Rightarrow \cdots \Rightarrow S_n \Rightarrow O$。

若 $O=I$，则表明信息 I 经过系统 S 没有损失，同时在一定程度上说明信息 I 经过 S 的每一层也没有信息损失。反过来思考，一个系统（即特征 $S, \cdots, S_n$），在输入信息 I 时没有信息的损失，也意味着它的输出为 I（$O=I$），这就是深度学习自动学习特征的过程。

从实际出发，这种输出等于输入的假设是很难实现的，因此另一种深度学习的思想是略微地放松这个限制，不断调整参数，使输入信息与输出信息的差别尽可能小。

8.4.2 深度学习中的关键技术

深度学习网络模式识别算法中的关键技术涉及模型结构、网络参数选择、学习算法等方面。这些关键技术对模式识别深度学习网络的训练时间、收敛速度、识别精度、学习效果有重要的影响。

（1）高维数据降维

深度学习网络中的每个样本若充分保留图像信息，维度就会很高，且训练过程中产生的特征图很多，需要进行降维操作，以便提高识别速度。

（2）初始化方法

不同的参数初始值使深度学习网络学习到不同的局部极值，因此，初始值决定着深度学习网络的训练效果以及收敛程度。常规经验是采用较小的随机数初始化权重。

（3）网络层数

深度学习网络的网络层数，即网络深度，决定了网络的训练效率和检测结果。层数过多，增加了网络的复杂度，增多了需要训练的参数，延长了训练时间，容易出现过拟合现象；层数过少，提取的特征不能准确地表达所需要的信息。实际

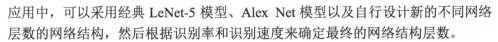

应用中，可以采用经典 LeNet-5 模型、Alex Net 模型以及自行设计新的不同网络层数的网络结构，然后根据识别率和识别速度来确定最终的网络结构层数。

（4）激活函数

深度学习网络模型需要对卷积操作得到的特征采取非线性变换进行筛选，用来避免出现线性模型表达能力不够的问题。传统的深度学习网络采用的非线性变换激活函数有 Sigmoid、Tanh 和 Softsign 这 3 种。

（5）学习率

学习率影响着深度学习网络模型的学习性能，学习率过大，导致网络误差急剧增加，权重变得非常大；而学习率过小，虽然可以有效避免不稳定情况的出现，但会导致收敛速度非常慢。为了实现快速且有效的学习收敛过程，可以采用自适应学习率调节方法。

（6）特征学习

正则化可以从众多的特征变量中自动"提取"出更重要的特征变量，以此减小特征变量的数量级，同时可以防止过拟合，提高网络的稀疏性。正则化方法实际上就是在损失函数上额外添加一个正则化项或惩罚项。

8.4.3　深度学习的软件环境配置

随着深度学习的研究发展，出现了很多深度学习的软件框架，有些是开源的，有些只能商用。这些软件的出现，让深度学习的研究者能更快地将理论算法转化为程序代码，来验证算法的有效性，从而解决实际应用问题，而这又进一步推动了整个深度学习的继续发展。比较流行的深度学习软件框架如下。

① Caffe：源自加州大学伯克利分校，它是一个清晰、高效的深度学习计算 CNN 相关算法的框架，核心语言是 C++。它提供了一个完整的工具包，用来训练、测试、微调和部署模型。

② TensorFlow：由 Google Brain 小组开发并最终开源的 TensorFlow，是一个异构分布式的深度学习系统，其编程模型灵活，性能很好，并且支持在大规模的异构硬件平台上训练和使用很多的模型。

③ Theano：2008 年诞生于蒙特利尔理工学院的 Theano 是 Python 深度学习中的一个关键基础库，是 Python 的核心。使用者可以直接用它来创建深度学习模型或包装库，大大简化了程序。Theano 还派生出了大量深度学习 Python 软件包，最著名的包括 Blocks 和 Keras。

④ PyTorch：是一个开源的 Python 机器学习库，基于 Torch，用于自然语言处理等应用程序。2017 年 1 月，由 Facebook 人工智能研究院（FAIR）基于 Torch 推出了 PyTorch。它是一个基于 Python 的可续计算包，提供两个高级功能：具有强大的 GPU 加速的张量计算（如 NumPy）；包含自动求导系统的深度神经网络。

⑤ MXNet：出自 CXXNet、Minerva、Purine 等项目的开发者之手，主要用 C++编写。MXNet 强调提高内存使用的效率，甚至能在智能手机上运行如图像识别等任务。

⑥ CNTK：微软出品的深度学习工具包，可以很容易地设计和测试计算网络，如深度神经网络。

⑦ Deeplearning4j：是首个商用级别的深度学习开源库。Deeplearning4j 是一个面向生产环境和商业应用的高成熟度深度学习开源库，可与 Hadoop 和 Spark 集成，即插即用，方便开发者在 App 中快速集成深度学习功能。

以上几种软件的开发支持模块对比如表 8-1 所示。

表 8-1　几种软件的开发支持模块对比

软件	开发语言	CUDA 支持	分布式	循环网络	卷积网络	RBM/DBN
TensorFlow	C++，Python	√	√	√	√	√
Caffe	C++，Python	√	×	√	√	×
PyTorch	C，Lua	×	×	√	√	√
Theano	Python	√	×	√	√	√
MXNet	C++，Python，Julia，Matlab，Go，R，Scala	√	√	√	√	√
CNTK	C++	√	×	√	√	?
Deeplearning4j	Java，Scala，C	√	√	√	√	√

8.4.4　国内研发的深度学习平台简介

除国外发布的几个深度学习框架之外，近年来国内高校、研究所以及大型互联网企业在深度学习框架的研发方面做出了大量工作。典型的代表有清华大学计算机系图形学研究室开发的计图（Jittor）深度学习框架，以及由百度公司主导研发的飞桨（PaddlePaddle）框架等。

计图是清华大学于 2020 年 3 月发布的开源的深度学习框架，它采用元算子表达神经网络计算单元，完全基于动态编译。该框架的前端部分采用 Python 实现，整体语法与 PyTorch 接近，能够与 PyTorch 的代码一键转换。该框架将神经网络所需的基本运算定义为元算子，并能够通过互相融合构成深度学习所需的各项运算。另外，该框架融合了静态计算图与动态计算图的诸多优点，提供了高性能的优化策略；与同类型框架相比，Jittor 在收敛精度一致情况下，推理速度取得了 10%～50% 的提升。这是我国首个高校自研深度学习训练框架，未来值得期待。

飞桨是近年来百度公司推出的工业级深度学习框架，于 2016 年正式开源，是我国第一个开源深度学习开发框架。该产品前端采用 Python 实现，底层实现则采用 C，保证运算高效。框架兼容静态图与动态图编程范式，且支持多机并行架构，具有稳定性强、文档完善、功能完备等优势。近年来，百度公司不断更新优化该框架，与众多高校签订了教育合作伙伴计划，已经有很多成功的应用案例。

8.5　深度神经网络的典型结构

深度学习涉及相当广泛的机器学习技术和结构，通常根据使用的目的和方式来选择这些结构和技术应用，常用的深度学习的模型具体可以分为以下几类。

8.5.1　自动编码器

自动编码器（Autoencoder）是一种尽可能复现输入信号的神经网络。在实现复现的过程中，自动编码器必须捕捉可以代表原信息的主要成分，具体过程如下。

（1）给定无标签数据，用非监督学习方法学习特征

通常所说的神经网络，根据当前的输出和输入的误差调整其中隐层的参数，直至收敛，如图 8-5(a)所示为一般神经网络的输入数据类型。若出现如图 8-5(b)所示的输入类型是无标签的数据，那么神经网络如何计算误差得到需要的值？

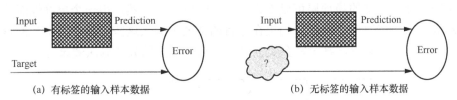

(a) 有标签的输入样本数据　　　　　　(b) 无标签的输入样本数据

图 8-5　输入数据类型

如图 8-6 所示，将 Input 输入一个 Encoder 编码器，会得到一个 Code，即输入的表示，在此基础上加一个 Decoder 解码器，Decoder 会输出一个信息，如果输出的这个信息和一开始的输入信号 Input 相接近（理想情况下是一样的），则说明这个输入的 Code 是可信的。通过调整 Encoder 和 Decoder 的参数，可以使重构和原输入相比得到的误差最小，同时得到输入 Input 信号的第一个表示，即编码 Code。

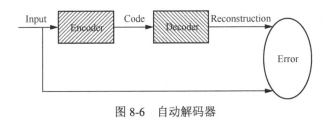

图 8-6　自动解码器

（2）通过编码器产生特征，然后训练下一层

如图 8-7 所示，第二层和第一层的训练方式没有很大的差别，只是不再需要 Decoder，第一层输出的 Code 可以当成第二层的输入信号，同样最小化重构误差，会得到第二层的参数，并且得到第二层输入的 Code，即原输入信息的第二个表达。

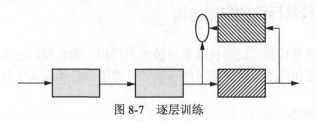

图 8-7　逐层训练

（3）有监督微调

Autoencoder 只学会了如何重构或者复现它的输入，获得了一个可以良好代表输入的特征，这个特征可以最大限度上代表原输入信号，还不能用来分类数据。为了实现分类，可以在 Autoencoder 的最顶端编码层添加一个分类器（如 SVM 等），通过标准的多层神经网络的监督训练方法（梯度下降法）去训练。无标签样本的学习可以分为两类，即图 8-8 只调整分类器（深灰色部分表示）和图 8-9 微调整个系统。神经网络的最顶层可以作为一个线性分类器，然后用一个更好性能的分类器取代它。在研究中发现，如果在原有的特征中加入这些自动学习得到的特征可以大大提高精确度，甚至在分类问题中比目前最好的分类算法效果好。

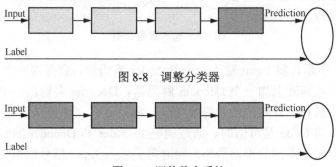

图 8-8　调整分类器

图 8-9　调整整个系统

8.5.2　稀疏编码

神经网络中，如果把输出必须和输入相等的限制放松，输出表示为 $O = a_1 \cdot \phi_1 + a_2 \cdot \phi_2 + \cdots + a_n \cdot \phi_n$，$\phi_i = (i = 1, \cdots, n)$ 为输出式子的基，而 a_i 为其系数，可以将输入输出问题转化为优化问题，即

$$\text{Min:}|I - O| \qquad\qquad (8\text{-}32)$$

通过优化上式，得到基码和系数码，若在上述优化的基础上加上正规化的限制，得到稀疏编码（Sparse Coding），则

$$\text{Min: } |I-O|+u\cdot(|a_1|+|a_2|+\cdots+|a_n|) \tag{8-33}$$

具体可以表示为，将一个信号表示为一组基的线性组合，而且只需要较少的几个基就可以将信号表示出来。

　　稀疏编码算法是一种无监督学习方法，通过寻找一组"超完备"基向量来更高效地表示样本数据。虽然形如主成分分析技术（PCA）能方便地找到一组"完备"基向量，但是这里想要做的是找到一组"超完备"基向量来表示输入向量（也就是说，基向量的个数比输入向量的维数大）。"超完备"基的好处是能更有效地找出隐含在输入数据内部的结构与模式。然而，对于"超完备"基来说，系数 a_i 不再由输入向量唯一确定。因此，在稀疏编码算法中，另加了一个评判标准"稀疏性"来解决因超完备而导致的退化（Degeneracy）问题。

　　Sparse Coding 可以分为两个部分：一是 Training 阶段；二是 Coding 阶段。

　　（1）Training 阶段

　　给定一系列的样本图片 $[x_1, x_2,\cdots]$，需要学习得到一组基 $[\phi_1, \phi_2,\cdots]$，即字典。训练过程是一个重复迭代的过程，交替地更改 a 和 ϕ，使下面的目标函数最小。

$$\min_{a,\phi} \sum_{i=1}^{m}\left\| x_i - \sum_{j=1}^{k} a_{ij}\phi_j \right\|^2 + \lambda \sum_{i=1}^{m}\sum_{j=1}^{k}|a_{ij}| \tag{8-34}$$

不断迭代，直至收敛，得到一组可以很好地表示样本图片的基。

　　（2）Coding 阶段

　　给定一个新的图片 x，由上面得到的字典，通过对式（8-34）解最小绝对收缩和选择运算符（LASSO）回归问题得到稀疏向量 a。

$$\min_{a} \sum_{i=1}^{m}\left\| x_i - \sum_{j=1}^{k} a_{ij}\phi_j \right\|^2 + \lambda \sum_{i=1}^{m}\sum_{j=1}^{k}|a_{ij}| \tag{8-35}$$

8.5.3　受限玻尔兹曼机

　　受限玻尔兹曼机（RBM）是深度学习的一个基础模型，RBM 具有很好的性质：在给定可见层单元状态时，各隐层的激活条件独立；反之，在给定隐单元状态时，可见单元的激活亦条件独立，可以通过 Gibbs 采样得到服从 RBM 所表示的随机样本。Le Roux 从理论上证明，只要隐单元的数目足够多，RBM 能够拟合任意离散分布。RBM 目前已被成功应用于不同的机器学习问题，如分类、回归、降维、高维时间序列建模、图像特征提取等。

如图 8-10 所示，RBM 是一类具有两层结构、对称连接且无自反馈的随机神经网络模型，层间全连接，层内无连接。RBM 可看作一个无向图模型，v 为可见层（观测数据层），h 为隐层（特征提取器），W 为两层之间的连接权重。

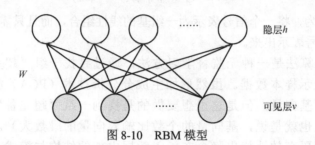

图 8-10　RBM 模型

RBM 是一个基于能量的网络，需要通过能量函数定义能量的概率模型分布。设 RBM 有 n 个可见单元和 m 个隐单元，用向量 v 和 h 表示可见单元和隐单元的状态，所有的可见单元和隐单元均为二值变量。对于给定的一组状态 (v, h)，RBM 所具有的能量可以定义为

$$E(v,h|\theta)=-\sum_{i=1}^{n}\sum_{j=1}^{m}w_{ij}v_ih_j-\sum_{i=1}^{n}a_iv_i-\sum_{j=1}^{m}b_jh_j=-v^{\mathrm{T}}Wh-a^{\mathrm{T}}v-b^{\mathrm{T}}h \tag{8-36}$$

式中，$\theta=\{w_{ij},a_i,b_j\}$ 是 RBM 的参数，w_{ij} 为可见单元和隐单元连接权值，a_i 是可见单元 v_i 的偏置，b_j 是隐单元 h_j 的偏置。当参数确定时，根据能量函数，可以得到 (v,h) 的联合概率分布。

$$P(v,h|\theta)=\frac{e^{-E(v,h|\theta)}}{Z(\theta)}, \quad Z(\theta)=\sum_{v,h}e^{-E(v,h|\theta)} \tag{8-37}$$

由此可以得到观测数据 v 的分布 $P(v|\theta)$，即上述联合分布的边缘分布为

$$P(v|\theta)=\frac{\sum_{h}e^{-E(v,h|\theta)}}{Z(\theta)} \tag{8-38}$$

式中，$Z(\theta)$ 为归一化因子，整合式（8-36）、式（8-38）得

$$
\begin{aligned}
P(v|\theta)&=\frac{1}{Z(\theta)}\sum_{h}\exp(v^{\mathrm{T}}Wh+a^{\mathrm{T}}v+b^{\mathrm{T}}h)=\\
&\frac{1}{Z(\theta)}\exp(a^{\mathrm{T}}v)\prod_{j=1}^{m}\sum_{h_j\in(0,1)}\exp\left(b_jh_j+\sum_{i=1}^{n}w_{ij}v_ih_j\right)=\\
&\frac{1}{Z(\theta)}\exp(a^{\mathrm{T}}v)\prod_{j=1}^{m}\left(1+\exp\left(b_j+\sum_{i=1}^{n}w_{ij}v_i\right)\right)
\end{aligned}
\tag{8-39}
$$

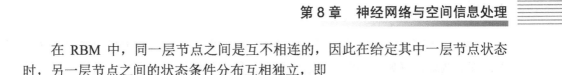

在 RBM 中，同一层节点之间是互不相连的，因此在给定其中一层节点状态时，另一层节点之间的状态条件分布互相独立，即

$$
\begin{cases}
P(h|v,\theta)=\prod_{j} p(h_j|v) \\
P(v|h,\theta)=\prod_{i} p(v_i|h) \\
P(h_j=1|v)=\delta(\sum_{i} w_{ij}v_i+b_j) \\
P(v_i=1|h)=\delta(\sum_{j} w_{ij}h_j+a_i)
\end{cases}
\tag{8-40}
$$

8.5.4　生成型深度结构模型

生成模型机器学习的目标，不像监督学习那样为了从训练样本中学习给定的映射关系，也不像非监督学习那样为了从数据中寻找内在的聚类或流形，而是为了让学习机器能够产生与训练样本具有同样性质和规律的样本。如果能用模型产生出与真实样本具有相同性质的样本，所产生出的数据和用于产生数据的模型都将可以用来完成很多其他任务，包括分类和聚类。生成模型通常把样本看作从某种未知概率分布中的采样，因此生成模型的任务就是估计或模拟样本的概率分布。生成型深度模型描述数据的高阶相关特性，或观测数据和相应类别的联合概率分布。

对于分类问题，可以把类别标签看作样本的一部分，用生成模型来学习样本特征与类别标签的联合概率分布，即对于样本特征变量 x 以及标签变量 y，计算联合概率分布 $p(x,y)$ 的统计模型。更形象地讲，这类模型认为，观测到的数据集是从数据分布中的一次有限采样观测，生成式模型的主要任务是根据这些观测估计数据分布，然后利用估计的分布完成一系列机器学习任务（分类、数据生成等）。

在有充分的信息和建模能力的情况下，如果用生成模型得到了样本的概率分布，则可以在更多场景下有更广阔应用。生成模型不仅能够从分布中重新采样，产生新的样本；还可以从学习到的分布中提取数据的结构特征，达到"知其然更知其所以然"的效果，有助于机器学习方法的效果提升和模型解释。

受限于样本规模和模型的计算能力，生成模型一开始只能在相对简单的问题上通过引入很强的假设进行应用。近年来，伴随着深度学习的发展、样本量和计算能力快速增强，生成模型取得了一系列新发展。其中，最有代表性的是深度置信网络（DBN）和生成对抗网络。

1. 深度置信网络

Hinton 首次提出的深度置信网络模型以无监督学习方法训练为核心，是生成型深度模型的典型代表。

DBN 可以有效利用未标记数据；能借助贝叶斯概率生成模型描述理解网络模型；能高效地计算最深处的隐含层的变量；能有效解决参数多时过拟合问题，现已被广泛应用。DBN 是一个包含多个隐层的概率模型，每一层从前一层的隐含单元得到高度相关的关联，其思想主要利用了一个贪婪的逐层学习算法，利用无监督的方法预训练网络，然后使用反向传播算法调整网络结构。DBN 是一个复杂度很高的有向无环图，是由多个限制玻尔兹曼机（RBM）的累加构成的，通过由低到高逐层训练这些 RBM 实现。如图 8-11 所示，图 8-11(a)为多个 RBM，底部的 RBM 通过训练原始输入数据，然后将底部 RBM 抽取的特征作为顶部 RBM 的输入，继续训练网络，重复这一过程，将网络训练为尽可能多的层数，最后贪婪地学习得到一组 RBM，图 8-11(b)为对应的一个 DBN。

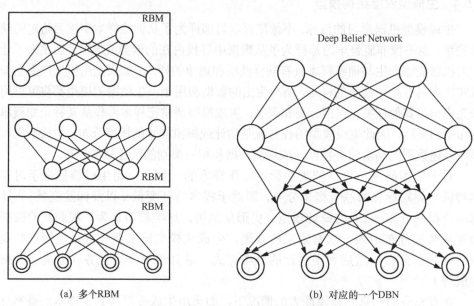

(a) 多个RBM   (b) 对应的一个DBN

图 8-11　一组 RBM 对应的 DBN

2. 生成对抗网络

2014 年，Goodfellow 等提出一种崭新的生成式模型，命名为生成对抗网络（GAN），其具有创新性的思想和出色的实验效果，在机器学习领域迅速刮起了一阵旋风，大大推动了生成模型研究的发展，并催生了很多全新的应用。

生成对抗网络的目标是让网络能够产生出与训练样本具有相同特性的新样本，如用一个手写数字图片的数据库训练生成对抗网络，让它能产生出新的类似手写数字的图片；用一个人脸图像的数据库训练生成对抗网络，希望它能产生出与训练样本具有类似风格但不同于训练样本中任何实例的人脸图像。

生成对抗网络包含两个神经网络，一个是生成器（Generator），另一个是判别器（Discriminator），通过两个网络的博弈实现让生成器学会生成新样本的目标。其中，生成器的任务是在一定的隐变量控制下生成新样本，判别器的任务是对真实训练样本和生成器生成的"假样本"进行判别。"对抗"，是指生成对抗网络在训练过程中，一方面训练判别器，使之尽可能准确地区分真样本和假样本；另一方面训练生成器，使之产生的假样本尽量不会被判别器识别出来。通过对这两个相互矛盾的目标交替优化，最终使生成器生成的样本能以假乱真。

图 8-12 为生成对抗网络的基本结构示意。其中，生成器神经网络记作 $G(z)$，其中 z 是网络的隐变量，对于任意一个 z 的随机向量取值，该向量的先验概率密度为 $p(z)$，$G(z)$ 都生成一个样本。真实的训练样本记作 x，它服从概率密度函数 $p_{data}(x)$。判别器神经网络记为 $D(x)$，它以真实样本 x 或生成样本 $G(z)$ 为输入，输出端通过一个 Sigmoid 函数判断输入为真实样本（1）还是生成样本（0）。

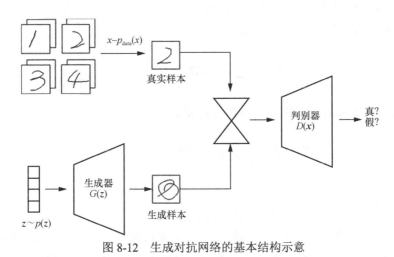

图 8-12　生成对抗网络的基本结构示意

网络 $D(x)$ 和 $G(z)$ 中的参数都要从数据中学习，学习的目标为

$$\min_G \max_D V(D,G) = E_{x \sim p_{data}(x)}[\log D(x)] + E_{z \sim p_z(z)}[\log(1 - D(G(z)))] \qquad （8-41）$$

即对于判别器来说要使该目标函数最大化，对生成器来说则要使判别函数最小化。

如何通过用样本训练生成对抗网络求得最优解？在 GAN 最早的相关文献中，分批随机梯度下降训练算法被提出，并且证明了如果生成器和判别器具有足够的能力（容量）且在算法每一步均寻求给定模型下的最优，则算法收敛于最优解。

对每一轮训练

{

Step 1　对判别器进行 k 步优化（其中 k 为需要设置的超参数），对其中每一步：

a.从生成器的隐变量先验密度$p_g(z)$中采样,生成一组m个生成样本$\{z^{(1)}, z^{(2)}, \cdots, z^{(m)}\}$

b.从训练样本集中采样一组m个真实样本 $\{x^{(1)}, x^{(2)}, \cdots x^{(m)}\}$

c.对判别器的参数θ_D求目标函数的梯度

$$\nabla_{\theta_D} \frac{1}{m} \sum_{i=1}^{m} (\log D(x^{(1)}) + \log(1 - D(x^{(1)}))) \qquad (8\text{-}42)$$

用该梯度上升的方向更新判别器参数θ_D,即

$$\theta_D \leftarrow \theta_D + \eta \nabla_{\theta_D} \frac{1}{m} \sum_{i=1}^{m} (\log D(x^{(1)}) + \log(1 - D(x^{(1)}))) \qquad (8\text{-}43)$$

其中η为步长,即学习率。

Step 2 对生成器进行优化

a.从生成器的隐变量概率密度$p_g(z)$中采样,生成一组m个生成样本$\{z^{(1)}, z^{(2)}, \cdots, z^{(m)}\}$

b.对生成器参数θ_G求目标函数的梯度

$$\nabla_{\theta_G} \frac{1}{m} \sum_{i=1}^{m} (1 - \log(1 - D(z^{(1)}))) \qquad (8\text{-}44)$$

用该梯度下降的方向更新生成器参数θ_G,即

$$\theta_G \leftarrow \theta_G - \eta \nabla_{\theta_G} \frac{1}{m} \sum_{i=1}^{m} (\log D(z^{(1)}) - \log(1 - D(z^{(1)}))) \qquad (8\text{-}45)$$

}

如此往复迭代训练,直到达到预设训练次数。

以深度置信网络和生成对抗网络为代表的生成模型,能产生与训练样本具有同样特性但又不同于训练样本集中任何实例的新样本。这种能力显示出了极大的应用潜力,改变了机器学习只能用于识别和预测的状况,使学习机器能够在学会"认识事物"的基础上模拟"创造新事物"。

8.5.5 深度分类网络

深度分类网络提供了模式分类的区分性能力,Hubel 等提出的卷积神经网络(CNN)是第一个真正成功训练多层网络结构的学习算法,是分类训练算法的典型代表,因此以 CNN 为例阐述深度分类网络。

研究人员提出 CNN 的形式,在邮政编码识别、车牌识别和人脸识别等方面得到了广泛的应用。CNN 是为识别二维形状而特殊设计的一个多层感知器,在有监督的方式下形成了对平移、比例缩放、倾斜或者其他形式的变形具有高度不变

性的良好性能。CNN 是一种特殊的深层的神经网络模型，它的神经元间的连接是非全连接的，同一层中某些神经元之间的连接的权重是共享的（即相同的）。它的非全连接和权值共享的网络结构降低了网络模型的复杂度，减少了权值的数量。CNN 网络结构的稀疏连接和权值共享通过以下约束实现。

（1）特征提取。每一个神经元从上一层的局部感受域得到突触输入，因而迫使它提取局部特征。

（2）特征映射。网络的每一个计算层都是由多个平面式的特征映射组成的。平面中单独的神经元在约束下共享相同的突触权值集，这能够确保平移不变性和自由参数数量的缩减。

（3）子抽样。每个卷积层连着一个实现局部平均和子抽样的计算层，因此特征映射的分辨率会降低，从而使特征映射的输出对平移和其他形式的变形的敏感度下降。

CNN 由多层的神经网络构成，每层包含多个二维平面，每个平面包含多个独立神经元。网络中包含一些简单元和复杂元，分别记为 S-元和 C-元。S-元聚合在一起组成 S-面，S-面聚合在一起组成 S-层。C-元、C-面和 C-层之间存在类似的关系，网络的任一中间级由 S-层与 C-层串接而成。一般地，C 层为特征提取层，每个神经元的输入与前一层的局部感受域相连，并提取该局部的特征，一旦该局部特征被提取，它与其他特征间的位置关系也随之确定下来；S 层是特征映射层（计算层），网络的每个计算层由多个特征映射组成，每个特征映射为一个平面，平面上所有神经元的权值相等。特征映射采用 Sigmoid 函数作为卷积网络的激活函数，使特征映射具有位移不变性。此外，一个映射面上的神经元共享权值，因而减少了网络自由参数的个数，降低了网络参数选择的复杂度。卷积神经网络中的每一个特征提取层（C-层）都紧跟着一个用来求局部平均与二次提取的计算层（S-层），这种特有的两次特征提取结构使网络在识别时对输入样本有较高的畸变容忍能力。

如图 8-13 所示是 CNN 的学习过程，输入图像与 3 个可训练的滤波器以及可加偏置进行卷积，卷积后的结果在 C1 层产生 3 个特征映射图，再对每个特征映射图中的 4 个相邻的像素进行求和、加权值、加偏置，通过一个 Sigmoid 函数得到 3 个 S2 层的特征映射图。这些映射图经过滤波得到 C3 层，然后经过与 C1→S2 一样的过程产生 S4。最终，这些像素值被光栅化，并连接成一个向量输入传统的神经网络，得到输出。

（4）混合型结构。混合型结构的学习过程包含两个部分，即生成型部分和区分型部分。生成型模型应用于分类任务时，预训练可结合其他典型区分型深度结构模型对网络中所有权值进行优化，将训练集提供的期望输出或标签作为额外变量至结构顶层以完成区分型深度结构学习的寻找优化的过程。在区分型深度结构中，加入生成型的结构 DBN 能使训练和收敛时间更短，这是因为相比在区分型深度结构中单独使用反向传播算法，DBN 的初始权值是利用 RBM 预训练产生的，然后利用反向传播算法调整网络，且反向传播算法在 DBN 的后期学习过程中只用完成局部参数的空间搜索，可以达到更快的速度。

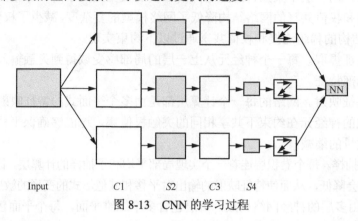

Input $C1$ $S2$ $C3$ $S4$

图 8-13 CNN 的学习过程

8.5.6 循环神经网络

把迭代时间考虑在内，可以把 Hopfield 网络式（8-30）的输入输出关系重新写成以下的动态方程形式。

$$h_t = f_w(h_{t-1}, x_0) \tag{8-46}$$

其中，x_0 是 0 时刻给系统施加的输入向量，用 h_t 表示 t 时刻网络各神经元状态组成的状态向量，f_w 是包含权值参数矩阵 w 的神经网络响应函数。

针对如自然语言、语音信号等时间序列样本，如果采用神经网络或很多其他算法处理，都需要把时间序列截成一个个重叠或不重叠的片段，将每一个片段编码为一个样本，再对片段样本进行模式识别。这样的做法虽然在语音识别等时间序列分析问题上取得了成功，但与人识别语音、语言等时间序列信号的过程相比，无法有效利用时间序列中的连贯性信息。人们希望开发一种神经网络模型，能够直接接收时间序列输入，如在式（8-46）的神经网络模型中，不是只在 0 时刻施加输入，而是随着时刻 t 逐步输入时间序列 x_t，根据任务的不同在时间序列输入完成后输出识别结果或其他决策，或者一边输入一边给出某种输出。循环神经网络（RNN）就是在这种思路下提出的神经网络模型。

图 8-14(a)给出了一个循环神经网络的基本结构示意，它所实现的运算为

$$h_t = f(h_{t-1}, x_t) \tag{8-47}$$

即神经网络当前时刻的状态 h_t 是其前一时刻状态 h_{t-1} 与当前时刻输入 x_t 的函数。网络间输入样本是一个时间序列，根据应用场景不同可以是标量也可以是向量。样本随时间逐步输入神经网络中，同时，神经网络的状态随时间按

式（8-55）进行迭代更新。根据任务的不同，可以在每一个时刻产生一个输出 y_t，也可以在全部时间序列输入完成后再产生输出，或者在中间某个时间当满足一定条件时开始产生输出。输出 y_t 可以是状态本身，更多情况下是状态的某个函数。

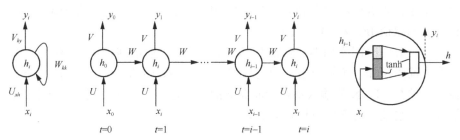

(a) RNN 结构的紧凑表示　　(b) RNN 结构沿时间展开的示意　　(c) RNN 神经元的计算函数示意

图 8-14　循环神经网络的基本结构示意

最基本的 RNN 运算函数 $f()$ 是带有非线性挤压的加权求和函数，如

$$h_t=\tanh(W_{hh}h_{t-1}+U_{xh}x_t) \tag{8-48}$$

其中，W_{hh} 是神经元节点自身反馈的权值矩阵，U_{xh} 是从输入向量到神经元节点的权值矩阵。这个过程也可以看作把前一时刻神经元状态与当前输入串接成一个新向量，维数是神经元节点数和输入向量维数之和，神经元的传递函数就是用权值矩阵把向量降维到神经元节点维数的向量，再经一组双曲正切函数（tanh）把向量元素取值挤压到−1 到 1 之间（也可以换用其他非线性挤压函数），得到当前时刻更新的神经元状态向量。如果在 t 时刻网络有输出，最基本的输出形式是神经元状态向量再经过一个权值矩阵 V_{hy} 变换到输出空间，即

$$y_t=V_{hy}h_t \tag{8-49}$$

RNN 的这个运算过程，可以用把时间展开的形式更清楚地进行解释，如图 8-14(b)所示。在这个例子中，假设每一时刻都有输出。从 $t=0$ 时刻输入时间序列的第一个数据 x_0 开始，神经网络进入一个动态过程，输入经过权值矩阵 U 变换传输到神经元阵列，经非线性挤压产生初始的状态向量 h_0，经过输出权值 V 产生初始输出 y_0。此后，该神经元阵列对刚才时刻的状态向量用权值矩阵 W 进行线性变换，再串接上经权值矩阵 U 交换的新时刻输入，经非线性挤压产生新时刻的状态，再经权值矩阵 V 产生新时刻的输出，以此类推直到整个样本的时间序列全部输入完毕，完成对一个时间序列样本的一次运算。这个过程相当于多层感知器或卷积神经网络中信息的一次前向运算过程。

RNN 神经元中发生的计算如图 8-14(c)所示。图 8-14 中示意的一个神经元实

际上是一组神经元阵列，它执行两步计算，一是经过权值 W 和 U 接收前一时刻状态 h_{t-1} 和当前输入 x_t 并把它们串接起来，二是对串接起来的向量进行非线性变换得到更新的状态 h_t。更新的状态有两个用途，一是反馈到神经元阵列参与下一时刻的状态更新计算，二是用于产生输出。需要注意，在一个时间序列样本从开始到结束输入 RNN 进行前向运算的过程中，实际上 RNN 是一套固定的神经元阵列，它的权值 W、U、V 都是固定不变的。

把展开的时间序列再合起来看，RNN 就是一个前馈神经网络，有一个输入层、一个中间隐层和一个输出层。中间隐层就是 RNN 中的神经元阵列。与多层感知器不同的是，RNN 的输入不是瞬间完成的，而是一个时间过程，在这个过程中隐层神经元也要在内部经过迭代运算。

🔍 8.6 深度学习的应用及发展前景

8.6.1 深度学习的应用领域

虽然深度学习处于起步阶段，但在计算机视觉和语音识别等领域却获得了巨大成功，下面介绍关于深度学习的应用。

1．计算机视觉

计算机视觉指用摄影机和计算机代替人眼对目标进行识别、跟踪和测量等，并进一步做图形处理成为更适合人眼观察或传送给仪器检测的图像，是使用计算机及相关设备对生物视觉的一种模拟。计算机视觉包括图像处理和模式识别、空间形状的描述、几何建模以及认识过程。图像识别是计算机视觉中重要的一部分，下面主要介绍深度学习在图像识别技术中的运用，图像和视频是人们记录生活、分享信息的重要手段，也是大数据时代最主要的非结构化数据形态。图像识别是指利用数字图像处理技术和人工智能技术，使计算机能够识别图像中的内容，典型的任务包括物体识别、物体检测、图像分类标注等，在图像类数据的智能化分析管理中扮演着至关重要的角色。

在图像识别任务中，手写数字识别和人脸识别是被研究比较多的领域。图像识别问题是多种多样的，一类具体的识别的方法在其他类的识别问题上通常没有很好的性能。大部分的识别系统注重研究在特定的识别问题上的性能突破。因此，很有必要找到一种能在不同的识别问题上都获得较好识别效果的、比较通用的机器学习方法。深度学习的出现，给图像识别带来了机会，因此有研究者利用深度学习研究图像识别问题。

LeCun 提出以 LeNet 为代表的 CNN，将其应用到各种不同的图像识别任务中都取得了不错的效果，这一成果也是通用图像识别系统的代表之一。Kavukcuoglu提出采用基因算法来选取网络中感知域模型，在图像识别问题上获得了很好的成果。深度网络在图像识别问题上的研究成果比较显著，不需要太多调整网络结构和参数就能应用到不同的识别任务中。Jarrett 利用 GPU 在 ImageNet 竞赛上获得了前所未有的成功，训练了一个参数规模非常大的卷积神经网络，并通过大量数据生成和丢弃来抑制模型的过拟合，在大规模图像分类任务上取得了非常好的效果，充分显示了深度学习模型的表达能力。Jarrett 和 Farabet 都提出了一种无监督学习方式来放大学习稀疏卷积神经网络的多级层次功能。Trentin 等提出了层次特征提取的学习方法，通过利用系数编码方法分别进行无监督学习和有监督学习的识别实验。实验结果表明，卷积神经网络的特征提取时间明显减少了模型在过滤器阶段的冗余。Farabet 等提出了一个依赖深度学习的场景解析系统来解决在单一过程中识别多标签的问题，解决了如何产生良好的表示内部的视觉信息，以及如何使用上下文信息以确保自我一致性。

百度在 2012 年年底将深度学习技术成功应用于自然图像 OCR 识别和人脸识别等问题，并推出相应的桌面和移动搜索产品，2013 年深度学习模型被成功应用于一般图片的识别和理解。深度学习应用于图像识别不但很大地提升了准确性，而且避免了人工特征抽取的时间，提高了在线计算效率。深度学习将取代"人工特征+机器学习"的方法而逐渐成为主流图像识别方法。大数据时代的来临，激发了数据驱动的深度学习模型的发展，深度学习模型这种强大的数据表达能力，必将会对大数据背景下整个视觉的研究产生极大的影响，也必将图像识别、图像物体检测、分类等计算机视觉的研究推向新的高度。

2．语音识别

语音识别技术让人更加方便地享受到更多的社会信息资源和现代化服务，能通过语音交互的方式获取人们所需要的事物。语音识别实现了与各种机器设备沟通、与网络沟通，语音识别的产品与网络应用也更为人性化、智能化、便捷化。语音识别的技术已渗透到人们的生活中，如语音-文本转换（Voice-to-Text）软件和自动电话服务等应用背后的关键技术都是语音识别，语音识别准确率是应用中至关重要的参数。然而，语音系统长期以来采用的大多是混合高斯模型（GMM）。这种模型估计简单，能适合海量数据训练，但是 GMM 不能充分描述特征状态空间分布，也不能充分描述特征之间的相关性，模拟模式类之间某些区分性的能力有限。

2011 年微软宣布基于深度神经网络的识别系统取得的成果并推出相关的产品，彻底改变了语音识别原有的技术框架。采用深度神经网络后，可以充分描述特征之间的相关性，把连续多帧的语音特征并在一起，构成一个高维特征，然后利用这些高维特征训练来模拟深度神经网络。深度神经网络采用模拟人脑的多层结构的特点，可以逐级地进行信息特征抽取，最终形成适合模式分类的较理想特征。这种多层结构和人脑处理语音图像信息时的大脑活动非常相似。深度神经网络的建模技术，在实际线上应用时能无缝地和传统的语音识别技术相结合，大幅提升语音识别系统的识别率。

Trentin 等提出的人工神经网络–隐马尔可夫混合模型（ANN-HMM）显示了其在大词汇量的语音识别中的潜力。俞栋等利用 DBN-HMM 模型将深度学习技术成功应用于语音、大量词汇连接语音识别任务。Hinton 等采用上下文相关的高斯混合模型–隐马尔可夫模型（CD-GMM-HMM），提升了高斯混合模型–隐马尔可夫模型（GM-HMM）的精度，在大词汇量语音识别方面的表现超过了人工神经网络模型。这些进展使基于人工神经网络的自动语音识别系统具有超越现有技术水平的潜力。2010 年 6 月，多伦多大学 Dahl 等研究人员开始探讨利用深层神经网络改善大词汇量语音识别。他们觉得语音识别系统本质上就是对语音组成单元进行建模，其中最先进的语音识别系统使用 senones（一种比音素小很多的建模单元）单元建模。基于此，Dahl 和俞栋提出使用深层神经网络对数以千计的 senones 直接建模，得到了第一个成功应用于大词汇量语音识别系统的上下文相关的深层神经网络–马尔可夫模型（CD-DNN-HMM）。在语音搜索上，这个模型的使用比使用深层神经网络对 senones 直接建模准确率提高了很多，也比使用最先进常规 CD-GMM-HMM 模型的语音系统的相对误差少了 16%以上。Seide 和俞栋等提出使用 CD-DNN 进行语音转写，这种基于人工神经网络的非特定人。语音识别新方法所实现的识别准确率比常规系统高出了 1/3 以上，为实现"语音–语音交互"前进了一大步，这项创新简化了大词汇量语音识别中的语音处理，能实时识别并取得较高的准确率。

百度在实践中发现，采用 DNN 对声音建模的语音识别系统相比传统的 GMM 语音识别系统，相对误识别率能降低 25%。2012 年 11 月，百度上线了第一款基于 DNN 的语音搜索系统，成为最早采用 DNN 技术进行商业语音服务的公司之一。Google 也采用了 DNN 进行语音建模，是最早突破 DNN 工业化应用的企业之一。但 Google 产品中采用的深度神经网络只有 4~5 层，而百度采用的深度神经网络多达 9 层，百度更好地解决了 DNN 在线计算的技术难题，可以在线采用更复杂的网络模型。语音识别的最终目标是实现新的基于语音的流畅服务，用语音–语音实时翻译进行自然流畅的交谈，用语音进行检索，或者用交谈式自然语言进行人机互动。随着深度学习的发展，这一应用有着很好的前景。

3. 自然语言处理

自然语言处理（NLP）是用计算机来处理人类的语言。在海量的信息时代，NLP 无可避免地成为信息科学技术中长期发展的新的战略制高点。NLP 中最重要的是语言计算，而语言计算的本质是结构预测，目前语言计算主流模型可分为马尔可夫模型和条件随机场模型，但它们都存在很大的局限性，如马尔可夫模型是表层语言结构，条件随机场可用训练数据规模比较小，对互联网的覆盖能力也弱，因此互联网中文理解亟须建立能处理大规模开放域文本深层结构的语言模型。通过深度学习得到的模型的"深层结构"能对数据中存在的复杂关系进行建模，可以突破"表层结构"的限制，适合小规模的有标注样本和极大规模的无标注样本的融合学习。目前，深度学习技术在语音识别和图像处理领域不断取得突破，但在语言理解中还有待进一步发展。语言的深度学习模型需要高层认知特征的表示及其学习，适合于语言计算的大规模人工神经网络模型。

相比声音和图像，语言是唯一的非自然信号，是完全由人类大脑产生和处理的符号系统，但模仿人脑结构的人工神经网络在处理自然语言上没有明显优势。相信深度学习在 NLP 还有很大的探索空间，在这一方面也会越来越好。

8.6.2　深度学习在空间信息处理中的应用

本节以遥感图像处理为主，介绍深度学习在空间处理中的应用，包括自动配准、变化检测、目标识别等。

1．遥感图像自动配准

图像配准技术就是对存在差异性的图像进行处理，消除图像之间的差异，确定图像间相对的空间位置，并使它们与目标在空间位置上进行对准，为进一步的图像研究做好准备。图像配准技术作为基础性的图像处理技术，被广泛应用于各个领域，如异源图像信息融合、三维图像生成、目标识别等。图像配准通常被用于对同源或不同源的，在获取条件上具有一定差异性的多个图像进行空间位置上的对准。通过无人机进行遥感图像采集时，获取图像包含现实区域的大小受到无人机飞行高度以及搭载相机焦距的影响，往往不能通过单一图像对研究区域进行完整的展示。这时需要通过图像配准技术将拥有重叠区域的众多单一图像根据图像自身的特征信息联系到一起，形成完整的场景图像。在实际应用中，无人机图像配准技术被广泛应用于场景拼接以及全景图像的生成，以此加强无人机图像间的联系，整合获取的数据信息，弥补无人机在图像采集中存在的不足。图像配准技术由于其强大的适应性和移植性，被广泛应用于遥感、医学、农林、国土检测等领域，并且取得了卓越的成就。

ResNet 网络被广泛应用于图像的检测、分割、识别等领域。随着网络的加深，提取出的图像特征将更具有代表性，但一味地加深网络将导致网络学习效率降低，任务的准确率也会停滞不前甚至出现准确率下降的问题，ResNet 网络能够克服这种随着网络加深而出现的网络退化问题，对于特征提取具有更为卓越的性能。针对传统图像配准方法仅采用底层特征进行配准，精度有限且对图像内容依赖性强的问题，使用基于深度残差神经网络 ResNet-50 的图像配准方法进行图像配准，该方法以图像每个 8×8 像素区域的中心为特征点，通过 ResNet-50 特征提取网络的中间层输出构建特征点的多尺度特征描述向量进行特征点之间匹配，最后采用渐进一致性算法（PROSAC）去除误配点并拟合几何变换模型完成配准处理。相比 VGG 等网络，该网络具有更强的分类及检测效果。

使用基于深度残差网络特征的图像配准方法，可以获得在重合区域均匀分布的匹配特征点对，配准后图像间基本对准，融合图像质量较高。基于深度卷积神经网络的方法不同于基于点特征的图像配准方法，受图像场景的复杂程度和细节信息影响较小，特征点数量不会受到图像自身特征的影响，只与输入图像大小相关。从特征层面上，该方法用于匹配的特征多为图像深层特征，图像的纹理、边缘等信息对特征描述向量的影响较小，如图 8-15 所示。此外，该方法在处理特征差异较大的可见光与近红外图像时，具有良好的配准效果，如图 8-16 所示。

图 8-15　ResNet-50 特征融合图特征点匹配图像

图 8-16　基于深度残差网络特征图像配准方法特征点匹配图像

2. 遥感图像变化检测

遥感图像变化检测是从同一场景不同时刻的两幅或多幅图像之间，通过一系列的方法提取出自然或人工变化区域的过程。在土地利用/覆盖、灾害评估、医学诊断、视频监控等领域有重要应用，尤其是当自然灾害发生时，利用变化检测的技术可以快速、有效地识别出灾害发生的区域。在自然灾害（如火山喷发、地震、海啸和泥石流等）后，使用遥感影像变化检测技术可以有效对灾难进行评估，合理分配救灾人员，从而快速有效降低自然灾害带来的损失；将变化检测技术用于城市建筑物的变化检测，能够及时监控建筑物的拆除、改建和扩建，减少安全隐患以及杜绝非法占用土地的现象；遥感变化检测技术可以对植物的生长进行监控，从而能够合理分配林业资源，用于农作物时，还可以调整农作物的种植计划以增加产量。

传统的高分影像变化检测方法对影像预处理环节有很高的要求，包括几何精校正、配准、去云及阴影处理、光谱归一化等，尤其是配准方法，直接影响到像素级别的变化检测方法精度。将深度学习运用到变化检测的主要流程是利用神经网络对影像进行分类，再对分类后影像采取差值法从而得到变化检测区域，本质上是一种分类后比较法。对地表覆盖变化情况的评估是地震直接危害中最能反映震区破坏程度的指标。传统的变化检测对影像预处理部分要求严格，并且很多环节需要人工干涉，在处理多源影像数据时会受到较大干扰，从而使得到的变化检测结果精度较低。随着影像分辨率和计算机性能的不断提高，深度学习算法逐渐进入人们的视野，尤其是对于高分辨率遥感影像来说，包含的信息量大且复杂，而深度学习能够很好地提取影像中抽象的特征，解决其中复杂的映射关系，基于深度学习的变化检测方法，通过对震前震后遥感卫星数据进行影像匹配和变化检测，得到两者变化的区域，从而获取地震影响区域和房屋倒塌信息，应用人工智能中的图像变化检测的结果可以进一步完成地震影响区域的分析。

基于深度学习的方法首先将变化前后的影像进行重叠，再送入网络进行训练，这样可以直接得到变化检测结果图，搭建了一个端到端的网络模型。将变化检测问题转化为一个二分类问题，即变化区域和不变区域。与传统的方法相比，基于深度学习的变化检测方法具有明显的优势，首先，其分类精度更高，但获得的变化检测结果图漏检率和误检率比较低；其次，这种方法减少了传统变化检测过程中的烦琐步骤，使整个检测速度加快，在实际应用中更具有价值。一组基于深度学习模型的某区域遥感影像变化检测实例如图 8-17 所示。该模型实现了遥感影像变化端对端训练与预测，对像素级分类的效果非常显著。

(a) 变化前遥感影像　　　　　　　　(b) 变化后遥感影像

(c) 基于深度学习网络的变化检测结果

图 8-17　遥感影像变化检测实例

3. 遥感图像目标识别

目标识别是计算机视觉领域中一个重要的挑战性问题，迄今已发展众多成熟算法，遥感影像的目标识别是目标识别领域的分支之一。光学遥感影像的目标识别是判断给定的一幅遥感影像是否含有感兴趣类别集合中的一个或多个目标并对影像中每一个被检测到的目标进行定位。光学遥感影像的目标识别经常面临极大挑战，包括视角改变、遮挡、背景干扰、光照、阴影等引起的目标视觉外观上的巨大变化，遥感影像在数量和质量上的爆炸性增长以及各新应用领域的多样化需求。由于遥感影像成像机制的特殊性，其目标识别算法不同于传统目标识别算法，在具体应用中需要先分析感兴趣目标在遥感影像中表现出的特点，借鉴现有的先进成熟的目标识别算法，通过修改和优化后设计出针对遥感影像的目标识别算法。

现今有大量的研究借鉴了计算机视觉领域的最新进展应用于遥感影像中的目标识别，同时考虑到了地球视觉应用的高要求。这其中的多数方法试图将为自然场景而开发的目标识别算法转移应用到遥感领域。近期，在基于深度学习算法的目标识别巨大成功的驱动下，地球视觉研究人员开始寻求基于大规模图像数据集（ImageNet和 MSCOCO）进行预训练微调网络再应用于遥感领域识别任务的方案。完全依靠计算机视觉领域中丰富且易得的自然图像数据集来作遥感图像的目标识别任务是不可行的，无法识别、误判、漏检的情况非常多，效果不稳定且鲁棒性过低。

虽然基于预训练微调网络的方法是一个合理的思路，然而从遥感影像的特性来看，遥感影像中的目标识别任务与传统的目标识别任务是不同的：遥感影像中目标实例的尺度变化是巨大的，这不仅是因为传感器的空间分辨率低，还因为同一目标类别内的尺寸变化；在遥感影像中存在密集型情况，许多小的目标实例挤在一起，如港口的船舶和停车场的车辆。而且，遥感影像中的目标出现频率是不平衡的，如一些小尺寸图像（1 000×1 000 像素）包含上千个目标，而一些大尺寸图像（4 000×4 000 像素）可能只包含少数几个目标。遥感图像中的目标通常以任意的方向出现，此外，有一些具有极大宽高比的目标（如桥梁）。除了上述各异的困难之外，地球视觉中目标识别的研究受到数据集偏差问题的限制，即数据集之间的泛化程度往往很低。因此，从自然图像中学习的目标识别器不适合用于遥感影像。

YOLO 是目标识别领域另一个研究方向的代表性算法，该算法的计算与处理思路与之前介绍的算法的思路是完全不同的，是在一次性传入图像以后，网络就会把这个识别与检测的方法当成回归来处理，并且可以一体化计算出图像中目标的位置坐标、可能性与类别概率值等。YOLO 网络最核心的优势就是速度快，但相比同期的算法，识别检测的效果稍有下降。YOLO 网络结构模型如图 8-18 所示。基于 YOLO 算法的目标识别首先训练了针对 45 个场景类别的分类网络，然后将其视为识别网络的预训练权重参数，对其中的 10 类目标（飞机、船舶、储油罐、棒球场、网球场、篮球场、田径场、港口、桥梁、车辆）完成识别任务。图 8-19 为 YOLOv2 网络遥感图像目标识别结果示例。

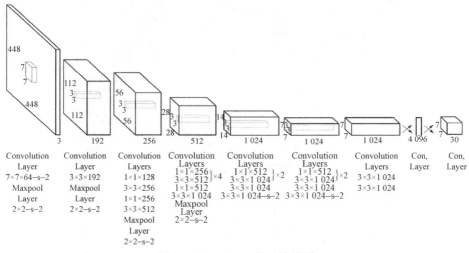

图 8-18　YOLO 网络结构模型

图 8-19 YOLOv2 网络遥感图像目标识别结果示例

遥感图像中的车辆目标识别具有极其重要的价值。遥感图像中的车辆目标一般比较小，目标经过网络运算以后细节信息丢失严重，造成现有的识别算法对遥感图像中车辆目标的识别效果较差。卷积神经网络是一个快速提取图像特征的网络结构，其通过大量样本的训练来提升模型的准确性与鲁棒性。图 8-20 和图 8-21 为改进后的 YOLOv3 低空遥感影像密集车辆识别结果。

图 8-20 改进后的 YOLOv3 低空遥感影像密集车辆识别结果

图 8-21　改进后的 YOLOv3 低空遥感影像密集车辆识别结果（续）

8.7　小结

近年来，依靠强大的计算设备、海量数据集以及不断完善的深度网络理论知识，深度学习的普及性和实用性有了极大的发展，成为机器学习乃至人工智能领域最热门的技术，并持续展现着强大的生命力，它将不断涌现出新的理论发展和方法实践，深刻影响人工智能、社会经济及人类生活的未来。深度神经网络技术的快速发展为空间信息处理技术带来了变革，有效地提升了遥感数据的自动化处理和分析能力，并成功应用于包括图像分类、图像分割、目标检测、变化检测、超高分辨率重建等多个场景中，为国土资源管理、构建智慧城市等应用开拓了广阔的前景，极大地推进了空间信息行业的智能化发展。

第9章

空间智能大数据

9.1 空间大数据概述

9.1.1 空间大数据的概念

人工智能包含三要素（数据、算法、算法平台），基于人工智能的地球空间应用核心要素如图 9-1 所示。空间大数据和人工智能的发展密不可分。数据是基础，可以提供人工智能学习的多源卫星遥感数据、地物光谱和样本动态监测等，支撑人工智能算法的研究与优化，利用从空间大数据中挖掘出高价值信息，实现地学和图像内容的挖掘，逐步地从空间大数据走向智能信息提取与应用服务。

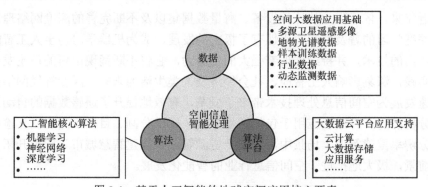

图 9-1　基于人工智能的地球空间应用核心要素

基于人工智能的信息自动获取、加工与提取技术，地球空间信息能够更加快速广泛地应用于不同领域。人工智能与大数据技术，激发了相关应用创新，国产遥感卫星数据已呈现大数据特征。

人工智能应用技术可以为空间大数据的获取、处理和应用各个环节提供服务，具体表现在以下几个方面。

（1）空间自主智能感知技术

以遥感卫星为对象，研究形成自主空间智能感知系统的技术、架构、平台和设计标准。包括基于类脑认知机器学习的复杂场景、运动目标等的智能感知，基于多模态信息融合和机器学习的协同、规划、决策、行动的理论与方法，将相关技术应用到卫星的设计研制过程中，形成智能遥感卫星。

（2）空间群体智能感知技术

以卫星组网观测为对象，研究空间群体智能的理论、机理、方法和应用。具体包括基于群体智能的"对地观测脑"的协同与演化、感知与学习等技术及支撑环境，研发群体智能空间信息获取平台、组织软件，实现基于空天空间协同与演化、感知与学习等技术及支撑环境，研发群体智能空间信息处理平台、组织软件，实现基于空天信息协同的用户感兴趣信息的实时感知，建立智能卫星星座。

（3）空间数据智能分析技术

形成从空间数据到知识、到智能服务的可解释的和更通用的能力；形成能融合使用多领域数据的知识中心。具体包括面向三元空间（Cyber-Physics-Human Society, CPH）的知识表达新体系，链接实体、关系和行为；研究数据驱动和知识引导相结合的知识挖掘、自主学习、辅助创新和动态演化等新方法；研发地球空间知识计算引擎软件和决策支撑软件，支撑形成空间应用新技术、新产品和新系统的跨界融合与创新服务。

（4）跨媒体智能融合应用技术

围绕行业融合应用，研究跨媒体智能感知、学习和推理技术，以语义相通相容为媒介，实现分析推理、智能认知和决策，具体包括遥感、通信、导航、语言等多源信息融合感知分析和语义相通相容的理论、方法和模型，研发智能分析、预测与推演的新软件新系统，形成面向应用业务的融合应用智能服务能力。

人工智能正在掀起一场技术革命和产业革命，空间信息技术既是人工智能技术的受益者，又是人工智能技术的贡献者。地球空间测量从静态走向动态与实时，并将与计算机视觉深度融合；空间信息应用人工智能技术解决影像解译、信息自动提取问题；互联网、物联网、传感网获取的海量时空数据是人工智能的血液，为机器学习、智能抉择与服务提供支撑。

9.1.2　空间大数据处理的研究内容

空间大数据一般指遥感图像、传感器观测数据、元数据以及原始数据的合成数据等。作为典型的特定领域内的大数据，它同样包含大数据的特点：数据规模极大，数据间关联性复杂，类型多样化，时效性高，分析全面深入。同时，作为空间领域的大数据，它具有自己的重要特点，如在深度数据分析方面，需要同时在空间和时间两个维度发掘数据之间的关联，进行时间轴和空间轴上的数据预测。

上述特点给空间大数据的描述、存储、分发、服务发布和集成等应用带来大的挑战，具体包括以下方面，其对应的 5 大典型处理技术如图 9-2 所示。

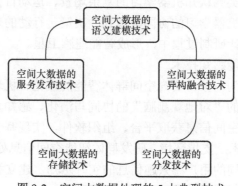

图 9-2　空间大数据处理的 5 大典型技术

1．空间大数据描述

空间大数据描述的挑战来自空间大数据来源的多样性和异构性。就卫星遥感数据而言，不同的卫星，如 World View、QuickBird、SPOT、ResourceSat、HJIA/B等，会有不同的载荷。而不同的载荷产生不同类型的原始卫星遥感数据，如全光谱卫星数据、多光谱卫星数据、雷达卫星数据等。此外，空间大数据除了来自卫星遥感观测，还包括航拍遥感、地基传感器观测等方面。不同的空间大数据存在多种不同的属性和描述方法，因此这些数据间存在较大的异构性。

2．空间大数据存储

空间大数据存储的挑战来自较大的数据规模、较强的分布式、流式数据等特点。就数据规模而言，空间数据单个文件字节数巨大，文件数量众多，它直接给存储容量和网络传输带宽带来了挑战，海量的单个文件给存储设备的 I/O 带来巨大的压力。通常空间大数据分布于多个物理节点，甚至是多个异地的机房。它不仅需要在集群内支持分布式存储，还需要实现不同数据中心之间的网格化存储。此外，空间数据往往是传感器产生的流式数据，随着时间的推移，数据量会不断增加，并且数据的重要性会发生明显的变化，这给数据的存储策略带来重要挑战。

3．空间大数据分发传输

空间大数据分发传输的挑战来自极大的数据规模。由于单个文件数据量和数据总量都比较大，达到 GB 级、TB 级，甚至 PB 级，如果网络带宽小并且传输策略比较差，空间大数据的传输会成为大数据应用的瓶颈，大大降低数据的可用性。

4．空间大数据服务发布

空间大数据服务发布的挑战来自于空间大数据服务本身的复杂性。服务发布包含服务数据标准、服务集成标准、服务检索标准、服务安全标准等。空间大数据服务有其自身特有的一些特点，如邻近访问性和层次关联性。不同服务之间的不同标准和服务特征，大大增强了空间大数据服务的复杂性。

5．空间大数据集成

空间大数据集成的挑战来自多个方面，包括空间大数据的多源性、异构性和数据的极大规模。

9.2　空间大数据计算的技术体系

本节重点对空间大数据技术体系进行介绍。首先，概述空间大数据技术的内涵和定义，分析数据量大、类型多样化和生成速度快这 3 个重要技术特征。其次，介绍当前空间大数据计算的 5 个重要关键技术（空间大数据存储、空间大数据表达、空间大数据并行处理、空间大数据分析和大内存技术）。最后，通过 Hadoop、EMC 空间大数据机等实例对比分析空间大数据计算的典型技术平台。

9.2.1　空间大数据计算的技术内涵

空间大数据计算的技术内涵包含 3 个方面：处理海量数据的技术、处理多样化类型的技术、提升数据生成与处理速度的技术。

（1）处理数据量大的技术包含空间大数据的存储、空间大数据的计算等相关技术。空间大数据计算是指规模在 PB 级（10^{15}）—EB 级（10^{18}）—ZB 级（10^{21}）的极大规模数据处理。它是传统文件系统、关系数据库、并行处理等技术无法有效处理的极大规模数据计算。因此，处理数据量大的技术一般采取分布式文件系统的方式进行存储，使用如 MapReduce 的分布式框架进行计算。

（2）处理类型多样化的技术包含空间大数据的表达等相关技术。在互联网领域，除了存入数据库的传统结构化数据，用户的使用还带来海量的服务器日志、计算机无法识别的人类语言、用户上传的图片视频等非结构化数据。处理这些非结构化数据，一般采取 NoSQL 类型的数据库进行存储，如 BigTable 等。

（3）提升数据生成与处理速度的技术包含空间大数据的计算、大内存等相关技术。在大数据时代，处理高速生成的数据和提升处理数据的速度需要软件和硬件相结合的办法。一方面，软件通过使用分布式计算框架实现提升数据生成与处理速度；另一方面，硬件通过使用大内存等技术实现处理速度的进一步提高。

9.2.2　空间大数据计算的关键技术

9.2.2.1　空间大数据存储技术

随着全球数据量的爆发式增长，传统的文件存储系统已不能满足需求，大数据计算需要有特定的文件系统以满足海量文件的存储管理、海量大文件的分块存储等功能。空间大数据存储技术是空间大数据计算技术的基础，有了可靠高效的

大数据存储平台，不断增加的数据才能被高效地组织，从而进行数据分析等操作。

空间大数据因结构复杂多样使数据仓库要采集的源数据种类比传统的数据种类更加多样化，因此新的存储架构要改变目前以结构化为主体的单一存储方案的现状，针对每种数据的存储特点选择最合适的解决方案。对非结构化数据采用分布式文件系统进行存储，对结构松散元模式的半结构化数据采用面向文档的分布式 Key/Value 存储引擎，对海量的结构化数据采用分布式并行数据库系统存储，下面简单介绍两个相对成熟的文件系统。

1. GFS

GFS 是一个大型的、对大量数据进行访问的、可扩展的分布式文件系统。GFS 和传统的文件系统有很大的区别。

首先，GFS 具有实时监测、容错、自动恢复等特点。文件系统由大量的机器节点构成，随时会遇到某个节点的操作系统故障、人为失误、程序漏洞、网络和电源失效等问题，因此 GFS 组件发生的错误将不再当作异常处理。GFS 节点的数量和质量使其中任何一台机器发生故障，整个文件系统仍能够工作。

其次，GFS 能够支持超大文件。通常情况下有些 Web 文档有数 GB 大小，当处理这些超大超长文件集合时，GFS 重新设计了文件块的大小，使其能够有效管理成千上万 KB 规模的文件块。此外，GFS 对系统的 I/O 参数等进行了修改，使其能够适应网络环境从而高效访问文件。

再次，GFS 和传统的文件修改模式有很大区别。GFS 通过向文件尾部追加而非覆盖的方式来修改文件。在访问海量文件时，直接通过客户端的缓存覆盖修改文件是没有任何意义的。考虑到系统的优化和操作的原子性，采取追加的方式修改文件是比较合理的。除此之外，GFS 整个文件操作过程中几乎不存在对文件的随机写入，因此降低了整个系统的 I/O 延时。

最后，GFS 应用程序和文件系统的 API 协同设计，提高了整个系统的灵活性。GFS 引入原子性的文件追加操作，保证多个客户端能够同时追加操作文件，不需要额外的操作来保证系统的一致性。GFS 运行在廉价的普通硬件上给大量的用户提供总体性能较高的服务，是一个很优秀的分布式文件系统。

2. HDFS

HDFS 是一个开源的分布式文件系统，其体系架构如图 9-3 所示。同 GFS 类似，HDFS 也具有容错、自动恢复等特点，能够部署在廉价的服务器上，此外它支持流式的访问文件系统的数据。HDFS 是 Hadoop 项目的一部分，它由一个名字节点和很多数据节点组成。名字节点用来管理命名空间和调节客户端访问文件系统，操作命名空间的文件或目录，如打开、关闭、重命名等。数据节点负责对文件系统客户端请求的处理（如读写请求），还执行对数据块的操作。HDFS 具有极高的鲁棒性和容错特点，因此被诸多用户使用。

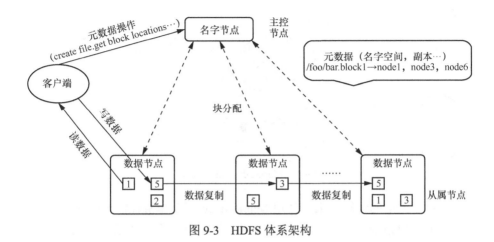

图 9-3　HDFS 体系架构

9.2.2.2　空间大数据表达技术

空间大数据表达技术是指在空间大数据存储基础之上，对特定的不同类型结构化数据进行表示。它是空间大数据进行计算的基础，也是对空间大数据进行有效结构化表达的一种方式。

在空间大数据时代，NoSQL 数据库被大量采用。NoSQL 指的是非关系型数据库，是包含大量不同类型结构化数据和非结构化数据的数据存储。由于数据多样性，这些数据存储并不是通过标准 SQL 语言进行访问的。NoSQL 数据存储方法的主要优点是数据的可扩展性和可用性，以及数据存储的灵活性。典型的 NoSQL 数据库有 BigTable、HBase 等。

9.2.2.3　空间大数据并行处理技术

1.　基于 MapReduce 的并行计算

MapReduce 是一种编程模型，用于大规模数据集（大于 1TB）的并行运算，工作原理如图 9-4 所示。一个映射函数（Map）就是对一些独立元素组成的列表的每一个元素进行指定的操作，化简（Reduce）操作指的是对一个列表的元素进行适当合并。MapReduce 把对空间大数据集的操作分发到各个节点，每个节点会周期性地发回报告。类似 GFS，这个系统具有极高的容错性，如果一个节点沉默超时将被丢弃，任务将重新分配到新的节点。MapReduce 的每个操作都是原子操作，避免发生线程之间的冲突，因此每个节点可以独立完成任务。

MapReduce 编程模型具有以下 3 个方面优点。

（1）使用非常方便，即使对于完全没有分布式程序设计经验的程序员也是如此。它隐藏了并行计算的细节、错误容灾、本地优化以及负载均衡。MapReduce 运行开发人员使用自己熟悉的语言进行开发，如 Java、C#、Python、C++等。

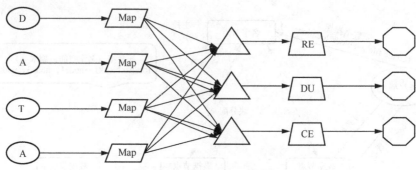

图 9-4　MapReduce 工作原理

（2）对于大型的计算需求，使用 MapReduce 可以非常轻松地完成。

（3）通过 MapReduce，应用程序可以在超过 1 000 个节点的大型集群上运行，并且提供经过优化的错误容灾。

MapReduce 用在非常广泛的应用程序中，包括分布 Grep、分布排序、Web 连接图反转、每台机器的词矢量、Web 访问日志分析、反向索引构建、文档聚类、机器学习、基于统计的机器翻译。

2．流式并行计算

流式计算即对输入速率不确定的数据进行计算。流式计算必须能够确保在进行不同流量的数据计算时一直有高效处理数据的能力。流式计算的应用范围很广泛，如商用搜索引擎（像 Google、战略和雅虎等），通常在用户查询响应中提供结构化的结果，同时插入基于流量的点击付费模式的文本广告。为了计算用户每次点击次数以及用户偏好等数据，需要一个能够处理点击次数的平台。然而，点击次数的输入是不确定的，即流式的。对于这些实时性要求很高的应用，尽管 MapReduce 做了实时性改进，但仍很难稳定地满足应用需求。流式计算的目的在于解决两个问题：分析业务和科研数据的需求；数据信息流的增长。传统的计算机分析和数据挖掘过程需要收集数据，将数据存储在数据库中，再对数据库进行搜索。尽管这种方式很方便，但是效率比较低。下面介绍 3 个成熟的流式计算平台。

（1）Twitter's Storm。Storm 可用于"连续计算"，对数据流进行连续查询，在计算时将结果以流的形式输出给用户。它还可用于"分布式 RPC"，以并行的方式运行昂贵的运算。Storm 可以方便地在一个计算机集群中编写与扩展复杂的实时计算，Storm 对于实时处理，好比 Hadoop 对于批处理。Storm 保证每个消息都会得到处理，而且它很快在一个小集中，每秒可以处理数以百万计的消息。

（2）Yahoo S4。S4 是一个通用的、分布式的、可扩展的、分区容错的、可插拔的流式系统。基于 S4 框架，开发者可以轻松开发面向持续流数据处理的应用。为了简化部署和运维，从而达到更好的稳定性和扩展性，S4 采用对等架构，集群中的所有处理节点都是等同的，没有中心控制。这种架构可以使集群的扩展性很好，处理节点的总数理论上无上限。同时，S4 不会有单点容错的问题。

（3）StreamBase。StreamBase 是 IBM 开发的一款商业流式计算系统，其在金融行业和政府部门被广泛使用。用户只需要通过 IDE 拖拉控件，然后关联数据，设置好传输的 Schema 并且设置控件计算过程，就可以编译出一个高效处理的流式应用程序。同时，StreamBase 提供类 SQL 语言来描述计算过程。

3. 图并行计算

在现实生活中的很多情况，图计算会被涉及，如人与人之间的社交关系、网页的链接分析、生物信息学等。如何高效分析一个具有上万乃至上亿节点的图成为亟待解决的问题。随着社交网络的兴起和智能交通网络的发展，关于图的分析计算被越来越多的学者研究和关注。最典型的图计算算法包含最短路径算法、聚类算法等。处理大规模的图通常有以下几种方式选择。第一，对传统的图计算算法改进使其能够在分布式环境下实现。这种方法缺点很明显，对不同的图需要专门设计不同的算法。第二，直接采用现有的分布式计算平台，如 MapReduce。然而这些专门的分布式平台并不一定能够给出最优化的解决方案。第三，使用已有的并行图计算系统，如 Parallel BGL 和 CGMgraph 这些库。下面介绍 3 个典型的图计算平台。

（1）Google Pregel。Pregel 是一个用于分布式图计算的计算框架，主要用于图遍历（BFS）、最短路径（SSSP）、PageRank 计算等。有一种说法是，Google 的程序中 80%用的是 MapReduce，20%用的是 Pregel。

（2）Microsoft Trinity。Trinity 是一款图形数据库及图形化计算平台，以分布式内存云为设施基础。Trinity 项目的核心是以内存为基础的分布式键值存储机制，而完全以内存搭建的键值存储体系使 Trinity 能够为随机数据访问提供高速响应。这一特色使 Trinity 在处理大规模图形化任务时具有其他项目难以企及的天然优势。Trinity 是一款立足于数据库管理层视角的图形类数据库，并在图形分析领域扮演着并行图形计算平台的角色。作为一款数据库，它具备数据检索、并行查询处理、并行控制等功能。而作为一款计算平台，它能够为大型图形提供以顶点为基础的并行图形计算能力。

（3）Apache Hama。Hama 是一个基于大容量同步并行（BSP）计算技术的计算框架，主要针对大规模科学的计算。Hama 是建立在 Hadoop 上的分布式并行计算模型，并基于 MapReduce 和 Bulk Synchronous 实现的框架。Hama 类似 Google 发明的 Pregel，其中最关键的就是 BSP 模型，BSP 的概念是由 Valiant 提出的。"块"同步模型，是一种异步模型，支持消息传递系统，块内异步并行，块间显式同步，该模型基于一个 Master 协调，所有的 Worker 同步执行，数据从输入的队列中读取。BSP 模型就像 MapReduce 一样可以广泛地在任何一个分布式系统中使用，可以使用 Hama 框架在分布式计算中进行更多的实践，如矩阵计算、排序计算、PageRank、BFS 等。

9.2.2.4　空间大数据分析技术

空间大数据分析技术最初起源于互联网行业。网页存档、用户点击、商品信息、用户关系等数据形成了持续增长的海量数据集。这些空间大数据中蕴藏着大量可以用于增强用户体验、提高服务质量和开发新型应用的知识，而如何高效和准确地发现这些知识决定了各大互联网公司在激烈竞争环境中的位置。

空间大数据的分析技术主要是利用空间大数据的计算平台（如 MapReduce）对空间大数据进行数据挖掘和机器学习等。数据挖掘是通过分析每个数据，从大量数据中寻找其规律的技术。利用 MapReduce 等分布式计算平台进行数据挖掘同传统数据挖掘相比具有很多优势。首先，数据挖掘处理的是大规模的数据，采用空间大数据的存储和处理技术更加便于高效的分析。其次，数据的查询一般是即时查询，传统的数据分析技术无法实现高效的分析，而利用 MapReduce 等分布式数据处理技术可以解决这一问题。此外，由于数据变化迅速并可能很快过时，数据挖掘平台需要对动态数据做出快速反应，利用分布式数据处理技术可以即时对动态数据做出快速反应。

机器学习是研究计算机怎样模拟或实现人类的学习行为，以获取新的知识或技能，重新组织已有的知识结构使之不断改善自身的性能。已经有很多学者提出利用 MapReduce 等分布式计算框架进行机器学习的方法，并设计了相关模型。事实上，将机器学习的算法（如 K-means、Neural Network 等）在 MapReduce 的框架内实现，通过 MapReduce 进行机器学习是一种途径。

空间大数据的分析技术应用非常广泛。主流的商业智能工具包括思达商业智能（Style Intelligence）、BO、COGNOS、BRIO。此外，空间大数据的分析技术广泛运用于地球观测、医学图像、3D 游戏、网络日志分析、智能交通等领域。

9.2.2.5　大内存技术

在空间大数据时代，使用大内存提高系统性能是一种方式。大内存技术主要通过使用半导体媒介、更快的读出和处理速度、降低延时、使用新式存储工具等来提高整体性能。例如，使用 64 位处理器，使服务器获得更大的内存，可以为服务器提供更高的数据处理效率。具有内存技术处理能力的产品的供应商有很多，如 QlikTech，还有诸如 IBM 这样的 BI 应用程序系统供应商。

许多软件供应商用一种方式或多种方式提供内存能力，尤其是数据分析，如 BI 软件供应商提供在线分析处理（OLAP）。将数据存储在 RAM 和 OLAP 的应用程序系统中能够加速数据搜索和分析处理，还可以通过应用创新性的方式管理和存储数据来简化数据建模。目前，已经有很多产品能够利用内存技术来提供数据的分析和挖掘服务。有一些产品甚至能够提供内存数据引擎的服务，如 QlikView、

Power Pivot。数据的内存分析引擎能够大大缩短数据的分析时间，使用引擎分配内存，从而提高数据处理的性能。内存技术的使用同样能促进点对点的性能和非正式数据分析性能的提升。因此，在部署空间大数据系统时，超级快速数据库或内存数据库是合理的解决方案。内存数据库具有以下功能：能够处理大量数据的内存；用简洁的方式处理结构化与非结构化数据；提供高速处理数据的能力。随着内存数据库技术的发展，高速分析实时的巨大而复杂的数据群成为可能。之前需要花费数天或是数小时的分析，利用内存数据处理可以在几小时、几分钟，甚至几秒钟内完成。当然，并不是所有空间大数据解决方案都必须基于内存技术。一些软件供应商已经能够利用混合技术处理空间大数据分析，如基于磁盘记忆技术的解决方案，同样能增强空间大数据分析性能。

9.2.3　空间大数据计算的技术平台

近期，涌现出大量以空间大数据计算为主要目标、软硬件一体化设计的集成数据处理平台，典型的如 Oracle 的空间大数据机、EMC 的空间大数据机、IBM 的 InfoSphere、HP 的 Vertica 等。它们被广泛应用于数据仓库、网络存储等 IT 基础平台。集成数据分析平台的特点是综合考虑软件和硬件的一体化设计，始终围绕方便地集成企业级空间大数据，直接实现对空间大数据深度分析这一目标，最终为空间大数据的获取、组织和分析提供一体化的解决方案。此外，开源的空间大数据平台 Hadoop 在不断地被广泛使用，其他诸如 Cassandra 等分布式 NoSQL 数据库也引起越来越多人的关注，不同的空间大数据平台具有不同的特点，各有其优势和劣势。

🔍 9.3　空间大数据的应用实例

本节给出关于空间大数据在灾害方面的典型应用案例，通过详细地剖析案例来进一步介绍空间大数据处理的重要性，同时提出空间大数据在灾害特殊案例中会遇到的一系列问题，包括高可扩展性的云存储、实时大数据的获取和应急云计算等。本节还给出克服这些难题的技术架构设计，并对面向灾害的空间大数据处理三层体系架构进行详细的介绍和描述，在宏观意义上阐释其架构。

9.3.1　灾害中的空间大数据

1. 灾害空间大数据的类型和获取方式

根据灾种来源不同，灾害类空间大数据可以分为地质灾害、干旱灾害、洪涝灾害、台风灾害等。不同的灾害种类其获取的方式也不同，主要可以分为 3 大类数据获取方式，包括地基获取、天基获取和空基获取。其中，地基观测设备设置在近地面，用于观测近地面环境，空基观测设备观测对流层和平流层环境，天基观测设备观测宇宙空间环境。

表 9-1 展示了不同灾害的大数据获取方式。

表 9-1　不同灾害的大数据获取方式

大数据来源	地基获取	空基获取	天基获取
地震灾害	√		
地质灾害	√	√	
干旱灾害		√	
洪涝灾害	√		
台风灾害		√	
风雹灾害		√	
低温雨雪冰冻		√	
风暴潮灾害		√	
沙尘暴	√		
赤潮灾害	√		
公共卫生	√	√	√
环境灾害	√	√	
森林草原灾害	√	√	
植物病虫灾害	√		

其中，地震灾害的特点是突发性和不可预测性，以及频度较高，通过地基传感器可以采集到地震前的空间大数据信息，进行地震的预测和估算。地质灾害包括崩塌、滑坡、泥石流、地裂缝、水土流失、土地沙漠化及沼泽化、土壤盐碱化，以及地震、火山、地热害等，通过地基传感器和空基传感器的空间大数据收集，可以控制地质灾害的形成。干旱灾害形成的主要因素为长时间无降水或降水偏少等气象条件，通过空基传感器的空间大数据信息获取可以有效地对干旱灾害进行预防。其他各种灾害的产生，都可以通过地基获取传感器、空基获取传感器和天基获取传感器的有机组合进行有效的检测、预测和评估。

2. 灾害空间大数据的规模

对于不同的数据获取渠道和数据采集器，空间大数据的规模也不相同。表 9-2 为不同数据来源的空间大数据规模。

表 9-2　不同数据来源的空间大数据规模

数据来源	数据规模
地基获取	TB（10^{12}）
空基获取	PB（10^{15}）
天基获取	EB（10^{18}）

虽然不同的数据来源其数据规模有所不同，但是可以看到无论是地基、天基还是空基数据采集系统，其整体的数据规模是不容小视的。也就意味着，大规模数据会带来一系列的大数据难点，包括大数据可扩展性的存储以及应急高性能计算等。

9.3.2　面向灾害空间大数据的技术挑战

1．灾害空间大数据存储

灾害通过地基、空基和天基观测系统得到的数据都是超大规模的，可以达到每秒 PB 级。如此大的规模，必然需要用到分布式云存储平台。分布式云存储平台具备高扩展性、高并发传输性、大规模存储、备份冗余等优点。

图 9-5 展示了基于分布式云存储平台上的空间大数据获取系统以及其输出和计算模式。首先，通过地基、天基和空基获取系统采集获得空间大数据；然后，通过 14 个灾种分类收集系统根据每个系统的不同需求获得其相关的空间大数据；最后，通过网络将这些相关的空间大数据存储到分布式云存储平台上，以备后期计算和输出的需求。

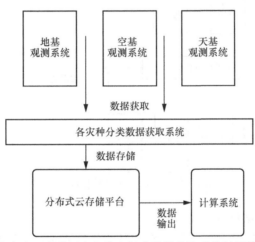

图 9-5　基于分布式云存储平台上的空间大数据获取系统以及输出和计算模式

云存储是由云计算经过相关的演变和发展得到的新概念。在灾害中引入云存储概念尤其重要。云存储技术在灾害方面的应用涉及灾前数据的存储、当前实时灾害数据的临时缓存，以及对灾后未来建设的预测数据存储。这些灾害数据都是典型的空间大数据，具有海量、不活动、数据块大、突发需求性高等特点，需要用到分布式主存储这个概念，将可以得到的资源（包括各种网络存储设备和本地硬件存储设备等）进行有机整合，然后对外提供灾害空间大数据的存储和业务逻辑服务。

分布式云存储提供的诸多功能和性能，能够满足灾害中空间大数据指数级的增长。其功能特点包括：随着容量增长，线性地扩展性能和存取速度；将数据存储按需求迁移到分布式的物理站点；确保数据存储的高度适配性和自我修复能力；确保多租户环境下的数据私密性和数据安全性；允许用户基于策略和服务模式按需扩展服务计算性能和数据存储容量；结束颠覆式的存储设备硬件技术升级和数据周期性的迁移工作。

2．灾害空间大数据的实时收集

由于每时每刻都需要对数据进行计算，分析得到对当时环境的估测和预测，并且考虑到空间大数据的大规模，需要引进实时大数据收集系统。鉴于灾害空间大数据的特点，该实时收集系统需要具备高传输并发、高容错率、高效率实时缓冲等特点。

图 9-6 展示了空间大数据实时数据收集系统，该系统分为 3 个模块，包括数据生产模块、中间件传输平台和数据消费模块。其中，数据生产模块为不同灾种收集器收集获取空间大数据，中间件传输平台负责数据的分发和数据收集器的匹配，数据消费模块负责和数据生产模块的对接。

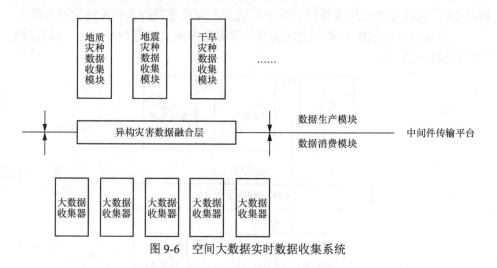

图 9-6　空间大数据实时数据收集系统

3．灾害空间大数据的应急云计算

针对自然灾害的突发性，灾害计算服务系统需要满足突发的高峰值计算需求。在没有任何前提的情况下，应急计算系统需要根据数据计算需求分配系统资源，所以需要引入空间大数据的应急云计算系统。

应急云计算系统会根据灾害空间大数据的特点进行适当的改造和设计，其特点和功能包括：突发高峰值高效率计算能力、资源分配和调度管理、应急模式和普通模式切换等。

图 9-7 展示了灾害空间大数据应急和普通模式计算框架。其中，应急云计算系统负责整体计算资源的管理和按需分配，能够在普通模式的情况下，启动最小计算资源分配模式。当系统检测到突发自然灾害时，会最大额度和高效率地调度到最大可计算的资源，从而为灾害中的云计算进行服务。

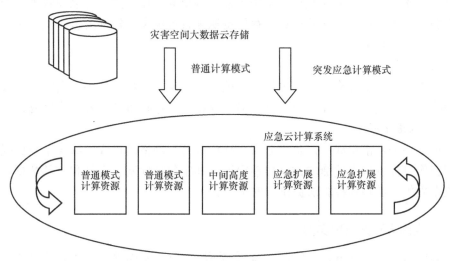

图 9-7　灾害空间大数据应急和普通模式计算框架

9.3.3　面向灾害的空间大数据处理体系架构

面向灾害的空间大数据处理体系架构共分为三层，包括用户层和应用层、云服务层以及网格集成层。

1. 用户层和应用层

用户层包含普通的灾害单位、灾害方面的专家用户和公众用户，应用层提供关于灾害方面的空间大数据商店、应用算法等。其中，在应用层的灾害服务包括以下几个方面。

（1）灾害监测和预报的业务服务。目前，我国各类灾害监测系统的主要台站总数虽然已达到 3 万多个，但是其分布不均匀。以往台站的分布是分散在地理点位上，然后描述自然因子的动态，而现在灾害服务需要的是动态信息，所以在监测和预报业务服务上，系统的资源异构整合在动态信息的定量化和精度上发展了很大一步，并且能够更好地发挥监测和预报的效率和准确性。

（2）灾害评估业务服务。灾害的评估会涉及灾前的历史灾害和当前灾害的空间大数据信息，其中，海量的灾前历史数据需要通过云存储来获取。通过应急的云计算将大量的计算资源、整合打包后对灾前情况评估、实时灾害应急评估和灾后恢复预测情况评估。

（3）灾害应急救助与救援服务。灾害应急救助与救援是依据背景空间大数据库、应急备灾空间大数据库分析灾情发展态势以及救灾资源需求情况，确定合理的救灾人力、物力和资力投入以及各种救灾资源的配置路线。

（4）灾害管理服务。灾害业务逻辑管理服务与计算机资源有机整合，采用 C/S

（客户端/服务器）和 B/S（浏览器/服务器）等协同工作方式，可以使管理者通过远端服务器中大量整合好的计算和存储资源来管理灾害、指挥灾害、救助灾害以及进行灾后恢复工作。

2．云服务层

云服务层为服务支撑层，也是最为核心的层次。其中包括关于灾害空间大数据的收集器集成、灾害算法的融合、基础分布式云存储和应急云计算集成。

3．网格集成层

最底层为网格集成层，负责分布式异构资源、网格的集成，给各个数据提供者和合作方提供最为便捷的数据传输渠道，其中包括地基、天基和空基数据传感器数据采集渠道和各种算法提供方的集成。

9.3.4　空间大数据应用实例

农业气象灾害大数据遥感监测与应急响应平台（如图 9-8 所示）的总体架构包括云基础设施层、大数据资源层、大数据平台层。其中，云基础设施包括计算资源、存储资源、网络资源、安全资源。基础设施云管理平台实现计算、存储、网络、安全等各类资源的池化，对外提供统一资源调度接口，实现基础设施即服务；时空大数据基础框架统筹天空地多种数据资源特征，支持关系型数据库、非关系型数据库、文件数据库的混合存储框架和支持高性能计算、并行计算和分布式计算混合计算框架，为上层分布式应用提供基础支撑。

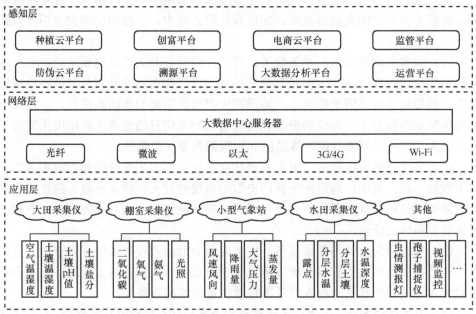

图 9-8　农业气象灾害大数据遥感监测与应急响应平台

大数据平台层则主要提供时空云服务，通过门户网站、平台运维管理系统、接口与服务系统、灾害监测预报服务系统、灾害监测系统、在线地图定制系统等，实现大数据中心对内、对外服务的一站式窗口，提供高可靠、高并发的完整云服务能力。一旦监测到灾害风险超过阈值，则调取多期遥感影像、无人机、视频监控以及三维激光扫描数据，启动灾害区域集中区动态跟踪监测，甄别确认后立即发布灾害监测产品。而应急响应方面，在天空地一体化综合监测云平台的基础上研发灾害风险评估、历史灾害信息查询、专家在线支持系统、应急资源管理、应急基础信息管理等气象灾害应急响应时空云服务。

🔍 9.4　空间大数据中的智能技术

随着大数据、云计算、物联网等信息技术的发展，以及深度学习的提出，人工智能在算法、算力和算料（数据）"三算"方面取得了重要突破，直接支撑了图像分类语音识别、知识问答、人机对弈、无人驾驶等人工智能的复杂应用，人工智能进入以深度学习为代表的大数据驱动人工智能发展期。

2006 年，针对 BP 学习算法训练过程存在严重的梯度扩散现象、局部最优和计算量大等问题，Hinton 等根据生物学的重要发现，提出了著名的深度学习方法。深度学习正在取得重大进展，能够被应用于科学、商业和政府等领域。目前已经在博弈、主题分类、图像识别、人脸识别、机器翻译、语音识别、自动问答、情感分析等领域取得突出成果。

深度学习理论本身也不断取得重大进展。针对广泛应用的卷积神经网络训练数据需求大、环境适应能力弱、可解释性差、数据分享难等不足，2017 年 10 月，Hinton 等进一步提出了胶囊网路。胶囊网络的工作机理比卷积网络更接近人脑的工作方式，能够发现高维数据中的复杂结构。

人工智能大体可分为专用人工智能和通用人工智能。目前的人工智能主要是面向特定任务（如下围棋）的专用人工智能，处理的任务需求明确、应用边界清晰、领域知识丰富，在局部智能水平的单项测试中往往能够超越人类智能。例如，AlphaGo 在围棋比赛中战胜人类冠军，人工智能程序在大规模图像识别和人脸识别中达到了超越人类的水平，人工智能系统识别医学图片等达到专业医生水平。

相对于专用人工智能技术的发展，通用人工智能尚处于起步阶段。事实上，人的大脑是一个通用的智能系统，可处理视觉、听觉、判断、推理、学习思考规划、设计等各类问题。人工智能发展方向是从专用智能向通用智能发展。

目前，全球产业界充分认识到人工智能技术引领新一轮产业变革的重大意义，把人工智能技术作为许多高技术产品的引擎，占领人工智能产业发展的战略高地。

大量的人工智能应用促进了人工智能理论的深入研究。

1. 智慧治理

围绕行政管理、司法管理、城市管理、环境保护等社会治理的热点难点问题，促进人工智能技术应用，推动社会治理现代化。

（1）智能政务

开发适用于政府服务与决策的人工智能平台，研制面向开放环境的决策引擎，在复杂社会问题研判、政策评估、风险预警、应急处置等重大战略决策方面推广应用。加强政务信息资源整合和公共需求精准预测，畅通政府与公众的交互渠道。

（2）智慧法庭

建设集审判、人员、数据应用、司法公开和动态监控于一体的智慧法庭数据平台，促进人工智能在证据收集、案例分析、法律文件阅读与分析中的应用，实现法院审判体系和审判能力智能化。

（3）智慧城管

构建城市智能化基础设施，发展智能建筑，推动地下管廊等市政基础设施建设，实现对城市基础设施和城市绿地、湿地等重要生态要素的全面感知以及对城市复杂系统运行的深度认知。

（4）智能交通

研究建立营运车辆自动驾驶与车路协同的技术体系。研发复杂场景下的多维交通信息综合大数据应用平台，实现智能化交通疏导和综合运行协调指挥，建成覆盖地面、轨道、低空和海上的智能交通监控、管理和服务系统。

（5）智能环保

建立涵盖大气、水、土壤等环境领域的智能监控大数据平台体系，建成陆海统筹、天地一体、上下协同、信息共享的智能环境监测网络和服务平台。研发资源能源消耗、环境污染物排放智能预测模型方法和预警方案。加强京津冀、长江经济带等国家重大战略区域环境保护和突发环境事件智能防控体系建设。

2. 智慧民生

围绕提高人民生活水平和质量的目标，加快人工智能深度应用，形成无时不有、无处不在的智能化环境，全社会的智能化水平大幅提升。越来越多的简单性、重复性、危险性任务由人工智能完成，个体创造力得到极大发挥，形成更多高质量和高舒适度的就业岗位；精准化智能服务更加丰富多样，人们能够最大限度享受高质量服务和便捷生活；社会治理智能化水平大幅提升，社会运行更加安全高效。

（1）智能服务

围绕教育、医疗、养老等迫切民生需求，加快人工智能创新应用，为公众提供个性化、多元化、高品质服务。

（2）智能教育

利用智能技术加快推动人才培养模式、教学方法改革，构建包含智能学习、交互式学习的新型教育体系。开展智能校园建设，推动人工智能在教学、管理、资源建设等全流程应用。开发立体综合教学场所、基于大数据智能的在线学习教育平台。开发智能教育助理，建立智能、快速、全面的教育分析系统。建立以学习者为中心的教育环境，提供精准推送的教育服务，实现日常教育和终身教育定制化。

（3）智能医疗

推广应用人工智能治疗新模式新手段，建立快速精准的智能医疗体系。探索智慧医院建设，开发人机协同的手术机器人、智能诊疗助手，研发柔性可穿戴、生物兼容的生理监测系统，研发人机协同临床智能诊疗方案，实现智能影像识别、病理分型和智能多学科会诊。基于人工智能开展大规模基因组识别、蛋白组学、代谢组学等研究和新药研发，推进医药监管智能化。加强流行病智能监测和防控。

（4）智能健康和养老

加强群体智能健康管理，突破健康大数据分析、物联网等关键技术，研发健康管理可穿戴设备和家庭智能健康检测监测设备，推动健康管理实现从点状监测向连续监测、从短流程管理向长流程管理转变。建设智能养老社区和机构，构建安全便捷的智能化养老基础设施体系。加强老年人产品智能化和智能产品适老化，开发视听辅助设备、物理辅助设备等智能家居养老设备，拓展老年人活动空间。开发面向老年人的移动社交和服务平台、情感陪护助手，提升老年人生活质量。

3．智慧社区

人工智能围绕社区公共服务信息系统，促进社区服务系统与居民智能家庭系统协同，推动城市规划、建设、管理、运营全生命周期智能化。充分发挥人工智能技术在增强社区互动、促进可信交流中的作用。加强下一代社交网络研发，加快增强现实、虚拟现实等技术推广应用，促进虚拟环境和实体环境协同融合，满足个人感知、分析、判断与决策等实时信息需求，实现在工作、学习、生活、娱乐等不同场景下的流畅切换。针对改善人际沟通障碍的需求，开发具有情感交互功能、能准确理解人的需求的智能助理产品，实现情感交流和需求满足的良性循环。促进区块链技术与人工智能的融合，建立新型社会信用体系，最大限度降低人际交往成本和风险。

4．智慧安全

促进人工智能在公共安全领域的深度应用，推动构建公共安全智能化监测预警与控制体系。围绕社会综合治理、新型犯罪侦查、反恐等迫切需求，研发集成多种探测传感技术、视频图像信息分析识别技术、生物特征识别技术的智能安防与警用产品，建立智能化监测平台。加强对重点公共区域安防设备的智能化改造升级，支持有条件的社区或城市开展基于人工智能的公共安防区域示范。强化人工智能对食品安全的保障，围绕食品分类、预警等级、食品安全隐患及评估等，建立智能化食品安全预警系统。加强人工智能对地震灾害、地质灾害、气象灾害、水旱灾害和海洋灾害等自然灾害的有效监测。

5. 智慧经济

加快培育具有重大引领带动作用的人工智能产业，促进人工智能与各产业领域深度融合，形成数据驱动、人机协同、跨界融合、共创分享的智能经济形态。数据和知识成为经济增长的第一要素，人机协同成为主流生产和服务方式，跨界融合成为重要经济模式，共创分享成为经济生态基本特征，个性化需求与定制成为消费新潮流，生产率大幅提升，引领产业向价值链高端迈进，有力支撑实体经济发展，全面提升经济发展质量和效益。

（1）智能新兴产业

加快人工智能关键技术转化应用，促进技术集成与商业模式创新，推动重点领域智能产品创新，积极培育人工智能新兴业态，布局产业链高端，打造具有国际竞争力的人工智能产业集。

（2）智能软硬件开发

开发面向人工智能的操作系统、数据库、中间件、工具等关键基础软件，突破图形处理器等核心硬件，研究图像识别、语音识别、机器翻译、智能交互、知识处理、控制决策等智能系统解决方案，培育壮大面向人工智能应用的基础软硬件产业。

（3）智能机器人

攻克智能机器人核心零部件、专用传感器，完善智能机器人硬件接口标准、软件接口协议标准以及安全使用标准。研制智能工业机器人、智能服务机器人，实现大规模应用并进入国际市场。研制和推广空间机器人、海洋机器人、极地机器人等特种智能机器人。建立智能机器人标准体系和安全规则。

（4）智能运载工具

发展自动驾驶汽车和轨道交通系统，加强车载感知、自动驾驶、车联网、物联网等技术集成和配套，开发交通智能感知系统，形成我国自主的自动驾驶平台技术体系和产品总成能力，探索自动驾驶汽车共享模式。发展消费类和商用类无人机、无人船，建立试验鉴定、测试、竞技等专业化服务体系，完善空域、水域管理措施。

（5）虚拟现实与增强现实

突破高性能软件建模、内容拍摄生成、增强现实与人机交互、集成环境与工

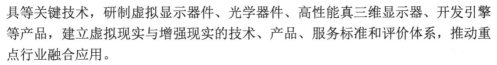

具等关键技术，研制虚拟显示器件、光学器件、高性能真三维显示器、开发引擎等产品，建立虚拟现实与增强现实的技术、产品、服务标准和评价体系，推动重点行业融合应用。

（6）智能终端

加快智能终端核心技术和产品研发，发展新一代智能手机、车载智能终端等移动智能终端产品和设备，鼓励开发智能手表、智能耳机、智能眼镜等可穿戴终端产品，拓展产品形态和应用服务。

（7）物联网基础器件

发展支撑新一代物联网的高灵敏度、高可靠性智能传感器件和芯片，攻克射频识别、近距离机器通信等物联网核心技术和低功耗处理器等关键器件。

6. 产业智能化升级

推动人工智能与各行业融合创新，在制造、农业、物流、金融、商务、家居等重点行业和领域开展人工智能应用试点示范，推动人工智能规模化应用，全面提升产业发展智能化水平。大规模推动企业智能化升级，支持和引导企业在设计、生产、管理、物流和营销等核心业务环节应用人工智能新技术，构建新型企业组织结构和运营方式，形成制造与服务、金融智能化融合的业态模式，发展个性化定制，扩大智能产品供给。鼓励大型互联网企业建设云制造平台和服务平台，面向制造企业在线提供关键工业软件和模型库，开展制造能力外包服务，推动中小企业智能化发展。

推广应用智能工厂。加强智能工厂关键技术和体系方法的应用示范，重点推广生产线重构与动态智能调度、生产装备智能物联与云化数据采集、多维人机物协同与互操作等技术，鼓励和引导企业建设工厂大数据系统、网络化分布式生产设施等，实现生产设备网络化、生产数据可视化、生产过程透明化、生产现场无人化，提升工厂运营管理智能化水平。

加快培育人工智能产业领军企业。在无人机、语音识别、图像识别等优势领域加快打造人工智能全球领军企业和品牌。在智能机器人、智能汽车、可穿戴设备、虚拟现实等新兴领域加快培育一批龙头企业。支持人工智能企业加强专利布局，牵头或参与国际标准制定。推动国内优势企业、行业组织、科研机构、高校等联合组建人工智能产业技术创新联盟。支持骨干企业构建开源硬件工厂、开源软件平台，形成集聚各类资源的创新生态，促进人工智能中小微企业发展和各领域应用。支持各类机构和平台面向人工智能企业提供专业化服务。

（1）智能制造

围绕制造强国重大需求，推进智能制造关键技术装备、核心支撑软件、工业互联网等系统集成应用，研发智能产品及智能互联产品、智能制造自动化工具与系统、智能制造云服务平台，推广流程智能制造、离散智能制造、网络化协同制造、远程诊断与运维服务等新型制造模式，建立智能制造标准体系，推进制造全生命周期活动智能化。

（2）智能农业

研制农业智能传感与控制系统、智能化农业装备、农机田间作业自主系统等。建立完善天空地一体化的智能农业信息遥感监测网络。建立典型农业大数据智能决策分析系统，开展智能农场、智能化植物工厂、智能牧场、智能渔场、智能果园、农产品加工智能车间、农产品绿色智能供应链等集成应用示范。

（3）智能物流

加强智能化装卸搬运、分拣包装、加工配送等智能物流装备研发和推广应用，建设深度感知智能仓储系统，提升仓储运营管理水平和效率。完善智能物流公共信息平台和指挥系统、产品质量认证及追溯系统、智能配货调度体系等。

（4）智能金融

建立金融大数据系统，提升金融多媒体数据处理与理解能力。创新智能金融产品和服务，发展金融新业态。鼓励金融行业应用智能客服、智能监控等技术和装备。建立金融风险智能预警与防控系统。

（5）智能商务

鼓励跨媒体分析与推理、知识计算引擎与知识服务等新技术在商务领域应用，推广基于人工智能的新型商务服务与决策系统。建设涵盖地理位置、网络媒体和城市基础数据等跨媒体大数据平台，支撑企业开展智能商务。鼓励围绕个人需求、企业管理提供定制化商务智能决策服务。

（6）智能家居

加强人工智能技术与家居建筑系统的融合应用，提升建筑设备及家居产品的智能化水平。研发适应不同应用场景的家庭互联互通协议、接口标准，提升家电、耐用品等家居产品感知和联通能力。支持智能家居企业创新服务模式，提供互联共享解决方案。

7．智慧信息基础设施

大力推动智能化信息基础设施建设，提升传统基础设施的智能化水平，形成适应智能经济、智能社会和国防建设需要的基础设施体系。加快推动以信息传输为核心的数字化、网络化信息基础设施，向集融合感知、传输、存储、计算、处理于一体的智能化信息基础设施转变。优化升级网络基础设施，完善物联网基础设施，加快天地一体化信息网络建设，提高低时延、高通量的传输能力。统筹利用大数据基础设施，强化数据安全与隐私保护，为人工智能研发和广泛应用提供海量数据支撑。建设高效能计算基础设施，提升超级计算中心对人工智能应用的服务支撑能力。建设分布式高效能源互联网，形成支撑多能源协调互补、及时有效接入的新型能源网络，推广智能储能设施、智能用电设施，

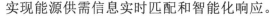

实现能源供需信息实时匹配和智能化响应。

（1）网络基础设施

加快布局实时协同人工智能的 5G 增强技术研发及应用，建设面向空间协同人工智能的高精度导航定位网络，加强智能感知物联网核心技术攻关和关键设施建设，发展支撑智能化的工业互联网、面向无人驾驶的车联网等，研究智能化网络安全架构。加快建设天地一体化信息网络，推进天基信息网、未来互联网、移动通信网的全面融合。

（2）大数据基础设施

依托数据共享交换平台、数据开放平台等公共基础设施，建设政府治理、公共服务、产业发展、技术研发等领域大数据基础信息数据库，支撑开展治理大数据应用。整合社会各类数据平台和数据中心资源，形成覆盖全国、布局合理、链接畅通的一体化服务能力。

（3）一体化集成平台基础设施

继续加强超级计算基础设施、分布式计算基础设施和云计算中心建设，构建可持续发展的高性能计算应用生态环境。推进下一代超级计算机研发应用。建设布局人工智能创新平台，强化对人工智能研发应用的基础支撑。人工智能开源软硬件基础平台重点建设支持知识推理、概率统计、深度学习等人工智能范式的统一计算框架平台，形成促进人工智能软件、硬件和智能云之间相互协同的生态链。群体智能服务平台重点建设基于互联网大规模协作的知识资源管理与开放式共享工具，形成面向产学研用创新环节的群智众创平台和服务环境。混合增强智能支撑平台重点建设支持大规模训练的异构实时计算引擎和新型计算集群，为复杂智能计算提供服务化、系统化平台和解决方案。自主无人系统支撑平台重点建设面向自主无人系统复杂环境下环境感知、自主协同控制、智能决策等人工智能共性核心技术的支撑系统，形成开放式、模块化、可重构的自主无人系统开发与试验环境。人工智能基础数据与安全检测平台重点建设面向人工智能的公共数据资源库、标准测试数据集、云服务平台等，形成人工智能算法与平台安全性测试评估的方法、技术、规范和工具集。促进各类通用软件和技术平台的开源开放。

8．智能应用平台

（1）智能开源软硬件基础平台

建立大数据智能开源软件基础平台、终端与云端协同的智能云服务平台、新型多元智能传感器件与集成平台、基于人工智能硬件的新产品设计平台、未来网络中的大数据智能化服务平台等。

（2）群体智能服务平台

建立群智众创计算支撑平台、科技众创服务系统、群智软件开发与验证自动化系统、群智软件学习与创新系统、开放环境的群智决策系统、群智共享经济服务系统等。

（3）混合增强智能支撑平台

建立智能超级计算中心、大规模超级智能计算支撑环境、在线智能教育平台、"人在回路"驾驶脑、产业发展复杂性分析与风险评估的智能平台、支撑核电安全运营的智能保障平台、人机共驾技术研发与测试平台等。

（4）自主无人系统支撑平台

建立自主无人系统共性核心技术支撑平台，无人机自主控制以及汽车、船舶和轨道交通自动驾驶支撑平台，服务机器人、空间机器人、海洋机器人、极地机器人支撑平台，智能工厂与智能控制装备技术支撑平台等。

（5）人工智能基础数据与安全检测平台

建设面向人工智能的公共数据资源库、标准测试数据集、云服务平台，建立智能算法与平台安全性测试模型及评估模型，研发人工智能算法与平台安全性测评工具集。

参考文献

[1] 王万良. 人工智能及其应用（第五版）[M]. 北京: 高等教育出版社, 2016.

[2] BROOKS R A. Intelligence without representation[J]. Artificial Intelligence, 1991, 47(1-3): 139-159.

[3] TURING A M. Computing machinery and intelligence[J]. Mind, 1950, 49(236): 433-460.

[4] TURING A M. On computable numbers, with an application to the Entscheidungs problem[J]. London Mathematical Society, 1937, s2-42(1): 230-265.

[5] MCCULLOCH W, WALTER P. A logical calculus of the ideas immanent in nervous activity[J]. The Bulletin of Mathematical Biophysics, 1943, 5(4): 115-133.

[6] ROBINSON J A. A machine-oriented logic based on the resolution principle[J]. Journal of the ACM, 1965, 12(1): 23-41.

[7] COLMERAUER A, ROUSSEL P. The birth of PROLOG[J]. ACM SIGPLAN Notices, 1993, 28(3): 37-52.

[8] RUMELHART D E, HINTON G E, WILLIAMS R J. Learning representations by back-propagating errors[J]. Nature, 1986, 323(6088): 399-421.

[9] 张自力, 王峻, 高超, 等. 人工智能新视野[M]. 北京: 科学出版社, 2016.

[10] 蔡自兴, 刘丽珏, 蔡竞峰, 等. 人工智能及其应用（第 5 版）[M]. 北京: 清华大学出版社, 2016.

[11] 李林. 智慧城市大数据与人工智能[M]. 南京: 东南大学出版社, 2020.

[12] 张永生, 张振超, 童晓冲, 等. 地理空间智能研究进展和面临的若干挑战[J]. 测绘学报, 2021, 50(9): 1137-1146.

[13] POST E L. Formal reductions of the general combinatorial decision problem[J]. American Journal of Mathematics, 1943, 65(2): 197-215.

[14] RICHENS R H. Preprogramming for mechanical translation[J]. Mechanical Translation, 1956, 3(1): 20-25.

[15] PRICE D J. Networks of scientific papers[J]. Science, 1965, 149(3683).

[16] 丁世飞. 人工智能（第 3 版）[M]. 北京: 清华大学出版社, 2021.

[17] 朱小燕. 人工智能: 知识图谱前沿技术[M]. 北京: 电子工业出版社, 2020.

[18] 李朝锋, 曾生根, 许磊. 遥感图像智能处理[M]. 北京: 电子工业出版社, 2007.

[19] 李德仁, 王树良, 李德毅. 空间数据挖掘理论与应用[M]. 北京: 科学出版社, 2006.

[20] ROBINSON J A. A machine-oriented logic based on the resolution principle[J]. Journal of the ACM, 1965, 12(1): 23-41.

[21] ZADEH L A. Fuzzy sets[J]. Information and Control, 1965, 8(3): 338-353.

[22] SHORTLIFFE E H, DAVIS R, AXLINE S G, et al. Computer-based consultations in clinical therapeutics: explanation and rule acquisition capabilities of the MYCIN system[J]. Computers and Biomedical Research, 1975, 8(4): 303-320.

[23] PAWLAK Z. Rough sets[J]. International Journal of Information and Computer Science, 1982, 11: 341-356.

[24] 王万森. 人工智能原理及其应用（第 3 版）[M]. 北京: 电子工业出版社, 2012.

[25] 朱曦, 覃先林, 廖靖. 基于模糊集理论的单时相跨区域森林过火区遥感制图[J]. 国土资源遥感, 2013, 25(4): 122-128.

[26] 修春波. 人工智能原理[M]. 北京: 机械工业出版, 2011.

[27] HOLLAND J. Adaptation in natural and artificial systems: An introductory analysis with applications to biology, control, and artificial intelligence[M]. Massachusetts: MIT Press, 1992.

[28] KIRKPATRICK S, GELATT C D, VECCHI M P. Optimization by simulated annealing[J]. Science, 1983, 220: 671-680.

[29] LAGUNA M, BARNES J W, GLOVER F W. Tabu search methods for a single-machine scheduling problem[J]. Journal of Intelligent Manufacturing, 1991, 2(2): 63-73.

[30] DORIGO M, GAMBARDELLA L M. Ant colonies for the travelling salesman problem[J]. Biosystems, 1997, 43(2): 73-81.

[31] FENG J, ZHANG J, ZHU X, et al. A novel chaos optimization algorithm[J]. Multimed Tools Applications, 2017, 76(16): 17405-17436.

[32] HAKTANIRLAR U B, KULTUREL-KONAK S. A review of clonal selection algorithm and its applications[J]. Artificial Intelligence Review, 2011, 36(2): 117-138.

[33] VALIEV K A. Quantum computers and quantum computations[J]. Physics-Uspekhi, 2005, 48(1): 1-36.

[34] 李晓磊. 一种新型的智能优化方法-人工鱼群算法[D]. 杭州: 浙江大学, 2003.

[35] 张仰森, 黄改娟. 人工智能实用教程[M]. 北京: 北京希望电子出版社, 2002.

[36] 杨淑莹, 张桦, 著. 模式识别与智能计算－MATLAB 技术实现（第 3 版）[M]. 北京: 电子

工业出版社, 2015.

[37] 刘峰, 李存军, 董莹莹, 等. 基于遥感数据与作物生长模型同化的作物长势监测[J]. 农业工程学报, 2011, 27(10): 101-106.

[38] 柴玉梅, 张坤丽. 人工智能[M]. 北京: 机械工业出版社, 2012.

[39] LU J, BEHBOOD V, HAO P, et al. Transfer learning using computational intelligence: A survey[J]. Knowledge-Based Systems, 2015, 80: 14-23.

[40] SOURABH K, SINGH C S, VIJAY K. A review on genetic algorithm: past, present, and future[J]. Multimedia Tools and Applications, 2020, 80: 8091-8126.

[41] 姚新, 陈国良, 徐惠敏, 等. 进化算法研究进展[J]. 计算机学报, 1995(9): 694-706.

[42] 苏小红, 杨博, 王亚东. 基于进化稳定策略的遗传算法[J]. 软件学报, 2003(11): 1863-1868.

[43] BUSTINCE H, FERNANDEZ J, KOLESÁROVÁ A, et al. Generation of linear orders for intervals by means of aggregation functions[J]. Fuzzy Sets and Systems, 2013, 220: 69-77.

[44] GIANNAKIS G B, MENDEL J M. Identification of nonminimum phase systems using higher order statistics[J]. IEEE Transactions on Acoustics, Speech, and Signal Processing, 1989, 37(3): 360-377.

[45] ZHOU R, DING Q. Quantum M-P neural network[J]. International Journal of Theoretical Physics, 2007, 46(12): 3209-3215.

[46] DEYOUNG C G. Cybernetic big five theory[J]. Journal of Research in Personality, 2015, 56: 33-58.

[47] XUE G, YANG J C E H. SHUN D, Combined single-cell manipulation and chemomechanical modeling to probe cell migration mechanism during cell-to-cell interaction[J]. IEEE Transactions on Biomedical Engineering, 2019, 67(5): 1474-1482.

[48] MOHAMMADI M, AL-FUQAHA A, SOROUR S, et al. Deep learning for IoT big data and streaming analytics: A Survey[J]. IEEE Communications Surveys & Tutorials, 2018, 20(4): 2923-2960.

[49] 闫利, 谭骏祥, 刘华, 等. 融合遗传算法和 ICP 的地面与车载激光点云配准[J]. 测绘学报, 2018, 47(4): 528-536.

[50] 莫宏伟, 徐立芳. 自然计算[M]. 北京: 科学出版社, 2016.

[51] 段海滨, 王道波, 朱家强, 等. 蚁群算法理论及应用研究的进展[J]. 控制与决策, 2004(12): 1321-1326+1340.

[52] 杨维, 李歧强. 粒子群优化算法综述[J]. 中国工程科学, 2004(5): 87-94.

[53] 张纪会, 徐心和. 一种新的进化算法——蚁群算法[J]. 系统工程理论与实践, 1999(3): 85-88+110.

[54] BARÔNIO G J, KLEBER D C. Increase in ant density promotes dual effects on bee behaviour

and plant reproductive performance[J]. Arthropod-Plant Interactions, 2018, 12(2): 201-213.

[55] WANG P, CHEN B, GU X, et al. Multi-constraint quality of service routing algorithm for dynamic topology networks[J]. Journal of Systems Engineering and Electronics, 2008, 19(1): 58-64.

[56] GAO Y, GUAN H, QI Z, et al. A multi-objective ant colony system algorithm for virtual machine placement in cloud computing [J]. Journal of Computer and System Sciences, 2013, 79(8): 1230-1242.

[57] STÜTZLE T, HOOS H H. MAX - MIN Ant System[J]. Future Generation Computer Systems, 2000, 16(8): 889-914.

[58] 吴斌, 史忠植. 一种基于蚁群算法的 TSP 问题分段求解算法[J]. 计算机学报, 2001(12): 1328-1333.

[59] 钱进. 多粒度决策粗糙集模型研究[J]. 郑州大学学报(理学版), 2018, 50(1): 33-38.

[60] CRÉPUT J, HAJJAM A, KOUKAM A, et al. Self-organizing maps in population based metaheuristic to the dynamic vehicle routing problem[J]. Journal of Combinatorial Optimization, 2012, 24(4): 437-458.

[61] FUELLERER G, DOERNER K F, HARTL R F, et al. Ant colony optimization for the two-dimensional loading vehicle routing problem[J]. Computers & Operations Research, 2007, 36(3): 655-673.

[62] 刘志硕, 申金升, 柴跃廷. 基于自适应蚁群算法的车辆路径问题研究[J]. 控制与决策, 2005(5): 562-566.

[63] 林国辉, 马正新, 王勇前, 曹志刚. 基于蚂蚁算法的拥塞规避路由算法[J]. 清华大学学报 (自然科学版), 2003(1): 1-4.

[64] CYGANSKI D, VAZ R F, VIRBALL V G. Quadratic assignment problems generated with the Palubetskis algorithm are degenerate[J]. IEEE Transactions on Circuits and Systems I Regular Papers, 1994, 41(7): 481-484.

[65] 刘长平, 叶春明. 一种新颖的仿生群智能优化算法: 萤火虫算法[J]. 计算机应用研究, 2011, 28(9): 3295-3297.

[66] CHEN X, YU K. Hybridizing cuckoo search algorithm with biogeography-based optimization for estimating photovoltaic model parameters[J]. Solar Energy, 2019, 180: 192-206.

[67] ZHANG X, XU W, HU Y, et al. Extracting land surface water from FY/MERSI image based on spectral matching of discrete particle swarm optimization and linear feature enhancement[C]// 2019 IEEE International Geoscience and Remote Sensing Symposium: IGARSS 2019. 2019: 6887-6890.

[68] 涂序彦, 马忠贵, 郭燕慧. 广义人工智能[M]. 北京: 国防工业出版社, 2012.

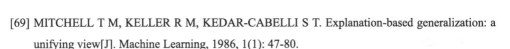
[69] MITCHELL T M, KELLER R M, KEDAR-CABELLI S T. Explanation-based generalization: a unifying view[J]. Machine Learning, 1986, 1(1): 47-80.

[70] JOHN H, MICHAEL B, JAMES P. Pragmatic approaches to optimization with random yield coefficients[J]. Forest Science, 1995, 41(3): 501-512.

[71] BREIMAN L. Bagging predictors[J]. Machine Learning, 1996, 24: 123-140.

[72] DIETTERICH T G. Approximate statistical tests for comparing supervised classification learning algorithms[J]. Neural Computation, 1998, 10(7): 1895-1923.

[73] HO T K. The random subspace method for constructing decision forests[J]. IEEE Transactions on Pattern Analysis and Machine Intelligence, 1998, 20(8): 832-844.

[74] SCHAPIRE R E, FREUND Y, BARTLETT P, et al. Boosting the margin: a new explanation for the effectiveness of voting methods[J]. The Annals of Statistics, 1998, 26(5): 1651-1686.

[75] RAJAN S, GHOSH J, CRAWFORD M M. An active learning approach to hyperspectral data classification[J]. IEEE Transactions on Geoscience and Remote Sensing, 2008, 46, 1231-1242.

[76] MITRA P, SHANKAR B U, PAL S K. Segmentation of multispectral remote sensing images using active support vector machines[J]. Pattern Recognition Letters, 2004, 25(9): 1067-1074.

[77] JESSE D, PEDRO D. Deep transfer: a markov logic approach[J]. AI Magazine, 2011, 32(1): 51-53.

[78] 衫山将. 图解机器学习[M]. 北京: 人民邮电出版社, 2015.

[79] 谢剑斌, 兴军亮, 张立宁, 等. 视觉机器学习 20 讲[M]. 北京: 清华大学出版社, 2015.

[80] 边肇祺. 模式识别（第二版）[M]. 北京: 清华大学出版社, 2006.

[81] LUO X, JIANG M. The application of manifold learning in dimensionality analysis for hyperspectral imagery[C]//2011 International Conference on Remote Sensing Environment and Transportation Engineering. 2011: 4572-4575.

[82] NICOLAS R. The bulletin of mathematical biophysics[J]. Protoplasma, 1939, 33(1): 157-158.

[83] HEBB D. The organization of behavior: a neuropsychological theory[M]. Colchester: Psychology Press, 1949.

[84] HINTON G E, OSINDERO S, TEH Y. A fast learning algorithm for deep belief nets[J]. Neural Computation, 2006, 18(7): 1527-1554.

[85] HUBEL D H, WIESEL T N. Receptive fields, binocular interaction and functional architecture in the cat's visual cortex[J]. The Journal of Physiology, 1962, 160: 106-154.

[86] ZHANG H, WANG Z, LIU D. A comprehensive review of stability analysis of continuous-time recurrent neural networks[J]. IEEE Transactions on Neural Networks and Learning Systems, 2014, 25(7): 1229-1262.

[87] CLÉMENT F, CAMILLE C, LAURENT N, et al. Learning hierarchical features for scene

labeling[J]. IEEE Transactions on Pattern Analysis and Machine Intelligence, 2013, 35(8): 1915-1929.

[88] TRENTIN E, GORI M. A survey of hybrid ANN/HMM models for automatic speech recognition[J]. Neurocomputing, 37: 91-126.

[89] YU D, DENG L, SEIDE F. The deep tensor neural network with applications to large vocabulary speech recognition[J]. IEEE Transactions on Audio Speech and Language Processing, 2013, 21(2): 388-396.

[90] 张学工, 汪小我. 模式识别: 模式识别与机器学习[M]. 北京: 清华大学出版社, 2021.

[91] LUO X, LAI G, WANG X, et al. UAV remote sensing image automatic registration based on deep residual features[J]. Remote Sensing, 2021, 13(18): 1447-1457.

[92] LUO X, LI X, WU Y, et al. Research on change detection method of high-resolution remote sensing images based on subpixel convolution[J]. IEEE Journal of Selected Topics in Applied Earth Observations and Remote Sensing, 2020, 14: 1447-1457.

[93] 吴朝晖, 陈华钧, 杨建华. 空间大数据信息基础设施[M]. 杭州: 浙江大学出版社, 2013.

[94] VALIANT L G. A bridging model for parallel computation[J]. Communications of the ACM, 1990, 33(8): 103-111.

[95] GHEMAWAT S, GOBIOFF H, LEUNG S. The Google file system[J]. ACM SIGOPS Operating Systems Review, 2003, 37(5): 29-43.